U0894740

生态文明审计论

王爱国　著

中国财经出版传媒集团
经济科学出版社
Economic Science Press

图书在版编目（CIP）数据

生态文明审计论/王爱国著 . —北京：经济科学出版社，2020. 11
ISBN 978 - 7 - 5218 - 2042 - 3

Ⅰ. ①生…　Ⅱ. ①王…　Ⅲ. ①生态环境建设 - 政府审计 - 研究 - 中国　Ⅳ. ①F239. 44

中国版本图书馆 CIP 数据核字（2020）第 213567 号

责任编辑：宋　涛
责任校对：刘　昕
责任印制：李　鹏　范　艳

生态文明审计论
王爱国　著
经济科学出版社出版、发行　新华书店经销
社址：北京市海淀区阜成路甲 28 号　邮编：100142
总编部电话：010 - 88191217　发行部电话：010 - 88191522
网址：www. esp. com. cn
电子邮箱：esp@ esp. com. cn
天猫网店：经济科学出版社旗舰店
网址：http：//jjkxcbs. tmall. com
北京季蜂印刷有限公司印装
787 × 1092　16 开　16. 25 印张　310000 字
2020 年 12 月第 1 版　2020 年 12 月第 1 次印刷
ISBN 978 - 7 - 5218 - 2042 - 3　定价：65. 00 元
（图书出现印装问题，本社负责调换。电话：010 - 88191510）

前　言

生态兴，则文明盛；生态衰，则文明败。

进入新时代，党的十八大提出了经济建设、政治建设、文化建设、社会建设和生态文明建设"五位一体"的总体布局，党的十八届五中全会提出了"创新、协调、绿色、开放、共享"的五大发展理念，党的十九大提出了坚持人与自然和谐共生的基本方略。据此，我们可以清晰地勾勒出这样一幅中国未来发展图景，即通过"五大发展理念"，尤其是通过绿色发展，逐步实现我国经济建设、政治建设、文化建设和社会建设的生态化，到21世纪中叶，把中国建设成为富强、民主、文明、和谐、美丽的社会主义现代化强国。其中生态文明建设是关键、是纽带、是根本，这也是我们提出生态文明审计的理论基础和现实依据。

开展生态文明审计理论的系统研究，无疑是生态文明建设这一关乎中华民族永续发展的根本大计落地实施的重大理论创新和实践指引。我们在全面回顾生态文明审计相关理论、系统分析服务生态文明建设的作用机理和明确界定生态文明审计相关概念基础上，围绕生态文明建设的管理系统、制度体系、项目资金、行为作业和业绩成效等过程内容，全面深入系统地回答了"为何审""谁来审""谁被审""审什么""据何审""怎么审"和"为谁审"等生态文明审计的基本理论与方法问题，初步构建了新时代中国特色生态文明审计理论与方法体系。

1. 研究了生态文明审计服务生态文明建设的基础理论。主要借助不同学科领域的研究视角，对生态文明及生态文明建设相关概念进行了系统阐释，明确其内涵、特征与边界，并在此基础上总结提出了生态文明审计的概念与内涵。同时，详细阐述了包括习近平生态文明思想和可持续发展理论等在内的系统研究生态文明审计的理论基础。

2. 分析了生态文明审计的作用机理。从环境审计的发展演变入手，基于历史、理论、法律和现实四个方面，系统研究了生态文明审计在生态文明建设中发挥作用的基本依据；从生态文明建设本质以及对审计诉求和审计功能等多个角度，分析了生态文明审计的原理机理；从宏观维度和微观维度，因循法律、制度保障体系完善和环境审计模式创新等两条路径，对生态文明审计发挥作用的路径选择等问题进行了系统研究。

3. 重构了生态文明审计理论与方法体系。从生态文明建设的管理系统、制度体系、项目资金、行为作业和业绩成效五个方面，构建了生态文明审计框架内容体系，并分别对这五个方面“为什么需要审计”“具体要审计什么”“应该怎样审计”以及“应达到何种审计要求”等问题进行了全面系统的回答。同时，基于逻辑框架法和层次分析法重点研究了生态文明建设项目资金绩效审计评价问题，构建了生态文明建设业绩成效审计评价指标体系。

4. 进行了生态文明审计应用与案例分析。以胶州市为例，剖析了生态文明审计的基本做法和试点经验，检验了所提出的生态文明审计理论、方法和方案的科学性、可行性和有效性，优化了“生态文明审计”这一全新的审计理论与实务体系。

目　录

第 1 章

绪 论

1.1 问题提出

生态兴，则文明盛；生态衰，则文明败。生态文明建设是关系中华民族永续发展的根本大计。党的十八大将生态文明建设作为“五位一体”总体布局的重要内容，党的十九大又将生态文明建设作为“坚持人与自然和谐共生”“建设美丽中国”的主要举措。透过党的十八大、十九大两个报告，可以清晰地勾勒出中国未来发展的这样一幅图景：通过“创新、协调、绿色、开放、共享”这“五大”发展理念，尤其是通过绿色发展，逐步实现经济建设、政治建设、文化建设、社会建设的生态化，到 21 世纪中叶，把我国建设成为富强、民主、文明、和谐、美丽的社会主义现代化强国。

为此，党和国家陆续公布了《关于加快推进生态文明建设的意见》《生态文明体制改革总体方案》《生态文明建设目标评价考核办法》《生态文明建设考核目标体系》《绿色发展指标体系》《开展领导干部自然资源资产离任审计试点方案》《领导干部自然资源资产离任审计规定（试行）》和《党政领导干部生态环境损害责任追究办法（试行）》等生态文明建设“四梁八柱”系列制度和实施方案。目前，生态文明建设早已成为中央和地方各级党委政府、企事业单位及其他社会组织的一项十分繁重的政治任务、经济工作和社会事业。

生态文明建设是一项极为复杂而艰巨的社会系统工程，是一项利在当代、功在千秋的伟大事业。它涉及人类经济社会活动的各领域、各方面、各环节、各要素，具有原创性、全局性、区域性、长期性、战略性和全球性。推进生态文明建设需要大量资金投入，且见效慢、滞后性强，需要一张蓝图绘到底、功成不必在我，需要动员全社会力量、实行举国体制，需要形成政府主导、市场运作、社会参与的工作格局。

生态文明建设正处在压力叠加、负重前行的关键时期。生态文明建设越是大力推进的时期，越是相对困难的阶段，越是需要各种监督力量，越是要求强化各种监管力度。其中，作为党和国家监督体系重要组成部分的审计监督，无疑是服务生态文明建设不可或缺的最为重要的基础性监督制度保障。通过充分发挥检查、鉴证、评价、监察、问责等审计监督功能，可以有效地促进生态文明建设的规范运作、高效推进、健康发展。

但是，面对生态文明建设这一全新的人类社会活动和新型的环境审计业务，既有审计理论与方法体系已经很难满足生态文明建设对审计监督的新需求，需要进行理论创新、方法迭代、体系重构，需要重新回答“为何审”“谁来审”“谁被审”“审什么”“据何审”“怎么审”和“为谁审”等基本审计理论与方法问题。为了区别于传统审计，也为了更好地服务生态文明建设，我们不妨把这种蕴含中国智慧、中国元素、中国经验、中国方案的新审计称之为“生态文明审计”。

1.2 相关概念与文献综述

1.2.1 生态文明建设本质内涵的相关研究

党的十八大报告指出：必须把生态文明建设放在突出地位，融入经济建设、政治建设、文化建设、社会建设各方面和全过程。生态文明后缀“建设”，这是在全面推进中国特色社会主义复兴大业中的中国智慧、中国创造。生态文明建设是党和国家根据中国经济社会发展正处在工业化进程中后期这一中国最大的实际，针对经济增长、社会发展与自然资源、生态环境之间矛盾日渐突出这一中国最大的现实，在尊重自然、顺应自然、保护自然、发展自然的基础上，旨在促进经济高质量发展和推动社会高水平进步所作出的顶层战略设计和重大制度安排。

在哲学意义上，生态文明建设是儒家“天人合一”和道家“道法自然”生态观的真实体现[1]，是马克思主义意义上的“自然界的真正复活”“是自然界对人来说的生成过程”，是一种人类在自然之本质规律的基础上实现人与自然界之统一的实践活动，是人类在社会中依据自己的时代性文明对自然界的改造、建设和构造活动[2]，也就是将“尊重自然、顺应自然、保护自然”这一最基本的生态理念，具体就是同构性理念、整体性理念、良性持续理念、规律约束理念得以落实的过程[3]。在生态美学意义上，生态文明建设就是要建设“人的生态本性自行揭示之生态本真美，天地神人四方游戏之生态存在美，自然与人的“间性”关系的生态自然美，人的诗意栖居之生态理想美”[4]，就是要实现人的自然化和自然的本真化[5]，尤其要实现人的“生态化”，使人成为具有“生态自我”的、全球生态共同体中的公民[6]。在社会学意义上，生态文明建设是以“社会建设”为核心，破除由资本所控制的不公平的全球权力关系和国际政治经济秩序，建立公正公平合理的全球资源占有、配合和使用的规则和机制，实现全球政治经济秩序的民主化[7]。从法学意义上，生态文明建设是旨在唤醒和增强人的环境保护意识，树立生态文明观，改变对自然或自然环境的非理性认识，要义在于保护环境，解决影响经济社会可持续发展的环境问题，关键在推动环境司法改革[8]，建立生态文明建设法规和政策体系，深入开展节能减排工作，大力发展循环经济，稳步推进生态保护，积极应对气候变化[9]。

生态文明建设至少应该从生产、消费、城市化建设、自然生态系统保护、文化教育及法制与管理六个领域展开[10]。其本然依据是生态系统的超循环规律，其应然规范是价值追求的超循环取向，其实然途径是“科技—经济—社会—文化”的超循环模式[11]。在具体实施过程中可以采用政府主导模式、市场主导模式、社会主导模式和政府、市场、社会协同治理模式[12]，逐步实现生产、生活、生态在时间和空间上的同步共赢，达到生产发展、生活富裕、生态良好的理想和现实状态[13]。也就是说，生态文明建设应合理把握增长、发展和可持续发展的关系，消费需求、可持续消费和节约型社会的关系，认识可持续本质与实施可持续发展举措的关系，可持续发展理念与生态文明制度建设的关系，国家发展与全球可持续发展及人类整体利益的关系[14]，从制度建设入手，完善符合生态文明观念的绿色考核机制，合理调整中央与地方财政关系，完善环境治理协调机制，参与全球环境合作机制，完善公众参与制度和渠道[15]。在国际层面上，应积极参与“里约+20”后续行动，努力成为各方借重的关键角色，维护并拓展国际发展空间[16]；在国家层面上，科学布局生产、生活和生态空间，加快生态文明体系构建和制度创新，全方位、全地域和全过程开展生态环境保护工作，推动形成绿色发展方式和生活方式，共建生态良好的地球美好家园[13]；在企业层面上，可以从厂区空间优化、生态经济建设、生态环境建设、生态制度建设和生态文化建设五个方面开展工作，即“一优化、四建设”的企业生态文明建设框架[17]。

1.2.2 与生态文明审计有关的审计发展问题研究

生态文明审计是审计环境变化的必然结果，在思想上可以理解为滥觞于20世纪70年代以来不断丰富和发展的环境审计，在实践中可以追溯到90年代以来相继开展的生态审计、节能减排审计、碳审计和自然资源离任审计。

环境审计实践可追溯到美国一个名叫 Arthur D Littlc 的精通环境问题的咨询公司。它从20世纪20年代开始就在世界范围内从事环境审计方面的活动[18]。但是，公认的环境审计实践始于70年代末，主要在美国和加拿大等国的企业中开展；80年代扩展到欧洲，而后亚太地区国家也开始重视环境审计；进入90年代，西方各主要市场经济国家普遍完善了环境法规，强化了环境审计制度[19]。

环境审计作为环境管理的一种重要工具，自产生以来主要着眼于传统审计在环境领域的拓展，在更多的审计内容、整合环境审计、涉及组织的广泛人员、强调外部认证和发挥管理角色五个重大方面有所发展[20]。随着气候变暖、大气污染、土壤退化、物种减退，特别是由山水林田湖草构成的生命共同体所遭受的日趋严重的系统性和长期性破坏，生态问题、节能减排、自然资源资产管理、生态环境保护和生态文明建设等问题逐渐进入环境审计视野，形成了一系列新的审计分支、类型和业态。代表性的有：

一是生态审计。所谓生态审计就是在生态环境政策框架下，为企业诊断影响生态环境绩效的因素、建立有效生态环境保护体系和生态环境绩效评价方法，以及向公众传达企业生态环境绩效信息的整体框架[21]，是由审计组织或审计人员通过对企业进行独立、专业分析，评估其经济及其他活动对生态环境的影响，并就最大限度地减少对生态环境和人类健康负面影响提出建议[22]。也就是对某个生态系统内的经济发展、社会状况及生态功能进行系统的、客观公正的评价，并提出审计意见和建议的过程[23]。它在本质上是一种从环境管理向整体观的、系统化的管理模式即生态管理的范式转变[24]。生态审计作为一种评价方法，从生态学角度是描述环境的状态以及人类对环境影响的，从技术角度是进行资源流分析并减少系统内资源消耗、排放和废弃物的，从管理角度是评定组织符合内部和外部环境规定程度的。

二是节能减排审计。所谓节能减排审计实质上是环境审计纵深发展的演进趋势，旨在敦促企业降低能源消耗、减少碳排放，实现经济效益与社会效益的共赢，可以细分为节能审计、减排审计和节能减排绩效审计[25]。节能减排审计是坚持风险导向，打破既有的以账项为基础的审计模式和以内控为基础的制度导向审计模式，转而以节能减排审计风险管理为重点的风险导向审计模式[26]，尤其在开展节能减排项目绩效审计时，除采用传统的财务审计方法外，成本收益分析、统计分析技术、DEA – Tobit 模型等定量评价技术应用也引起人们的广泛关注[27]。

三是碳审计，也就是低碳审计。随着碳排放成为全球关注的焦点，越来越多的公司尤其是碳排放量较高的公司开始进行碳排放披露，碳审计需求在新兴市场越来越高[28]。碳审计是审计主体根据国家法律、法规和政策，运用审计方式、方法对有关地区、组织或个人在生产、经营和消费或生活过程中消耗含碳元素的自然资源因碳排放所造成的环境影响进行独立、客观、公正地审验、鉴证或第三方评论，并出具审计报告的一种经济监督和经济控制行为[29]，是环境审计与低碳经济相结合的产物，也是一种全新的环境规制工具[30]。碳审计主体在宏观上是国家审计机关，在微观上是企业内部审计组织或第三方审计机构，其业务指的不仅是政府通过行政手段来规制企业的碳排放行为，而且还是企业通过自主减排来进行碳信息披露并履行社会责任的自律行为[31]。

四是自然资源资产审计，也称之为自然资源资产离任审计或领导干部自然资源资产离任审计。所谓自然资源资产审计是环境审计与经济责任审计深度融合的一种特殊审计形式，旨在鉴证认定受托行为人应承担的任期内自然资源资产管理和生态环境保护责任是否符合特定或既定要求，证实和评价自然资源受托经济责任的有效履行，重点是对自然资源资产负债表的真实性、客观性，自然资源资产管理制度的合理性、合法性以及自然资源资产管理绩效的经济性、效率性和效果性进行监督、鉴证和评价[32]。或者说，是审计机关按照相关法律、法规标准，获取和评价审计证据，对党政主要领导干部受托自然资源管理和生态环境保护责任的履行情况进行监督、评价和鉴证，并将审计结果传达给预期使用者的系统化过程[33]。目前自然资源资产审计基本形成了三种模式：第一种是自然资源资产负债表模式，就是说，领导干部的自然资源资产离任审计要基于自然资源资产负债表，即可以通过比较政府官员在任职期间的起点与终点的报表数据反映出其对于利用和保护资源环境方面所作出的努力[34]；第二种是经济责任审计发展模式，即对领导干部开展自然资源资产离任审计，属于经济责任审计的范畴[35]，是领导干部经济责任审计的补充，站在宏观角度评价领导干部经济责任的履行与环境责任、自然资源开发利用等方面是否做到协调统一[36]；第三种是混合审计发展模式，就是将资源环境责任审计与经济责任审计相结合、将审计与审计评价相结合、将合规性审计与绩效审计相结合，构建一个立体的、有针对性的领导干部离任审计模式[37]。

五是生态文明审计，也称之为生态文明建设审计。生态文明审计是一种涵盖财政财务审计、合规性审计、经济责任或绩效审计以及党政领导干部离任审计等多种审计类型的复合性审计，是生态学和生态文明建设实践于审计学和审计实务，尤其是国家审计实务交叉融合的产物，是审计（主要是国家审计）应对当前日趋严重的生态环境危机的总对策，是以人们对生态资源节约、保护为先和自然恢复为主，以及人类可持续发展的共识与关注为时代背景而兴起的环境审计的一个新分支[38]。具体来说，生态文明审计是审计机关（或组织）和审计人员依据有关法律法规，运用现代环境审计理论与方法，对生态文明建设制度体系的完备性、适应性、遵守性，对生态文明建设项目资金的真实性、合理性、合规性，对生态文明建设行为作业的规范性、执行性、效益性以及对生态文明建设业绩成效的经济性、效率性、效益性，发表审计意见、做出审计决定和提出审计建议的复合型审计[39]。它不同于环境审计，也有别于领导干部自然资源离任审计，是生态文明建设过程中不可或缺的独立经济监督或控制工具[40]。

另外，还有学者从生态文明建设战略背景出发研究政府环境审计的发展路径问题[41]、资源环境审计发挥作用的机理和路径[42]以及相关会计问题[43]。

1.2.3 与生态文明审计有关的环境绩效评价研究

审计评价，尤其是环境绩效评价是生态文明审计的一个重要方面。自1992年联合国《二十一世纪议程》公布以来，各国政府、联合国机构、非政府组织、独立团体和专家学者所致力的可持续发展绩效评价及其所构建的评价指标体系框架都与生态文明审计评价有关。

历史地看，早期的可持续发展绩效评价体系内容多是非货币性的，主要包括：联合国经合组织（OECD，1993）提出的PSR，即“压力（Pressure）—状态（State）—响应（Response）”模型；统计局（TAT，1994）形成的FISD，即Framework for Indicators of SD框架；可持续发展委员会和政策协调与可持续发展部（CSD and DPCSD，1996）提出的DSR，即“驱动力（Driving Force）—状态—响应”模型；环境规划署和环境问题科学委员会（EP and SCOPE，1997）提出的社会、经济、环境三系统模型；CSD（2001）提出的由社会、经济、环境、制度四大系统组成的通用框架和欧洲环境署（EEA，1999）所采用的DPSIR，即“驱动力—压力—状态—影响（Influence）—响应”模型等。

后来，由于主流经济学理论与方法的逐步引入，可持续发展绩效评价体系内容开始强调指标或指数的货币性。主要包括联合国开发计划署（UNDP，1990）建立的人类发展指数、世界银行（WB，1995）提出的新国家财富指数、世界自然保护联盟（IUCN，1995）建立的可持续性晴雨表、欧盟委员会（EC，1999）建立的环境压力指数、国际可持续发展工商理事会（WBCSD，1999）建立的生态效率指数、道琼斯公司和SAM集团（1999）设计的道琼斯可持续发展指数、戈布等（Gobb et al.，1995）建立的真实储蓄或发展指数以及瓦克尔等（Wackernagel et al.，1996）提出的生态足迹核算法等。

进入21世纪，生态安全与风险、生态健康及承载力、生态系统服务及生物多样性等生态问题相继纳入可持续发展绩效评价视野。代表性的是联合国（2001）开展的MA，即千年生态系统评估（The Millennium Ecosystem Assessment）、国际可持续发展研究院（IISD，2001）建立的可持续评价仪表板、世界经济论坛（2002）建立的环境可持续发展指数和环境表现指数、EP（2010）发布的TEEB，即环境保护生物多样性与生态系统服务经济计划（The Economics of Ecosystems and Biodiversity）以及柯克等（Kerk et al.，2008）建立的可持续社会指数等。

时至今日，不仅自然生态价值这一生态文明审计的重要理论基础业已融入评价人类活动对自然生态系统影响的政府决策过程[44]，而且可持续发展绩效评价向生态文明审计延伸转变的脉络也越来越清晰，即由单纯的生态补偿项目的环境效果评估逐步拓展到了从生活条件、就业生计、精神文化、人体健康等生态文明建设的主要内容评价人类活动对生态环境的影响[45]。

综上所述，尽管生态文明审计已成为政府制定政策优先考虑的条件之一，被捆绑到整个管理系统当中，被认为是实现可持续发展的关键手段[46]，在生态文明审计尤其是生态文明建设绩效审计评价等方面有了一定的理论探索，但是真正将生态文明审计与生态文明建设结合起来进行系统研究的文献还比较少，既有研究也多是从哲学、美学、社会学和法学等视角进行生态文明建设的单一研究，忽视了生态文明审计的监督和评价工具作用。基于此，对生态文明审计尤其是其理论架构和方法体系进行系统研究具有重大理论和现实意义。

1.3 研究目标、框架及方法

1.3.1 研究目标

本书将以生态文明建设为基础，以生态文明建设内容为主线，运用现有审计尤其是环境审计基本理论与方法，深入研究生态文明建设过程中的生态文明审计问题。具体涉及生态文明建设的制度、资金、行为、绩效和生态文明管理系统等几个方面，系统回答“为什么要审计”“审计什么”“怎样审计”和“有何种审计要求”等几个问题。也就是在探究我国生态文明建设中生态文明审计作用机理基础上，形成适应我国生态文明建设特点和要求的生态文明审计基本内容框架，构建中国特色生态文明审计理论与方法体系。

1.3.2 总体框架

在提出问题、文献综述和理论探源及相关概念阐释基础上，着重开展以下几个方面的研究：

（1）生态文明审计作用机理研究。结合我国生态文明建设的目标、任务、内容和特点，从历史、理论、法律和现实等几个层面，去把握生态文明审计在生态文明建设中发挥作用的基本依据；从审计功能的基本层面如监测和衍生层面如预防、预警、纠偏及修复等，去研究生态文明审计在生态文明建设中发挥作用的原理机理；从宏观、中观和微观等几个维度，去研究生态文明审计在生态文明建设中发挥作用的路径选择。

（2）生态文明建设管理系统审计研究。生态文明建设管理系统是生态文明建设的关键所在，其健全、有效与否直接关乎生态文明建设的成败。生态文明审计在这方面应侧重为保护生态和处理生态问题而形成的有关职责分工、目标方针、实施计划、组织人员、操作规程、步骤程序、配套资金、业务管理、生态记录和评价考核等方面，目的在于审计生态文明建设管理系统的健全性、适应性和有效性。

（3）生态文明建设制度体系审计研究。生态文明建设制度是生态文明建设的重中之重，其完备、遵循与否直接关乎生态文明建设的规范或有序。生态文明审计在这方面应侧重以政府为主体的监管制度，以碳排放权交易为代表的市场制度，以责任追究、损害赔偿、生态补偿为主要内容的救济制度，以社会公众为主体的参与制度和以国际监督或博弈为对象的应对制度，目的在于审计生态文明建设制度的完备性、适应性和遵守性。

（4）生态文明建设项目资金审计研究。生态文明建设资金是生态文明建设的物质保障，其充足、有效与否直接关乎生态文明建设的进程。生态文明审计在这方面应侧重生态文明建设项目资金的筹集、使用、管理和效益尤其是为改善生态所采取措施的财务收支、项目资金、取费收入和成本费用等方面，目的在于审计生态文明建设资金的真实性、合法性和合理性。

（5）生态文明建设行为作业审计研究。生态文明建设行为是生态文明建设的作业活动，其全面、及时与否直接关乎生态文明建设的成效。生态文明审计在这方面应侧重政府、企业、非营利组织等生态文明建设主体，水、森林、草原、沙漠、城镇等生态文明建设内容，全球、国家、区域、社区等生态文明建设领域和生态意识、科学规划、制度创新、科学技术等生态文明建设手段等内容，尤其是水环境、大气环境、土壤环境、固体废物污染环境、自然资源环境、节能减排等生态保护项目，目的在于审计生态文明建设行为的价值性、规范性和生态性。

（6）生态文明建设业绩成效审计研究。生态文明建设绩效是生态文明建设的最终成果，其经济、公平与否直接关乎生态文明建设的可持续。生态文明审计在这方面应侧重评价“两型”社会建设是否取得重大进展、主体功能区布局是否基本形成、资源循环利用体系是否初步建立、单位GDP能耗和碳排放强度是否大幅下降、主要污染物总量是否显著减少、森林覆盖率是否有所提高、生态系统稳定性是否有所增强、人居生态环境是否明显改善，尤其是生物多样性、气候变化、资源耗费、健康威胁、外部安全和生态退化等方面的绩效水平测度，目的在于审计生态文明建设绩效的效果性、公平性和环境性。

1.3.3 研究方法

（1）规范分析法。运用不同学科领域的理论及方法对生态文明审计的相关概念及基础内容进行研究与阐释，在此基础上对生态文明审计理论架构及方法体系进行重构，明确生态文明审计的基本内容及其在生态文明建设中发挥作用的基本依据、原理机理和路径选择。

（2）定量研究法。运用逻辑框架法构建生态文明建设项目资金审计评价指标体系，采用层次分析法设计生态文明建设业绩成效审计评价指标体系，具体包括构建思路、具体原则、指标设计、综合评价和具体应用等几个方面。

（3）案例分析法。运用经验数据及具体案例，检验生态文明审计理论、方法和方案的科学性、可行性和有效性，并进行借鉴、学习和改进。

本书的内容框架及逻辑如图1－1所示。

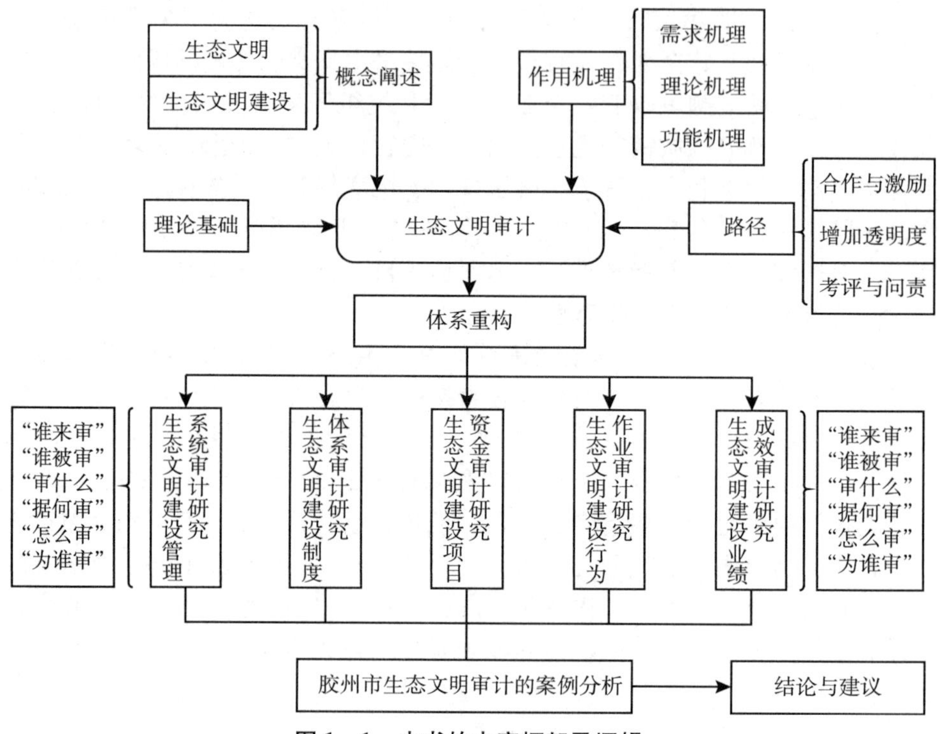

图1-1　本书的内容框架及逻辑

第 2 章

概念阐释及理论探源

2.1 与生态文明相关的几个概念阐释

只有概念清晰，才可深入探讨。大家知道，我国正面临的日趋严重的环境污染和生态危机，是我们提出“生态文明”这一概念的时代语境和相对基础。提出生态文明，就是要人们观念更新、行为约束，以调整人和自然环境关系的自觉要求和迫切愿望[47]；建设生态文明，就是要消解环境危机，恢复环境生态平衡[48]，从根本上实现由“绿化”“保护”的自为向“美丽中国”的自觉的转变[49]。从一定意义上讲，生态文明（ecological civilization）一词不是舶来品，而是一种符合中国语公文写作和叙述习惯的表达方式，是新时代的中国创造，颇具中国特色。单从词面上看，生态文明是由“生态”和“文明”两个词组合而成的，其中，“生态”一词与“自然”“环境”相关，“文明”一词又与“文化”相近。

2.1.1 生态、自然、环境的要义及关系

“生态”（eco）一词最初只有构词成分没有名词形态。德国生态学家海克尔在创立“生态学”（ecology）概念时，将其解释为“房子”“栖居”之意，实际上是源自希腊语“oikos”。大约到 19 世纪中叶，才有了今天“生物之间以及生物与环境之间的相互关系与存在状态”[50]之意。

“生态”一词强调的是“与生物有关的各种相互关系的总和”[51]，突出“相互依存的共同体、整体化的系统和系统内各部分之间的密切联系”[52]。也就是说，“生态”更多的是指“生态关系”，不仅指生物间的关系，也指与人类发展密切相关的、影响人类生活生产活动的各种自然力量或作用的总和[53]。

今天，“生态”一词被赋予了许多新的价值内涵，体现了“绿色、和谐、稳定、健康、可持续、动态平衡”等美的积极的价值取向和人生追求，经常作为修饰词或限定词来使用，比如生态工业、生态城市、生态乡村、生态美学和生态伦理，等等。

“自然”（nature）一词的原意为“出生”。强调的是涌现和无蔽状态，是事物因本性而运动和静止的根源。文艺复兴以后，逐渐被“物化”和“工具化”，其“物质”含义得到强化；工业革命以来，“自然”一词彻底被“自然物”所取代，就基本等同于“自然界”了。

“环境”（environment）一词是指“环人之境”，主要是指物理环境，隐喻“人类在中心，其他所有事物都围绕着他”[54]，强调对于人的生存与发展所具有或可能具有的意义。今日之“环境”，已经拓展到某个人、某种物、某类社会或普遍存在形式的周边和周围之事物，融合了“自然的”“建构的”一切元素，包括自然环境、人造环境或人文环境。

总之，上述三个词含义相近，在现实生活中时有混用。但是，作为一个学术用词，它们之间的区别又是非常明显的。具体就是：“生态”更加强调生物及其生态关系，强调事物及事物之间关系的系统性和有机性；“自然”更加强调包括生物在内的一切事物的原始状态，即原状态和原生态，至于是有机的还是无机的并不十分重要；“环境”则更加强调“中心”概念，强调以人为中心的自然环境、生态环境和人文环境，也就是说包括人在内的一切社会存在形式都存在环境问题。

基于生态文明建设视域，“生态”已经不再是单纯的生物之间的相互关系，而是由人类参与主导的，也就是人类行为干预的自然环境中的生态系统；“自然”已经不再是无遮蔽的、原始的状态，而是经过人类过度开发利用导致自然资源约束趋紧的环境状态；“环境”也已经不再是仅以人类为中心的，而是发展成为兼顾人类和自然协调平衡、以污染治理和控制为重心的自然与人文环境。生态、自然、环境三者的深度融合和协调发展，既是生态文明建设的基本内涵和现实呈现，也为生态文明建设提供了丰富的理论铺垫和逻辑框架。

2.1.2 文明、文化的要义及关系

“文明”（civilization）一词，最早见于《易传·文言传》中的“见龙在田，天下文明”和《尚书》中的“浚哲文明”一说。唐代孔颖达在注疏《尚书》时，将其释义为“经天纬地曰文，照临四方曰明”。清代李渔在《闲情偶寄》中有“辟草昧而致文明”之说。在西方社会，“文明”一词源于拉丁文“civis”，意指城市的居民。法国著名政治和社会学家米拉波

(1756)在《人口论》中指出：文明是指“行为方式与习俗以及交际形式和情感方式的形成，重视礼仪、斟酌字句、注重交谈能力和发音清晰等”。

现在来看，“文明”大致有两种用法：一是在日常用语中一般是指开化、进步和美好的人类行为或社会状态，多与野蛮、落后、丑恶相对；二是在历史和社会学者眼中，“文明是一个可以被描述和叙述的事实”“它无所不包”[55]。“文明是一个相对词，其范围之大是无边无际的，因此，只能说它是摆脱野蛮状态而逐步前进的东西”“社会上的一切事物，无一不是以文明为目标的”“是人类智德的进步”[56]，而“真正的进步包括在一种解释为‘升华’的过程中。这个过程是克服物质障碍的过程。社会的精力通过这个过程解放出来，对挑战进行应战，这个过程是内部的，不是外部的；是属于精神的，不是属于物质的”[57]。

总之，今日之“文明”，不仅蕴含了日常用语之文明的基本含义，而且还指人类所特有的生产生活方式，也就是人类社会形态，特指人超过非人动物所创造的一切。它反映了“人类社会发展程度”[58]，代表了“人类社会的进步和开化状态”[59]，表征了“人类社会的经济、社会和文化的发展水平与整体面貌”[60]。换言之，现代意义上的文明指的是人类借助科学、技术等手段来改造客观世界，通过法律、道德等制度来协调群体关系，借助宗教、艺术等形式来调节自身情感，从而最大限度地满足基本需要、实现全面发展所达到的程度[61]。

“文化”(culture)一词，最初是指“人文化成”。“文”在《说文解字》中被解释为“错画也，象交文”，一般与“质”“野”相对，正如《论语·雍也》中所言“质胜文则野，文胜质则史，文质彬彬，然后君子”；“化”在《说文解字》中是亻与匕的会意，“匕，变也，从到(即‘倒’)人”，有教化、改变和化育之意。两字连用始见于《说苑·指武》中的“凡武之不兴，谓不服也，文化不改，然后加诛”、《文选·补亡诗·由仪》中的“文化内辑，武功外悠”和《三月三日曲水诗序》中的“设神理以景俗，敷文化以柔远”。

“文化”的经典释义是《易经》中的“刚柔交错，天文也；文明以止，人文也；观乎天文，以察时变，观乎人文，以化成天下”。由此可见，在中国传统意义上，文化的本质是“人化”，即以人为中心，由人及物，是人的本质力量的对象化；文化的功用是以文“化人”“化物”“化自然”，乃至“化”整个天下。

在西方社会，“文化”一词源于拉丁文“Cultus”，包括为敬神而耕作(cultusdeorum)和为生计而耕作(cultusagori)两重含义。以后“cultus”逐渐被“cultura”所取代，逐渐转化引申为培养、教育、发展、信仰、尊重等，成为一切科学、技术和知识的总称。

今日的“文化”已经演变为多视角、多维度和多层次的概念。既有物质和精神方面的，也有理性和感性意义的；既有囊括一切“人类学”的广泛含义，也有仅限于美学意义的狭义思辨。文化是“人类一切活动的条件、方式、状态和结果的综合体”[62]，“一个包括工具和消费品、各种社会群体的制度宪纲、人们的观念和技艺、信仰和习俗的有机整体”[63]。也就是说，凡是打上人类活动印记的一切传统的器物、货品、技术、思想、习惯、价值都可以称之为文化。“文化是代表一定民族特点的反映其理论思维水平的精神面貌、心理状态、思维方式和价值取向等精神成果的总和”[64]，文化重点集中在由人们所信奉的价值观而产生的规范方面，特指人类社会在教育、科学、艺术及其精神生活领域所取得的精神成就。一言以蔽之，文化是人在改造客观世界、协调群体关系、调节自身情感的过程中所表现出来的时代特征、地域风情和民族样式[61]，是一个包括知识、信仰、艺术、道德、法律、习俗以及作为一个社会成员的人所习得的其他一切努力和习惯的复合整体[65]。

可见，“文明”与“文化”是内涵极为相近的概念，甚至可以说广义的“文化”与“文明”大致同义，都是指人类超越非人动物的生活方式。这里的生活方式包括生产方式，生产也是生活的一部分。但是，在生态文明语境中，两者又有区别。“文明”表达的是人类在进行“真”的探索、“善”的追求和“美”的创造过程中所要达到的历史程度，必然有统一的价值标准，有高低、贵贱之分；“文化”表达的则是“一个民族、一个时期、一个团体或整体人类的特定生活方式”[66]，很难整齐划一、统一要求。也就是说，文明的外在形式是文化，文化的内在价值是文明。文化本身没有贵贱之分，但是，文化产品所包含的文明价值则有高低之别。一句话，文明的内在价值是通过文化这一外在形式得以实现的，文化的外在形式只有借助文明这一内在价值才有意义。

2.1.3 生态文明概念内涵及辨析

“一个定义的意义和它的必然证明只在于它的发展里，这就是说，定义只是从发展过程里产生出来的结果”[67]。生态文明之定义也是在其发展过程中不断成熟起来的。

德国法兰克福大学政治学教授费切尔可能是西方社会最早使用“生态文明”一词的，他在《论人类生存的环境——兼论进步的辩证法》一文中提道：“期盼中的、被认为急需的生态文明（ecological civilization）……将以人道的、自由的方式得以实现，……人类认为自己可以无止境地征服自然的时代已受到质疑。正因为人类和非人自然之间和平共生的仁慈生活方式是完全可能的，所以对无节制的技术进步才必须加以控制和限制”[68]。美国学者罗伊·莫里森在《生态民主》一书中曾提到过“生态文明”，强调“社会环境与结构可持续发展”要“与社会政治制度的重建式变革相对应”[69]，认为“全球性动力机制与具体政策正促成工业文明向生态文明的转向，工业文明自我破坏的现实为生态文明转型提供了必要性和条件”[70]。美国绿色左翼学者弗雷德·玛格多夫在《和谐与生态文明：超越资本主义的自然异化》一文中也曾集中讨论过与生态文明有关的议题，认为生态文明是一种人与自然、人与人之间和谐相处的文明，是生态和社会可持续发展的文明[71]；格瑞则认为生态文明是一种全球性文明形态，只能产生于工业文明背景下的世界秩序中，但是会超越并改变这种文明。当然，它会继承和保留农业文明和工业文明中一切促进人与自然和谐发展的合理要素，是具有多样性和差异性的文明[72]。但是，总的来看，由于文化尤其是思维方式、认知习惯和知识体系的差异，在国外直接使用或专门研究“生态文明”的文献还不多见。

在我国，最早使用“生态文明”一词的或许是 1987 年叶谦吉呼吁“要大力建设生态文明”，即“人与自然要协同发展”“人类既获利于自然，又还利于自然，在改造自然的同时又保护自然，人与自然之间保持和谐统一的关系”[73]。1989 年刘思华也曾强调：“在社会主义制度下，人民群众的全面需要及其满足程度和实现方式，是社会主义物质文明、精神文明、生态文明三大文明建设的根本问题”[74]。1990 年李绍东则从生态意识角度认为：对环境的利用与改造也要讲文明，生态文明就是把对生态环境的理性认识及其积极的实践成果引入精神文明建设，并成为一个重要的组成部分，包括纯真的生态道德观、崇高的生态理想、科学的生态文化和良好的生态行为[47]。

但是，见仁见智，对什么是生态文明，到目前为止还没有形成一致的意见。有的认为生态文明是“改善人与自然、人与人的关系，建立有序的生态运行机制和良好的生态环境所取得的物质、精神、制度方面成果的总和”[75]，也就是“人类在改造自然以造福自身的过程中为实现人与自然之间的和谐所作的全部努力和所取得的全部成果”[76]；有的认为生态文明是“人类发展过程中所形成的一种新型的文明形式”[77]，是“人类社会继原始文明、农业文明和工业文明以后的第四种文明社会形态”[78]；有的认为生态文明是“人与自然交流融通的一种状态”[79]，是“人类选择的一种新的生存与发展模式”[80]；有的认为生态文明是“以人与自然、人与人、人与社会和谐共生、良性循环、全面发展、持续繁荣为基本宗旨的伦理形态”[81]，是“社会文明在自然环境中的扩展和延伸”[82]；有的还认为，生态文明是以人的方式看待自然的同时也兼顾以自然的方式看待自然，是“五位一体”发展格局中的“一体”，即在快速发展经济、继续追求“全面实现小康”的同时，也兼顾环境治理[48]；等等。

从构词角度分析，我们认为："生态文明"一词是"生态"和"文明"两个词的一种组合形式。组词的一般方式无外乎并列、叠加、偏正等。通过对"生态"和"文明"的上述界定可以看出，"生态"一词就其本意而言是指一种自然状态，尤其是指天然状态，是宇宙、地球演化时自然地生成和延续下来的；"文明"则"是个对抗的过程"[83]、"是人类改造世界的物质和精神成果的总和，是人类社会发展进步的象征"[84]，即是人类活动所带来的超自然的印迹。换句话说，文明就是人和社会从自然状态中超拔出来，并且重新塑造自然的过程，至少在某种程度上是人或人类致力于摆脱纯自然性力量及其规律的控制，并以人类社会的方式生存、生活与繁衍的状态。鉴于生态的自然性和文明的劳动性，两者是互背、相反的，既不存在叠加关系，也不存在并列关系，只能是一种偏正关系。

两者是一种什么样的偏正关系呢？如果将生态文明理解为"文明的生态"，以"文明"修饰"生态"，显然就隐喻着在自然界和现实生活中还存在"不文明的生态"。很明显，这是一种虚构，是虚无和虚假的，"生态"不可能存在"文明"或"不文明"的问题。因此，"生态"和"文明"组合在一起只能是指"生态的文明"或"文明的生态化"。

以"生态"修饰或限定"文明"，落脚点在"文明"，这是符合"生态"之本义的，即生态"反映的是人与自然的亲和关系，是一个关系性概念，没有包含实体性内容"[85]。当然，我们讲"文明的生态化"并不单纯是生态学意义上的生态化，而是指一切"文明"活动的目标追求、价值向度和发展方向，强调的是相互依赖、相互融合、相互平衡的一般原则和动态过程。也就是说，一切附着在或作用于自然界中影响人类生存与发展的因素及其相互关系上的人类劳动，在生态文明语境中，都是生态的或生态化的，即人类社会的各种文明形式或文明形态都具有回归自然状态的价值取向和发展趋势，人类活动与自然规律是同向的、同构的、同态的和相互支持的。

需要指出，一方面生态文明始终是一种属人的主体状态。"人是全部人类活动和全部人类关系的本质、基础""历史不过是追求着自己目的的人的创造性活动而已"[86]。只要人类还生存、生活、繁衍在地球上，文明之主体地位，也就是人类之中心地位，就不可能从根本上改变。切记：生态文明在本质上一定是人的文明，人始终是生态文明的主体[87]。另一方面"生态"和"文明"是辩证统一的。我们强调"文明"的主体性，并不意味着否定"生态"的重要性。那种将"生态"和"文明"完全对立起来，讲文明时，生态在视野之外，讲生态时，文明又在视野之外的非此即彼的看法，是机械的、线性的，也是注定站不住脚的。

综上所述，我们认为：生态文明是一种超越工业文明的新型文明形态。它不仅延续着人类社会所有文明的历史血脉，承载着各种文明的建设成果，而且是人类文明发展理念的重大进步，是一场人类文明的根本转向和全面改革，是克服人类生态困境或生态危机的唯一出路。

2.1.4　生态文明本质的哲学意蕴

生态文明在哲学意义上指向的是人与自然、人与人和人与社会之间关系的文明，也就是人与自然之间关系的文明、人与人（自身）关系的文明、人与社会（群体）关系的文明以及这些关系之间的文明。它们是一个整体，是互为因果、紧密耦合和辩证统一的。

1. 人与自然关系的文明是生态文明中最本质的“文明”

众所周知，人是人类文明演进的主体。没有人，没有人类，就不可能产生所谓的“文明”，也就更谈不上所谓的“生态文明”。“全部人类历史的第一个前提无疑是有生命的个人的存在。因此，第一个需要确认的事实就是这些个人的肉体组织以及由此产生的个人对其他自然的关系”[88]。可见，人对自然的关系是生态文明中最本源、最基础、最根本的关系。这种关系具象为人对自然或自然界的行为和态度，在原始文明时期就是“敬畏自然”，在农业或农耕文明时期就是“亲近自然”，在工业文明时期就是“征服自然”。我们完全有理由相信，在人类社会即将到来的生态文明时期一定就是“尊重自然”，也就是尊重自然的内在价值，“按照美的规律”“通过实践创造对象世界，即改造无机界”[89]而最终实现“天人合一”。

人与自然关系的文明是生态文明的境界旨归、价值指向。实现文明的生态化，本质上就是实现人与自然关系的和谐共生。因为，“自然是一个相互联系的整体之网”“人类是它的一个组成部分”[90]。“人是自然界的一部分”“人的肉体生活和精神生活同自然界相联系”[89]，“人本身是自然界的产物，是在自己所处的生态中并且和这个生态一起发展起来的”[91]，“我们连同我们的肉、血和头脑都是属于自然界和存在于自然之中的”[92]；“自然界是我们人类赖以生长的基础”[93]。“人靠自然界来生活。这就是说，自然界是人为了不致死亡而必须与之不断交往的人的身体”“是人的无机的身体”[94]，“没有自然界，没有感性的外部世界，工人什么也不能创造”[95]；“自然是全部人类活动的‘应用场所’，是一切社会组织形式所共同的劳动过程的普遍基础”[96]。“制造使用价值的有目的的活动”[97]，“是人和自然之间的过程，是人以自身的活动来引起、调整和控制人和自然之间的物质变换的过程”[98]，“是人和自然之间的物质变换的一般条件”[97]，只有“和自然界在一起，它才是一切财富的源泉”[98]。

2. 人与自然关系的文明终究要取决于人与人关系的文明

人的主体性决定了人与自然关系的文明最终要取决于人与人，也就是人与自身关系的文明。“生态危机看起来是人与自然关系的危机，但归根结底是人与人关系的危机。因此，生态文明不仅要求正确处理人与自然的关系，而且也要求更加注重人与人之间的关系”[7]，“人如何对待周围自然界，实质上已经是人类如何对待自己的问题”[99]。

人与人之间的关系，说到底，也就是人对自身改造的关系。具体表现为“以人和自然关系为中介的人和人在自然资源占有、分配和使用上的利益关系”[100]。简言之，就是人以何种态度和方式存在于自然以及对待自身。要知道：“人类生存的极限并不在于地球的自然资源的限度，而在于人的内心，在于人类对于自己的生活态度、生存方式的选择”[101]。试想，如果“贪得无厌成了一种美德”[102]、“幸福个人主义和工具理性主义完全替代了以前的社会价值观”[103]，那么，人或人类就不可能“摆脱利己主义、消费主义、享乐主义的狂热与躁动”[104]，就不可能“超越‘人类中心主义’和狭隘科技理性或纯粹‘科学主义’”[105]。进而，对自然的控制就不可避免地转变为对人的控制[96]，人与自然关系的同一性和价值平等性就不可能从根本上实现。相反，如果人们对获得财富的关心是有节制和适度的，并且没有诱发任何受情欲驱使的欲求[102]，如果人类能够通过限制自身的活动，使得人与自然之间正常的物质代谢不至于受到损害[106]，那么，人与自然就能和谐共生、融合发展，就能实现人的全面成长和“自然界的真正复活”[89]。

3. 人与人关系的文明最终表现为人与社会关系的文明

人与社会之间的关系，也就是人与人交往的关系。“社会”一词源于拉丁语“socius”，意为伙伴，后来指代人与人之间相互结合的关系。我们知道：一方面“社会是人同自然界的完成了的本质的统一”[107]、“是人的实现了的自然主义和自然界的实现了的人道主义”[89]。因为，“只有在社会中，自然界才是人自己的存在的基础”[94]、“人的自然的存在才成为人的属人的存在”，进一步地，“只有对社会的人来说，自然界的属人的本质才是存在着的”[94]。另一方面“社会是由人组成的，这里的人不仅是指具有生理性、物理性的个体，更主要的是指具有通过人与人之间互动产生的社会性、实践性的群体”“人的本质不是单个人所固有的抽象物，在其现实性上，它是一切社会关系的总和”“人的本质是人的真正的社会联系，所以人在积极实现自己本质的过程中创造、生产人的社会联系”[107]，“个人到社会的整体化运动是一个过程，个别人要创造历史，就必须将自己的实践活动纳入社会整体之中”[108]。因此，要调节人与自然的关系，就必须以人与人的社会关系为中介，并通过规范和引导人自身的活动来实现[109]，即“社会化的人，联合起来的生产者，将合理地调节他们和自然之间的物质变换，把它置于他们的共同控制之下，而不让它作为一种盲目的力量来统治自己；靠消耗最小的力量，在最无愧于和最适合于他们的人类本性的条件下来进行这种物质变换”[110]。

4. 人与自然、人与人、人与社会关系的文明是辩证统一的

人与自然关系的文明是人与人、人与社会关系文明的目标指向，是生态文明的终极表现；人与人关系的文明是人与自然、人与社会关系文明的本源所在，是生态文明的成败归因；人与社会关系的文明则是人与自然、人与人关系文明的集中体现，是生态文明的实现保障。三者通过人类劳动联结在一起，构成一个相互依存、相互关联、相互影响系统而完整的生态文明价值体系和关系体系。

在这里，人类劳动尤其是科技、生产、消费等实践活动是三者联结的中介、桥梁与纽带。“整个所谓世界历史不外是人通过人的劳动而诞生的过程”[94]、“没有实践（即劳动，引者注）的介入就不可能达到高级的生态文明”[111]，自然对人和社会的制约性以及人与社会对自然的主体性也就不可能得到最完美的统一。“人类与自然的和解以及人类本身的和解”，必须通过“瓦解一切私人利益”[112]和“消灭现存状况的现实运动”[88]，即人类劳动或实践才能达到。只不过，在从事人类劳动或实践时，“人类作为文明的创造者和主体，从伦理态度上应该尊重自然，从生产方式和生活方式上应该顺应自然，从行为方式上应该保护自然”[113]。

总之，生态文明是囊括了人与自然关系、人与人关系和人与社会关系的自然生态、人生生态与社会生态的文明。其中，人与自然关系的文明因人类劳动或实践而受制于人与人、人与社会关系的文明，反过来，它又最终影响和决定着人对自身、人对社会乃至人对自然的价值态度和行为选择。

2.1.5 生态文明建设的要义内涵

生态文明建设的核心要义是正确处理人与自然之间的关系。生态文明建设“不是一种‘自然物的集合’的翻版或重现，不是人类对自然界的纯粹‘看护’或主客对峙上的‘静观’，而是人类在自然之本质规律的基础上实现人与自然界之统一的实践活动。……是人类在社会中依据自己的时代性‘文明’，而对自然界进行‘改造’‘建设’和‘构造’的活动”[2]。也就是说，生态文明建设是一个使人类文明达到生态状态的动态过程，是一种涉及生产关系与生产力不断演化与变革的复杂系统工程。作为一种文明建设活动，它本真地体现了人与自然融合、顺美、一体的和谐关系；作为一种生产关系，它既反映了人与人之间的物质利益关系，又反映了人与自然、人与社会之间的同向一致关系；作为一种生产力，它既体现了人类的劳动或实践能力，又体现了自然的承受能力和社会的容忍能力。

在本质上，生态文明建设是将自然因素作为基础性因素纳入生态文明系

统，通过把握人与自然这两个相互关联、同构互变的关系向度去理解人与自然、人与人、人与社会的关系一致性和互动性，并从人类社会由工业化到生态化的历史逻辑去寻求有别于资本主义主导性范式的替代性经济与社会选择，最终促进自然环境、生态环境的持续性改善和人类社会的可持续发展。在物质层面上，就是要尽快改变以物化手段“征服自然、改造自然”的劳动方式；在精神层面上，就是要尽快转变认识自然、人与社会三者关系的“天人分隔”的思维定式。概言之，就是人类的一切计划和行动始终要按照伟大的自然规律来设计和开展，唯有如此，才能实现“人化的自然”“人的生态化”和“自然的人化”的完美统一。

怎样才能正确地处理好人与自然、人与人、人与社会的关系呢？也就是说，生态文明建设应该从哪些方面入手呢？美国学者莫文和迈纳对文化结构的“三维度”划分，为我们提供了有益的借鉴与启示。他们将文化分为物质环境、制度或社会环境和文化价值，其中，物质环境包括科技水平、自然资源、地理特征、经济发展等；制度或社会环境包括法律、政治、商业、宗教等；文化价值包括物质主义、进步、平等、成就等[114]。文化在一定意义上也就是文明，我们不妨把文化结构看作是文明结构。要想改变现存文明结构，就需要从上述三个维度的生态化入手，而这个生态化的过程就是生态文明建设。“生态现代化要想真正取得成功的话，还必须包括更多的内容，而不仅是新技术。……需要改变的不仅是全球资本主义经济体制，还包括这种经济的特有目的，即财富的无限集中。种种迹象表明，真正的挑战是社会的和政治的，而不是技术和经济的”[115]。目前来看，我国的生态文明建设应该重点从以下几个方面入手。

1. **树立生态意识**

生态意识是生态文明的活的灵魂，生态文明建设离不开生态意识的引导。所谓生态意识，就是通过对生态问题的理性自觉，达到对生态与人类发展关系的深刻领悟与把握，并由此形成人们对待生态的普遍观念和基本理念[116]。“意识在任何时候都只能是被认识到了的存在”[107]。生态意识由生态问题而引起，是人们对生态问题的主观认识和观念反映。当然，这种认识和反映并不是纯粹的关于生态的意识，而是关于人与自然、人与人、人与社会的“关系”的意识，包括认知层面的生态科学意识、伦理层面的生态道德意识和价值层面的生态价值意识[117]。

生态意识觉醒是推进生态文明建设的前提。生态意识觉醒就是要承认自然的内在价值是自然所具有的第一性的价值，承认自然界不但具有人类所需要的价值，而且具有满足人类各种需要的多层次的“转换价值”[118]，承认“内在价值和工具价值彼此变换，它们是整体中的部分和部分中整体的合二为一，各种各样的价值都镶嵌在地球的结构中”[119]。从根本上改变过去那种“不承认自然界是一个有机体，仅承认它是一架机器：一个按其字面本来意义上的机器”[120]、“人类以外的存在物，无论是否具有生命，都只具有工具价值”[121]，即把自然视为“人的对象，人的有用物”[122]，“一个完全按照我们的目的加以摆布和操纵的对象”[123]的以人的价值、人的需要和人的潜力的发展为中心的纯粹“人类中心主义”观。

事实上，“人类是一种自然存在，与自然中的其他部分处于连续之中”[124]，我们没有必要“把人类凌驾于其他物种之上”[125]。因为：一方面，“我们对自然界的全部统治力量”“就在于我们比其他一切生物强”[126]，“动物仅仅利用外部自然界，简单地通过自身的存在在自然界中引起变化；而人则通过他所作出的改变来使自然界为自己的目的服务，来支配自然界”[127]；另一方面，地球“是一个‘活着’的星球”“地球表面上的一切生命以及一切物质构成一个系统，一种类型庞大的‘有机体’”[128]，“人类的生存完全离不开其他动物、植物和微生物”[129]，“自然物、土壤、动植物、河流，甚至整个生态系统都是‘伦理共同体’的一员”[130]，“非人类存在物与人类一样，在生态系统中都占有一个‘生态位’，它们拥有自己的目的和目标，因而都拥有主体性和生存下去的权利”[131]。

基于此，我们在把价值赋予人类的同时，也要考虑将权利赋予动物等其他非人类主体，即“价值主体不是唯一的，不只人是价值主体，其他生命形式也是价值主体”[132]。也就是，要从意识深处彻底颠覆工业文明时代机械论的自然观，认同自然的主体地位。既承认自然是人类生存的基础，也承认自然规律和自然资源与环境对人类活动的约束性[133]，推动人性的全面发展、人的价值体系重构和人格的重塑，进而尽快实现人由“社会人”“理性经济人”向“生态人”“生态理性人”的转变，将生态意识融入全民生产生活之中。

2. 修复生态系统

这里的生态系统，主要是指自然生态系统，是与社会生态系统相对的。所谓自然生态系统不仅包括复杂的有机体，而且包括复杂的物理因素组成的生物群落环境——生物因子，有不同种类和规模[134]；所谓社会生态系统是指人类社会系统及其环境系统在特定时空的有机组合[135]，由人类社会系统和环境系统有机紧密结合而成[136]。两者既有区别又有交叉。

修复生态系统就是通过生态型劳动投入，改善和恢复一定时空范围内的各种生物及生物群落与其无机环境之间的能量流动和物质循环及相互作用的关系，即使现已遭到破坏的自然生态系统尽快得到恢复，回归自然状态。其中，最为紧要的应该是改变现在的生产生活方式，变“大量生产—大量消费—大量废弃”和“追求利润、让自身增值”的“资本的逻辑”[137]为“在人的生存或‘更好的生存’中发现价值，在劳动生活与消费的各个方面重视人的生活的态度”的所谓“生活的逻辑”[107]。也就是，在“不是使其成为‘破坏的力量’的‘资本的生产力’增大的方向上，而是在不断地保护环境、生产人所必需的东西、让人的各种力量得以发展、使人的生活更加富裕的方向上，发展生产力”[138]。

众所周知，正确处理人与自然的关系必须以生态系统的整体利益为最高价值。20 世纪 70 年代以来，全球已进入生态超载状态，“在人类生存的安全警戒线下，我们的工业文明已经接近了极限”[139]。因此，在生态文明建设这个问题上人类早已没有了回旋余地，只能通过停止人为干扰、减轻负荷压力和辅以人工措施，使遭到破坏的自然生态系统逐步恢复或向良性循环方向发展，切实“培养起‘对待生物圈的新的敏感度’，并且‘恢复人类与土壤、动植物生活、太阳以及风等的交流’”[140]。人类只能通过生态恢复、重建、改建、改良等途径来修复包括大气、土壤岩石、生物、水和冰雪在内的地球五大生物圈，实现“人与自然、人与人、人与社会这三个子系统及其相互之间的平衡，即‘自然—人—社会’的生态系统平衡”[141]。否则，“如果人类再继续把自己的意志强加于这个世界，那么赢得的只是一次卡德摩斯式的‘胜利’：先失去了生物圈，然后整个人类也将不复存在”[142]。

3. 发展生态科技

生态科技是推进生态文明建设的关键因素。它主要指人们所创新与运用的科技活动过程及其运行规律能够尽可能地符合自然物的生长秩序与生态规律[143]，也就是把从世界整体分离出去的科学技术，重新放回“人—社会—自然”有机整体中，运用生态学观点和生态学思维于科学技术的发展中，对科学技术发展提出生态保护和生态建设的目标[144]。

发展生态科技，从根本上讲就是要改变科学技术的工具理性，“通过人、技术、自然、科学、社会之间的协调均衡、共存共进以实现体现它们系统性与整体性的和谐状态的技术价值观”[145]，实现科技本身的生态化，减少科技无意带来的负面影响[146]，从源头上避免这种“现代性以试图解放人的美好愿望开始，却以对人类造成毁灭性威胁的结局而告终”[147]的非生态局面，真正实现科学技术价值观的转变、科学技术思维方式的转变和科学技术应用的生态化[148]。

我们必须承认：科学技术“所创造的生产力，比过去一切时代创造的全部生产力还要多，还要大”[107]。当然也要看到：科学技术在把人从精疲力竭的体力劳动中解放出来，使生活更加舒适而富裕的同时，也给人的生活带来严重的不安，使人成为技术环境的奴隶[149]。尤其是，在科学技术飞速发展的推动和支持下，“人类已经不自觉地在自己的权力里变成一股地质力量——肃清森林，改变气候和河流流向，改变侵蚀速度”[150]，“当自然不合人的想法时，人就整理自然。当人缺乏事物时，人就生产出新事物。当事物干扰人时，人就改造事物”[151]。这显然不是生态文明的，也不是生态文明建设应有的做法。正确的逻辑应该是在科技革命过程中全面引入生态学思想，综合考虑科学技术对环境生态的影响和作用，在保证科技发展经济价值的同时，确保环境清洁和生态平衡的生态价值[152]。

4. 兼顾“两个”发展

在生态文明建设过程中要着重统筹好“发展经济”与“发展生态”的关系，注重两者的整合性、协同性和联动性。具体就是，努力克服目前我国在工业化、城镇化进程中所面临的“生态足迹”增长速度远远高于生物承载力增长速度以及“生态赤字”正在逐年扩大[153]的生态困境，解决基于后进工业化国家的现实“我们的主题是增长，而不是分配”“我们关心的主要不是消费，而是产出”[154]的两难抉择，最终通过调结构、转方式和推动新旧动能转换，实现生产模式和消费方式的生态化，促进循环经济、低碳经济和绿色经济发展，真正建立产业系统与生态系统高度依存和融合的“产业生态系统”[155]。

生态，在一定意义上是一个经济体系，一个探究动物与其环境之间总体关系的自然的经济体系。经济发展尤其是物质生产是“一切历史的一种基本条件”[107]，“制约着整个社会生活、政治生活和精神生活”[156]。倘若否认了经济发展这一人类社会的“第一历史活动”[107]，唯生态发展而发展，那就是典型的“缘木求鱼”，那就是“一种集体的糊涂”[157]。发展生态“绝不是对经济建设中心论的调整，而是为经济建设确立更高的标准”[158]，即在不构成经济增长和开发障碍的前提下兼顾生态发展，或者在优先考虑生态或环境的前提下协调经济发展。我们不反对倡导物质增长首先要遵循生态优先、强调“自我价值实现”的后物质主义[159]，但是，我们也不赞成将经济发展和生态发展尤其是生态保护绝对对立起来，片面地强调优先发展哪个方面，优先向哪个方面转向的问题。物质增长虽然不是社会发展和进步的唯一标准，但依然是不可动摇的人类社会生存与发展的首要或必要标准，无论何时“人们首先必须吃、喝、住、穿，然后才能从事政治、科学、艺术、宗教等”[91]，这一基本现实和需求不会变，也不可能改变。那种坚持生态优先和生态本位、反对生产和经济增长的所谓的“生态中心主义”，显然是唯心的、伪科学的。我们遇到的不是论长短、比前后的问题，而是如何把经济发展与生态发展紧密结合兼顾起来，重视人、社会与自然之间的关系以及人的思想和社会理论对自然反应的真正联系上来的问题。

5. 健全生态制度

生态制度是推进生态文明建设的根本制度体现和重要制度保障。制度是为人们的相互关系而人为设定的一些制约[160]，广义的制度除包括原则、法律、规章、条例、政策等正式制度以外，还包括伦理、道德、习俗、惯例等非正式制度。前者多属于律法范畴，后者多属于文化范畴。生态文明建设能否扎实推进、落到实处，形成人与自然关系的和谐，实现人类文明的升维，在很大程度上取决于律法完善和文化自觉。

律法完善的关键是要尽快形成生态文明建设相对统一的立法依据、指导思想和法律体系，建立健全以保护和建设生态系统为中心、调整人与自然关系的“多规合一”的制度规范体系，彻底解决目前生态法律法规尤其在生态文明建设方面存在的相关规定不清、内容缺失、层次偏低、“碎片化”“自由裁量”“按需落实”和“据人执行”等问题。

文化自觉的关键是要“破除长期以来形成并为工业文明所巩固的旧观念，确立与生态文明相适应的新观念”[161]，即尽快树立人与自然和谐相处的共同利益观、人与自然主客体相容的共同价值观和人与自然福利公平的共同权利观。

生态文明建设的社会和谐、经济发展、环境友好、生态健康、管理科学五个结构性基本要素，决定了生态文明建设制度是一种涉及物质、文化、行为、精神等各个层面[162]，用以推进我国经济、政治、社会、文化生态化的行动规程或行为规则。也就是在全社会制定或形成的一切有利于支持、推动和保障生态文明建设的各种引导性、规范性和约束性规定和准则的总和[163]。生态文明建设制度不是单一的设计制度，而是一个由别无选择的强制性制度、权衡利弊的选择性制度和道德教化的引导性制度等共同构成的制度体系[164]，目前至少要形成以“政府”为主体的生态文明管治制度、以“市场”为主体的生态文明市场制度和以“公众”为主体的生态文明公众参与制度[165]。

2.2 生态文明审计的历史渊源和理论探讨

2.2.1 生态文明审计的理论溯源

环境审计可以视为生态文明审计的滥觞。何谓环境审计，见仁见智，至今没有形成一致意见。1982 年国际内部审计师协会将其定义为“环境管理系统的一个组成部分，借此，管理部门可以确定组织的环境管理系统是否能够对遵循监管要求和内部政策提供充分保证”[166]。1986 年美国环保署将其定义为“为确保达到环境要求而由受管制主体（具体可由独立的内部审计师或外部审计师执行）对设备的使用和操作进行的系统的、有记录的定期和客观地检查，包括评估已经实施的环境管理系统的效果或评估物资与业务的风险"[167]。1992 年加拿大特许会计师协会在《环境审计与会计职业界的作用》研究报告中将环境咨询服务、场所的评价、经营符合性评价和环境管理系统的评价这四大类业务称为环境审计[168]。1995 年国际商会将其定义为环境管理的工具，是对与环境有关的组织、管理和设备等业绩进行系统的、有说服力的和客观的估价，并通过有助于环境管理和控制以及对公司有关环境规范方面的政策鉴证等手段，来达到保护环境的目的[169]。1995 年世界银行在《环境评价资料更新》一文中认为，环境审计是对有关组织、企业或场所的环境信息进行系统检查，以确定其是否或在多大程度上遵循了特定审计标准的过程，它至少包括合规审计、责任审计、环境管理系统审计、环境报告审计和其他专门审计等内容[170]。1995 年国际会计师联合会（IFAC）在《审计职业与环境》一文中认为，环境审计应该包括对场所污染、拟投资项目环境影响等的评价以及对环境应有关注、公司环境业绩报告、组织遵循环境法律法规情况的审计等内容[22]。1995 年最高审计机关国际组织（INCOSAI）在开罗召开的第十五届大会上正式将环境审计问题列为大会主要议题，并在 2001 年发布的《从环境视角执行审计活动的指南》一文中认为，环境审计与最高审计机关实施的其他审计没有本质区别，政府审计的常规审计（包括财务审计与合规审计）和绩效审计都适用于环境审计，其中，环境绩效审计主要是对政府监督环境法律遵循、环境规划和其他规划的环境绩效或影响，以及环境管理系统、提议的环境政策和规划等方面的审计监督与评价。同时，还期望环境审计能提供环境管理系统有效性声明等与环境有关的额外的审计保证[171]。2000 年英格兰和威尔士特许会计师协会（ICAEW）在《财务报表审计中的环境事项》一文中，将企业财务报表审计中需要关注的环境事项界定为：遵循环境法规采取的保护措施、违反环境法规导致的经济后果、环境污染导致的自然后果和社会后果等内容[172]。

随着环境成本的增加和关联环境责任范围的扩大，环境审计——这种有助于确保交易事项符合环保要求、避免主体在交易事项中承担环保责任和对环境产生不利影响的特殊环境管理工具，不仅在企业尤其是对环境影响较大的企业得到普遍应用，而且在审计组织和学术界也得到前所未有的关注和重视，形成了环境影响报告草案审计、决策点审计、执行审计、绩效审计、项目影响审计、预测技术审计和环境影响评价程序审计等代表对环境影响评价不同阶段和内容的环境审计类型[173]。

可见，环境审计不仅是对企业受托环境责任履行过程的一种控制活动[174]，而且也是企业为更好地促进环境业绩管理而使用的环境管理工具[175]。也就是说，环境审计既是对企业环境影响的系统分析[176]，也是组织内部的一种自我评估程序[177]。它的内容几乎涵盖所有的生产经营活动的环境方面，不仅包括环境政策和项目，还包括非环境项目的环境影响[178]，泛指各种类型的环境评价和审查[179]。至少应包括核实对监管需求的遵循性、证实与企业和行业标准的一致性、评价常规环境事项管理和编制行动计划纠正已识别的缺陷四部分内容[177]，侧重于环境咨询服务以及场所、经营的环境合规性、环境管理系统评价等内容[180]。

当然，作为政府环境管理的一种重要工具，环境审计也受到世界各国的关注[181]。在美国，环境保护署（EPA）和审计总署（GAO）依据《环境政策法（NEPA）》《环境审计政策声明（51FR25004）》《自我管理激励：发现、披露、纠正和违规预防（65FR19618）》《新成立企业适用环境审计政策的临时办法》等法规政策，主要就土地项目合规情况、能源与环保政策有效性、污染治理项目资金投入、工业生产排放标准、国际公约及协议履职情况等进行符合性审计、环境管理系统审计、业务性审计、治理贮存及处理设备审计、防污审计、应计环境负责审计和产品审计。在加拿大，审计总长公署（OAG）及环境和可持续发展专员（CESD）依据环境保护、污染预防、生物多样性及其保护、可持续发展等法律以及《审计总长法案》和加拿大特许会计师协会（CICA）公布的《环境绩效报告》《环境成本与负债：会计与财务报告问题》《环境审计与会计职业界的作用》《废弃物管理系统：执行、监督与报告准则》《受环境问题影响的财务报表审计》等，主要就环境政策和法规执行及非环境政策项目执行等环境事项和国际环境协议执行等情况进行行政管理及过程审计、环境绩效审计、环境跟踪审计和接受独立监督的交叉审计。在德国，联邦、州和欧盟审计院依据由公民参与、宣传教育、环境补贴、自然保护、动植物保护等单项法律组成的环境法典，主要就环境保护项目、环保技术指标达标和环境咨询服务及法规执行情况，从合法合规、经济效益和咨询服务等方面，围绕预算支出进行项目审计、措施审计、常规审计、重点审计、横向审计、定向审计和跟踪审计。在荷兰，荷兰审计院、民间审计组织和企业内部审计机构依据《地表水污染法》《废弃物法》《噪声侵权妨害法》《土地净化法》《环境保护法》《环境管理法》等系列环境法规，就综合环境管理、环境政策、环境许可与审批，即政府及相关部门政策落实、内部环境管控状况以及公共治理与生态吻合度等情况进行合法性审计、合规性审计、绩效审计、政策执行审计、区域合作或联合环境审计。在印度，主计审计长公署（CAG）、地方总会计师（AGA）和企业内部审计部门依据环境保护法和 CAG 公布的《命令指南》《审计和账面条例》《绩效审计指南》以及印度特许会计师协会（ICAI）的《了解实体及其环境》《内部审计对法律、法规的考虑》等，就经营行为对环境产生的直接或间接影响以及有权制定或影响环境政策的规划和管理、有权监督和控制其他主体环境行为的机构和组织的运行、环保项目和环境改善项目的实施和运营、环境项目和环境规划对环境的影响、国际环境协定遵循等情况进行环境合规审计、环境绩效审计、财政财务审计和跟踪审计。在南非，审计署（AGSA）、社会审计机构和内部审计部门依据《环境保护法》《水法》《公共审计法》等，主要就被审计单位资源使用的经济性、效率性和效果性以及对大气、生物多样性、生态系统的健康性、环境管治、水、海洋等重点环境保护领域的绩效和环境事务、旅游部门等进行重点审计、绩效审计和结果导向审计，等等。

总的来看，在微观领域主要是企业组织层面上，环境审计已成为“企业综合审计的一部分，由会计师事务所或其他法定机构对适用于环境要求的有关经营业务及活动所进行的系统的、有证据的、定期的和客观的检查”[167]，成为“对一个组织的环境管理系统的连续监控过程”[182]。它不仅内在于企业环境管理系统[166]，而且是企业战略的重要组成部分[183]，侧重于检查和评价企业生产经营活动所溢出的环境后果及环境影响；在宏观领域主要是政府机关层面上，环境审计已经发展成为各国最高审计机关为促进可持续发展，对政府部门和公共领域的环境政策和环境项目以及相应的环境成本和环境责任（包括环境损害）所开展的一种财务性、合规性和绩效性审计，侧重于独立、客观和可靠地检查政府事务、制度、计划、活动或组织是否按照规定运作，是否遵循经济性、效率性和效果性原则，以及是否有改进的余地[184]。

毋庸置疑，环境审计所研究和覆盖的内容，也是生态文明审计所关注的重要方面。近年来，环境审计向生态文明审计转化的趋势是非常明显的。在政府层面上，环境审计除了继续关注海洋保护、气候变化、生物多样性、酸雨等传统环境问题以外，还逐步拓展到了自然环境的未来、回转塑料潮汐、海洋保护区、可持续发展目标、一次性包装、热浪、减少硝酸盐和氟化气体及二氧化碳排放的进展和绿色金融等更为具体、更有针对性的生态环境问题；在企业层面上，环境审计不仅是生态环境政策框架下为企业识别生态环境绩效影响因素、建立有效生态环境保护体系和生态环境绩效评价方法，以及向公众传达生态环境绩效信息的整体框架[21]，不仅是由审计组织或审计人员通过对企业进行独立的专业分析，评估其经济及其他活动对生态环境的影响，并就最大限度地减少生态环境和人类健康负面影响提出建议[22]，而且在本质上实现了从企业环境管理向整体观的、系统化的管理模式即企业生态管理的范式转变[24]，也就是向生态文明审计转变。

2.2.2　生态文明审计是审计领域的重大理论创新

生态文明审计是我国审计领域的一项重大理论创新，也是一项重要实践活动。它孕育于党的十七大提出的“科学发展观”，实践于党的十八大架构的“五位一体”总体布局和十八届五中全会提出的“绿色发展理念”，繁荣或成熟于党的十九大谋划的“人与自然和谐共生”的基本方略。生态文明审计的形成和发展既有坚实的理论基础和清晰的内在规律，也有鲜明的时代背景和丰富的实践经验。服务生态文明建设，不仅是生态文明审计顺应时代要求的应然趋势，而且也是生态文明审计不断发展、完善自我的必然选择。

从发展脉络上看，生态文明审计不同于传统意义上的环境审计，也不同于西方社会的生态审计和我国目前正在推行的领导干部自然资源资产离任审计（简称“自然资源资产审计”）。环境审计主要是侧重企业等微观组织环境管理系统的审计，是检查和评价企业经营和管理活动所带来的环境影响的环境管理工具。生态审计不仅关注环境问题，而且更加关注生态及生态关系问题，也就是更加关注企业与自然在能量、物质、信息动态交换过程中自然生态、环境生态和社会生态的系统性、完整性、平衡性和稳定性问题。生态审计归根结底是一种为促使企业行为不断生态化的生态管理工具。自然资源资产审计是对某一行政区域内自然资源资产管理和生态环境保护情况的审计，可以看作是党政主要领导干部和国有企业领导人经济责任审计的一个新的方面、一种有益补充。而生态文明审计就有所不同。它是一种审计主体更为多元、审计对象更为复杂、审计内容更为丰富、审计方法更为综合、审计手段更为先进的相对独立的整合审计。或者说，是一种更高一级的环境审计或生态审计抑或自然资源资产审计。进一步地，它是一种以生态文明理念为起点、以生态文明建设为对象、以现代审计理论与方法为依托的新型审计业务和审计业态，即中国审计学人以习近平生态文明思想为指导，根据生态文明建设这一总体布局和服务推进生态文明建设这一伟大工程，因循审计之本质与规律的原创性结语论断，是滋养于中国审计智慧、根植于中国审计大地、服务于中国审计实践的时代新产物。

具体来说，生态文明审计是审计机关（或组织）和审计人员依据有关法律法规，运用现代审计理论与方法，对生态文明建设管理系统的健全性、适应性和有效性，生态文明建设制度体系的完备性、适应性和遵守性，生态文明建设项目资金的真实性、合法性和合理性，生态文明建设行为作业的价值性、规范性和生态性，以及生态文明建设业绩成效的效果性、公平性和环境性，发表审计意见，做出审计决定，提出审计建议的复合型审计。

换言之，生态文明审计就是透过生态循环体系的认知，及时嵌入自然生态与人类活动交互过程，适时或即时进行审计监督、审计鉴证、审计评价和审计监察，也就是对生态文明建设的全过程、全要素、全维度进行实时或全景审计纠错或审计纠偏。本质上，生态文明审计不仅要通过维护自然生态平衡来保障人类社会可持续发展，而且要通过审查人类活动的物质、能量、信息交换过程来维持经济社会发展与自然资源、自然生态、自然环境的契合度和协调性。

生态文明审计作为一门科学是现代审计及时回应生态文明建设审计诉求的实然选择，是在整合环境审计、生态审计和自然资源资产审计等新兴审计理论知识与实践经验基础上，吸收并融合统计学、环境学、生态学、资源学、地理学以及经济学和管理学的理论素养前提下所形成的，横跨社会科学、自然科学和人文科学三大学科门类的一门交叉性、边缘性和应用性新兴学科。属于国家审计范畴。当然，在生态文明审计实践中并不排斥与社会审计、内部审计等其他审计力量的协同与合作。

2.2.3　生态文明审计服务生态文明建设的着力方向

生态文明审计应该以生态文明建设过程内容为主线，从生态文明建设管理系统、制度体系、项目资金、行为作业和业绩成效等方面，全面回答“为什么需要审计”“具体要审计什么”“应该怎样审计”以及“应达到何种审计要求”等基本审计问题。也就是说，生态文明审计应该根据生态文明建设的过程环节，从生态文明建设的管理系统、制度体系、项目资金、行为作业、业绩成效五个方面入手深入推进落实。

1. 着力监督和评价生态文明建设管理系统的健全性、适应性和有效性

生态文明建设已经成为一项常规性工作，需要纳入日常管理工作，建立健全有效的生态文明建设管理系统。作为有助于生态文明建设顺利完成的持续评估流程，生态文明建设管理系统是政府和企业推进生态文明建设所采用的技术与管理相结合的管理新范式，是一个由系列管理原则和各类技术手段组成的涉及生态文明建设资源配置及责任分配的综合管理系统，一般包括生态文明建设的管理体系初评、制度政策方针、确定重要因素、设定目标、提出并评估备选方案及运行控制、实施运行、组织支持与沟通和持续改进等循环环节。在开展生态文明建设管理系统审计时：

一是应着重中央政府生态文明建设管理系统的全局性和重点性审计。“源头严管、过程严控、后果严惩”是中央政府生态文明建设的目标要求，需要本着“全面管理”与“重点负责”相结合的原则，重新定义、调整、布局和优化中央政府及其部委在全国生态文明建设管理系统中的地位和角色。为此，需要着力审计这一层面的生态文明建设管理系统是否重点突出了全面谋划、顶层设计、统筹协调、系统部署和重点推进等职能作用。

二是应着重地方政府生态文明建设管理系统的区域性和协同性审计。生态文明建设的突出特征之一是跨域跨界，其主要建设路径和工作方式是流域治理、区域合作、政府协同和项目委托。因此，应重点审计地方政府生态文明建设管理系统的区域性和协同性，特别关注在跨域、跨区合作等过程中可能产生的权责模糊、管理空白、职责交叉和环境负外部性区域间“漂移”等复杂性管理事务问题。

三是应着重企业生态文明建设管理系统的嵌入性和社会性审计。企业是生态文明建设的主阵地和生力军，它在生产产品、创造财富的同时，也在不同程度地消耗自然资源和污染或破坏生态环境。抓住了企业及其价值链上或生态圈内其他企业的绿色转型发展，也就是抓住了生态文明建设的“牛鼻子”。为此，应重点审计企业是否以循环经济理念为指导来构建产品生态设计体系，实现绿色生产与消费；是否以延伸生产者社会责任理念为指导来建设绿色供应和产业网络体系，推动行业绿色化转型。

2. 着力监督和评价生态文明建设制度体系的完备性、适应性和遵守性

制度体系建设是生态文明建设有序规范推行的基础性制度保障。制度是规范和约束生态文明建设责任主体的行为准则和办事规矩。当前的生态文明建设制度及其体系内容大多蕴含在党和国家关于生态文明建设的有关决议、决定、条例、通知、宣言和声明等政策性文件之中，有些也包含在全国人大及其常委会制定的宪法及法律和国务院及其各部委发布的条例、命令和规章等法律法规体系之中。广义地，还应该包括党和国家领导人针对生态文明建设所发表的讲话、报告和作出的批示、指示之中。在开展生态文明建设制度体系审计时：

一是应着重生态文明建设制度体系的完备性审计。应在全面梳理生态文明建设相关制度和政策基础上，重点监督和评价生态文明建设制度及其体系是否科学、合理、系统、完整。尤其是要关注经济增长、社会进步与生态发展、环境改善紧密相关的制度布局和政策导向，关注生态文明建设各责任主体的“权责利”诉求和提升生态文明建设绩效及预防生态文明建设风险的制度安排和政策措施。

二是应着重生态文明建设制度体系的适应性审计。在实地调查、深度学习和充分研究基础上，重点监督和评价生态文明建设制度及其体系与当地经济发展水平、自然资源禀赋、生态环境现状、社会文明程度以及风土人情和乡规民约等的匹配性和契合度。尤其是要关注生态文明建设的问责制度、机制是否到位有效，问责主体、范围是否清晰明确，结果是否得到了及时使用有效落实，关注生态文明建设各项制度的覆盖性、交叉性和特殊性以及是否存在制度打架、南辕北辙、重复或留白等问题。

三是应着重生态文明建设制度体系的遵守性审计。在文档调阅、实地查看和穿行测试基础上，重点监督和评价生态文明建设制度及其体系的执行或遵循情况。尤其是要关注对全国性、区域性或地方性重大生态文明建设项目的总体布局、规划背景、行动方案和政策措施的是否了解、掌握，关注在实际执行过程中是否存在法律漏洞、法规障碍和政策瓶颈等问题。

3. 着力监督和评价生态文明建设项目资金的真实性、合法性和合理性

项目是推进生态文明建设的有效抓手，资金是生态文明建设项目落地实施的基本保障。生态文明建设项目资金一般来源于公共财政、绿色金融、社会参与和国际合作等，其中财政资金是基础性资金。无论从哪种渠道募集的资金，都可以直接投资于某个生态文明建设项目，也可以通过种子基金等方式来吸引或撬动社会资金。在开展生态文明建设项目资金审计时：

一是应着重生态文明建设项目资金的真实性审计。在制度遵守、账项基础和风险导向基础上，重点监督和评价生态文明建设资金运动所涉及的会计关系和财务关系是否客观、可靠、如实反映。尤其是要关注生态文明建设项目所发生的资金经费、财务收支、取费收入、成本费用等是否责任明确、手续齐备、有凭有据，关注生态文明建设项目的资金来源和运用是否留痕清晰、前后观照、勾稽对应。

二是应着重生态文明建设项目资金的合法性审计。在文件查阅、现场观测和调查访谈基础上，重点监督和评价生态文明建设项目资金所涉及的一切财务活动是否符合党和国家的财经法纪、制度和规定。尤其是要关注生态文明建设项目资金的来源是否正当、运用是否遵纪，关注相应的会计处理是否符合会计制度、准则和标准。

三是应着重生态文明建设项目资金的合理性审计。在查阅资料、跟踪监测和田野调查基础上，重点监督和评价生态文明建设项目资金的配置使用是否符合当地实际和经济社会发展规律。尤其要关注生态文明建设项目的目的目标、受益人群、参与规划及落地实施情况，关注项目的规划方案、计划流程、关键环节、效果表达和预算安排是否存在瑕疵、缺陷和不足。

4. 着力监督和评价生态文明建设行为作业的价值性、规范性和生态性

行为作业是生态文明建设责任主体为完成目标任务所采取的一系列有目的、有计划的行动。一般来说，凡是符合国家生态文明建设总体布局和具体要求的行为作业都是有益的、正向的、增加价值的；凡是对宏观或区域生态环境产生了不利影响或损害的行为作业都是有害或有瑕疵的、负向的、减弱价值的，当然，其中也包括不作为或无效作为的行动。在开展生态文明建设行为作业审计时：

一是应着重生态文明建设行为作业的价值性审计。在重新计算、重新执行和价值判断基础上，重点监督和评价生态文明建设行为作业是否必要、不可或缺、可以形成转移给社会的有效价值。尤其要关注生态文明建设各责任主体是否采取了减少甚至杜绝不增加价值作业的有效措施，关注在努力提高可增加价值作业运作效率方面的制度是否科学、机制是否高效、体制是否顺畅。

二是应着重生态文明建设行为作业的规范性审计。在透视分析、判断认

知和实验检测基础上，重点监督和评价生态文明建设行为作业的流程是否简洁、合理、科学。尤其要关注生态文明建设行为作业的工作流程和数据流程是否有助于防范行为及信息机会主义，关注生态文明建设是否存在失范行为和舞弊活动。

三是应着重生态文明建设行为作业的生态性审计。在作业清册、作业动因和作业优选基础上，着重监督和评价生态文明建设各责任主体在日常生产、经营和管理中是否具备生态意识、发展意识、辩证意识。尤其是要关注在生态文明建设过程中是否正确处理了经济与生态之间的协调平衡发展关系，即是否在坚持了经济发展的同时又兼顾了生态发展，关注在生态文明建设过程中是否存在短期或短视行为和不可持续作业。

5. 着力监督和评价生态文明建设业绩成效的效果性、公平性和环境性

要想得到什么，就应该着力衡量和评价什么。结果导向是生态文明建设的一个突出特征。其业绩成效是一个综合性概念，既是经济效益、社会效益、生态效益的有机统一，也是宏观效益、区域效益、微观效益的整合体现，更是近期效益、中期效益、远期效益的统筹考量。在开展生态文明建设业绩成效审计时：

一是应着重生态文明建设业绩成效的效果性审计。在投入产出、成本效益和数据分析基础上，重点监督和评价生态文明建设业绩成效是否达到“善”的结果要求，即是否止于至善。尤其要关注生态文明建设是否以最低的资源消耗或投入以及最有效的资源利用达到了预期效果、期望和要求，关注生态文明建设的动机和效果是否匹配、契合、一致。

二是应着重生态文明建设业绩成效的公平性审计。在抽象逻辑、平衡计分和综合分析基础上，重点监督和评价生态文明建设业绩成效所体现出来的资源配置与社会满意度是否不偏不倚、匹配统一。尤其要关注生态文明建设是否形成了共建、共治、共享、共赢的生态机制，关注各行为主体参与生态文明建设活动的机会、过程及结果分配是否正当、公正、合情合理。

三是应着重生态文明建设业绩成效的环境性审计。在问卷调查、案例剖析和大数据分析基础上，重点监督和评价生态文明建设是否遵循了绿色发展理念并采取措施减少或遏制了经济社会发展的环境负外部性。尤其要关注生态文明建设的各种举措是否有助于促进自然资源的节约和合理有效利用以及修复生态系统和改善生态环境，关注生态文明建设是否有助于确保生态资源的最优化和可持续性配置及利用。

2.2.4 生态文明审计服务生态文明建设的框架内容

生态文明建设是一项功在千秋、利在当代的复杂系统工程，具有原创性、全局性、国际性、长期性和战略性。推进生态文明建设难度大、投入多、见效慢，需要一张蓝图绘到底、功成不必在我。这就要求生态文明审计不同于以往的任何一种审计业务和审计类型，需要进行理论重塑和体系重构，全新回答“为何审”“谁来审”“谁被审”“审什么”“据何审”“怎么审”和“为谁审”等基本审计理论与方法问题。

1. “为何审”

为何要开展生态文明审计，就是要回答生态文明审计的目标问题。生态文明审计除了应该继续遵从现代审计的基本目标和要求，尤其是环境绩效审计“5E”要求外，终极目标是建设美丽中国，实现人类社会由工业文明向生态文明的转型；近期目标是推进生态文明建设，也就是助推生态系统优化、生态环境美化、生态平衡稳定和生态财富增进，借以构建山水林田湖草生命共同体，实现人类社会生产、生活、生态的“三生”共赢。结合党的十九大提出的“两阶段”“两步走”历史任务，就是要确保从 2020 ~ 2035 年节约资源和保护环境的空间格局、产业结构、生产生活方式总体形成，生态环境质量根本好转，美丽中国目标基本实现；从 2035 ~ 2050 年物质文明、精神文明、政治文明、社会文明、生态文明全面提升，绿色发展方式和生活方式全面形成，人与自然和谐共生，生态环境领域国家治理体系和治理能力现代化全面实现，建成美丽中国。

2. “谁来审”

谁来从事生态文明审计，就是要回答生态文明审计的主体问题。广义上，现行审计体系中的国家审计机关、社会审计组织和内部审计机构都可以开展生态文明审计工作。但是，限于生态文明建设的公共物品属性和尚处在初级阶段实际，狭义上生态文明审计主体指的是国家审计署及其派出机构和地方审计机关。当然，在具体开展工作时，可以整合和借助其他审计力量，通过构建国家审计、社会审计、内部审计“三位一体”网络协同机制，形成多元审计主体“协同作战”“整合运作”的工作模式，最终建立国家审计为主导、其他审计为补充的生态文明审计协同机制和工作平台。

3. “谁被审”

生态文明审计要审计谁，就是要回答生态文明审计的客体问题。生态文明审计客体可以泛指承担生态文明建设任务的一切单位、群体或个人，不仅包括各级党委、政府及其相关职能部门和派生机构，而且也包括企事业单位、非政府或非营利组织和社会公众。现阶段主要是指各级党委、政府和企业。其中，企业主要指的是国有企业和国有资产占主导或控股地位的企业。

4. “审什么”

生态文明审计要审计什么，就是要回答生态文明审计的对象问题。生态文明审计要着重审查和监督生态文明建设各责任主体具体开展生态文明建设的内容、过程和行为等情况，也就是说，要把这些方面作为审计主题，至少要涉及生态意识、生态系统、生态科技、生态经济、生态社会、生态文化和生态制度等诸多方面。按照中央部署，当前生态文明审计对象具体应该包括自然资源资产、国土空间开发保护、空间规划体系、资源总量管理和全面节约、资源有偿使用和生态补偿、环境治理体系、环境治理和生态保护市场体系和生态文明绩效评价考核等方面的制度建设、执行情况和落实效果的责任履行状况。

诚然，针对不同审计客体，生态文明审计对象的具体内容是有所差异的。例如，围绕企业尤其是国有企业承担的生态文明建设任务，生态文明审计要重点关注企业生态管理系统和生态治理政策是否有效以及由此带来的生态风险是否预知、可控，企业业务经营和管理活动是否遵守了相应的生态文明建设政策，原材料采购或可能的替代产品或设备是否在不影响产品或服务品质与成本前提下减少了生态环境负外部性，现有关键基础设施以及投资项目可能造成的生态后果和潜在的生态责任，"三废"减少量和降低其对生态系统和生态环境的破坏程度以及有效利用或者妥善处理情况，生产经营过程中节能减排、绿能替代、生态认证和产品生态标签化等是否卓有成效，供应链或产业链上相关主体业务往来是否遵循了相应的生态规定，企业战略的生态符合性和生态贡献率以及生态补偿情况等。

5. **"据何审"**

据何进行生态文明审计，就是要回答生态文明审计的依据或标准问题。应该说，生态文明审计的依据或标准正在逐步探索和架构之中。目前集中体现在党和国家有关的法令、法规、条例、文件及党和国家领导人的讲话、报告、批示、指示之中。比如，2015 年中共中央、国务院在《生态文明体制改革总体方案》中明文规定"实行地方党委和政府领导成员生态文明建设一岗双责制"，2015 年又在《关于加快推进生态文明建设的意见》中具体要求"对领导干部实行自然资源资产和环境责任离任审计"；2016 年中共中央办公厅、国务院办公厅在《生态文明建设目标评价考核办法》中要求对各省、自治区、直辖市党委和政府生态文明建设目标进行考核评价，2020 年又在《关于构建现代环境治理体系的指导意见》中部署了构建党委领导、政府主导、企业主体、社会组织和公众共同参与的现代环境治理体系；2016 年国家发展改革委员会等部委联合印发了《绿色发展指标体系》《生态文明建设考核目标体系》作为生态文明建设评价考核依据，2020 年又在《美丽中国建设评估指标体系及实施方案》中要求开展美丽中国建设进程评估；2018 年 5 月习近平总书记在中央审计委员会第一次会议上强调指出：审计机关要坚持以新时代中国特色社会主义思想为指导，全面贯彻党的十九大精神，坚持稳中求进工作总基调，坚持新发展理念，紧扣我国社会主义矛盾，紧紧围绕统筹推进“五位一体”总体布局和协调推进“四个全面”战略布局，依法全面履行审计监督职责。

6. “怎么审”

生态文明审计应该怎样来进行，就是要回答生态文明审计的途径、方式和方法问题。除继续采用手工审计、计算机审计、现场审计、财务审计等传统审计方式以及采访、文件审查、实地考察、问卷调查、案例研究、获得专家意见和专家小组、分组座谈、数据分析、经济分析、科学分析、国际基准等特殊审计方法以外，生态文明审计应该积极吸收、借鉴和整合其他学科或领域的技术方法，尤其是大数据、人工智能、移动互联网、云计算、区块链、物联网等现代信息技术，尽快实现网络审计、数字审计、可视审计和全时审计；应该打破专业分工壁垒、整合内外审计力量、协同其他监督资源，尤其是强化与自然资源、生态环境、测绘机构、精神文明、国际组织和其他经济监督及政治监督等部门的审计联动与合作，尽快推进生态文明审计的信息化、智能化和智慧化建设，强力推行计算机审计、“互联网 + 审计”、大数据审计、可视化审计和人工智能审计等。

7. “为谁审”

生态文明审计结论或结果如何使用，就是要回答生态文明审计的结果及其使用问题。一般来说，生态文明审计结果形式依然是审计报告、审计建议、审计处理决定等，预期使用者应该是各级党政机关、人大、政协、社会公众和其他利益相关者。

2.3 生态文明审计的主要理论基础

2.3.1 习近平生态文明思想

习近平生态文明思想是处理人与自然、人与人、人与社会之间关系的中国化的马克思主义生态观，是习近平新时代中国特色社会主义思想的重要组成部分。它既是丰富马克思主义生态观中国化的新飞跃，也是完善马克思主义生态观中国化的新境界，更是拓展马克思主义生态观中国化的新内涵。

习近平生态文明思想是一个与马克思主义生态观一脉相承的完整的理论体系，集中体现在习近平总书记的一系列讲话、报告、批示、指示之中。习近平总书记 2013 年 4 月 8 ~ 10 日在海南考察时指出：“良好生态环境是最公平的公共产品，是最普惠的民生福祉”；2013 年 4 月在中央政治局常委会上指出：我们不能把加强生态文明建设、加强生态环境保护、提倡绿色低碳生活方式等仅仅作为经济问题，这里面有很大的政治；2013 年 5 月 24 日在中共中央政治局第六次集体学习时指出："要正确处理好经济发展同生态环境保护的关系，牢固树立保护生态环境就是保护生产力、改善生态环境就是发展生产力的理念"；2013 年 7 月 18 日在向生态文明贵阳国际论坛 2013 年年会致贺信中强调：中国将继续承担应尽的国际义务，同世界各国深入开展生态文明领域的交流合作，推动成果分享，携手共建生态良好的地球美好家园。

习近平总书记 2014 年 6 月 3 日在国际工程科技大会上发表主旨演讲时强调："我们将继续实施可持续发展战略，优化国土空间开发格局，全面促进资源节约，加大自然生态系统和环境保护力度，着力解决雾霾等一系列问题，努力建设天蓝地绿水净的美丽中国"。

习近平总书记 2015 年 1 月 19 ~ 21 日在云南考察时指出："新农村建设一定要走符合农村实际的路子，遵循乡村自身发展规律，充分体现农村特点，注意乡土味道，保留乡村风貌，留得住青山绿水，记得住乡愁"；3 月 6 日在参加"两会"江西代表团审议时指出："要把生态环境保护放在更加突出位置，环境就是民生，青山就是美丽，蓝天也是幸福。要着力推动生态环境保护，像保护眼睛一样保护生态环境，像对待生命一样对待生态环境"；5 月 20 日在浙江舟山农家乐小院考察调研时提出："这里是一个天然大氧吧，是'美丽经济'，印证了绿水青山就是金山银山的道理"；5 月 27 日在华东 7 省市党委主要负责同志座谈会上指出："协调发展、绿色发展既是理念又是举措，务必政策到位、落实到位"；6 月 16 ~ 18 日在贵州考察调研时强调："要正确处理发展和生态环境保护的关系，在生态文明建设体制机制改革方面先行先试，把提出的行动计划扎扎实实落实到行动上，实现发展和生态环境保护协同推进"；7 月 16 ~ 18 日在吉林调研时强调："要大力推进生态文明建设，强化综合治理措施，落实目标责任，推进清洁生产，扩大绿色植被，让天更蓝、山更绿、水更清、生态环境更美好"；11 月 18 日在亚太经合组织工商领导人峰会上强调："我们将把生态文明建设融入经济社会发展各方面和全过程，致力于实现可持续发展。我们将全面提高适应气候变化能力，坚持节约资源和保护环境的基本国策，建设天蓝、地绿、水清的美丽中国"；11 月 30 日在气候变化巴黎大会上承诺："中华文明历来强调天人合一、尊重自然。面向未来，中国将把生态文明建设作为'十三五'规划重要内容，落实创新、协调、绿色、开放、共享的发展理念，通过科技创新和体制机制创新，实施优化产业结构、构建低碳能源体系、发展绿色建筑和低碳交通、建立全国碳排放交易市场等一系列政策措施，形成人和自然和谐发展现代化建设新格局"。

习近平总书记 2016 年 3 月 7 日在参加"两会"黑龙江代表团审议时要

求："要加强生态文明建设，划定生态保护红线，为可持续发展留足空间，为子孙后代留下天蓝地绿水清的家园。绿水青山是金山银山，黑龙江的冰天雪地也是金山银山"；3 月 10 日在参加"两会"青海代表团审议时要求："一定要生态保护优先，扎扎实实推进生态环境保护""保护好三江源，保护好'中华水塔'，确保'一江清水向东流'"；4 月 5 日在参加首都义务植树活动时强调："建设绿色家园是人类的共同梦想。我们要着力推进国土绿化、建设美丽中国，还要通过'一带一路'建设等多边合作机制，互助合作开展造林绿化，共同改善环境，积极应对气候变化等全球性生态挑战，为维护全球生态安全作出应有贡献"；9 月 3 日在"G20"工商峰会开幕式上指出："我们将毫不动摇实施可持续发展战略，坚持绿色低碳循环发展，坚持节约资源和保护环境的基本国策"，"我们要建设天蓝、地绿、水清的美丽中国，让老百姓在宜居的环境中享受生活，切实感受到经济发展带来的生态效益"；12 月 2 日对生态文明建设作出重要指示："要深化生态文明体制改革，尽快把生态文明制度的'四梁八柱'建立起来，把生态文明建设纳入制度化、法治化轨道。要结合推进供给侧结构性改革，加快推动绿色、循环、低碳发展，形成节约资源、保护环境的生产生活方式"。

习近平在广西考察时强调："生态文明建设是党的十八大明确提出的'五位一体'建设的重要一项，不仅秉承了天人合一、顺应自然的中华优秀传统文化理念，也是国家现代化建设的需要"；7 月19 日在中央全面深化改革领导小组第三十七次会议上指出：要坚持山水林田湖草是一个生命共同体；10 月 18 日在党的十九大报告中指出："人与自然和谐共生""人与自然是生命共同体"，等等。

完全可以这样讲：从"民生福祉""金山银山""五大发展理念"，到"建设美丽中国""山水林田湖草生命共同体""人类命运共同体"；也就是说，从党的十七大报告提出"建设社会主义生态文明"，到党的十八大报告把生态文明上升到"五位一体"总体布局的战略高度，再到党的十九大报告提出"社会主义生态文明观"，充分说明习近平生态文明思想是与马克思主义"历史的自然和自然的历史"[185]"外部自然界的优先地位仍然会保持着"[107]以及要防止"自然的报复"[107]和要意识到"越是以大工业作为自己发展的基础，这个破坏过程就越迅速"[186]的朴素生态观一脉相承且相对独立的理论体系。它在本质上既不同于西方社会以人为中心或以自然为中心的生态文明理论流派，也不完全相同于西方社会所谓的生态学马克思主义理论流派。

2.3.2 可持续发展理论

可持续发展理论是生态环境保护和生态文明建设的重要准则之一。早在

1980 年《世界自然保护大纲》就明确指出："保护的含义是人类对生物圈的经营管理，并为当代人类产生持续的最大效益，为满足子孙后代的需求而保持生物圈的潜力"。1987 年世界环境与发展委员会（WCED）主席布伦特兰在提交给联合国的《我们共同的未来》报告中将可持续发展定义为："既满足当代人的需求又不危及后代人满足其需求的发展"。1992 年联合国在里约热内卢召开的环境与发展大会上将可持续发展确定为人类社会的发展战略，倡议各国政府制定切实的落实政策。1994 年我国发布《中国 21 世纪议程》，正式将可持续发展作为我国经济社会发展的基本遵循，要求将经济、社会和生态有机结合起来，协同推进，和谐发展。

可持续发展理论强调代与代之间、人与其他物种之间、地区之间的生存公平性和经济、社会、自然三者之间的发展协调性，提倡人类的生活方式、社会的发展模式要兼顾到子孙后代和其他物种的资源需要。既要关注人类社会的当前发展，也要保证这种发展的可持续性。生态文明审计就是在充分考虑经济社会发展对环境容量、生态系统功能和生态承载力的作用与反作用力基础上，通过对生态文明建设活动过程及结果的监督和评价，来促进人类社会朝着绿色生态的发展方向迈进。

2.3.3 人地系统演化及人地关系和谐理论

人地系统是一个人类与地理环境之间的关系系统。其中，地理环境，也就是人地系统中的"地"，包括自然环境和社会环境。人地系统演化取决于"人"这个具有能动性的主体和"地"这个具有客观性的客体此消彼长的质与量的对比。人地关系的变化主要包括冲突异化、分形辩证和协同共生这样几种情形。人地关系是人类社会及其活动与自然环境之间的关系[187]，其理论发展大致经历了从最初的自然环境决定人类生理和心理特征，并由此决定人类社会的发展的环境决定论；到人是能动的积极因素，"人""地"之间是一种相互作用关系的人地相关论；再到人是中心论题，一切其他现象只是当它们涉及人和他们的反应时才予以说明的适应论；再到自然环境对人类活动限制，人类社会又反过来利用环境的协调论；最后到人类和环境是人地系统不可分割的子系统，两者互相制约、互相促进、相辅相成的和谐论等五个阶段。

人地关系和谐论认为：人地是平等共生的，"人""地"之间不纯粹是一种强调事物之间确定性关系的介入型关系，而更多的是一种强调非确定性关系的协调型关系。生态文明建设应以人地关系的变化为主线，本质上就是要重建人地关系。因此，在实施生态文明审计时，应突出人地关系的重要性，做到既要评价人的发展，也要量化人的生存环境的变化，同时充分考虑特定的区域资源、环境、人口和社会条件。

2.3.4　生态伦理理论

生态伦理的萌芽可以追溯到柏拉图时代。现代意义上的生态伦理多以1929年法国学者施韦兹提出的“尊重生命的伦理学”为标志，并以美国学者莱奥波尔德1949年提出的“大地伦理”思想为转折点，但是直到20世纪六七十年代生态伦理才成为一门备受关注的学科[188]，并最终形成尊重感觉的伦理学、尊重生命的伦理学、尊重存在的伦理学和生态神学伦理学四大流派[189]。

20世纪80年代我国学者开始大量翻译介绍西方生态伦理学著作，例如，法国阿尔贝特·施韦兹的《敬畏生命》、加拿大威廉·莱斯的《自然的控制》、日本岩佐茂的《环境的思想》、埃及莫斯塔法·卡·托尔巴的《论持续发展——约束和机会》以及英国芭芭拉·沃德和美国勒内·杜博斯的《只有一个地球》，等等。90年代后以余谋昌、叶平为代表，结合东方文明思想和中国国情对西方生态伦理进行了系统归纳和总结，例如，余谋昌(2009)[190]认为，生态伦理倡导尊重生命、万物平等，推崇绿色消费和简朴生活，并强调更高级的生活结构，即可持续的生活方式；叶平（2012)[191]则认为，伦理的概念已经从人际关系扩展到人与自然的关系。

可以说，生态伦理是新时代的生态文明哲学，是一门关于人类在地球家园中如何与非人类伙伴同舟共济、共同走向未来的智慧和艺术[191]。它将人与自然之间依存的伦理关系引入道德的范畴，强调用道德教化的力量重新认识人与自然的共生关系，将伦理关怀的对象由人转向人与自然之间[192]。生态伦理为生态文明建设提供了道义上的支持和价值取向。也就是说，这些新的价值观念、思维方式，新的行为准则、道德规范和新的道德理想、道德境界，正在逐渐地渗透到政治、经济、社会、科技和文化等领域，推动生产方式、消费模式和思维方式的变革，成为生态文明和美丽中国建设不可或缺的思想力量。

2.3.5　自然资本或生态资本理论

自然资源是人类社会生产生活的自然条件和物质基础。自然资源，从资本的角度看，也就是“自然资本”（natural capital)，是国家发展的资本，自然资源的耗竭会降低国家偿还债务的能力[193]。自然资本与经济增长函数中的人造资本相对应，主要包括天然资源、生态潜力、环境质量以及满足人类物质和精神需求的生态服务功能[194]，或者是人类所利用的水、土壤、空气、鱼类等资源，湿地、海洋、草原等整个生命系统以及提供给人类的多种服务功能[195]。其中，哪些不能被人造资本所替代的、具有重要环境功能的自然资本是最为关键的[196]。

自然资本也被视为“生态资本”（ecological capital），是可持续发展研究的重要议题[197]。自然资本是指为现在或未来提供有用的自然产品流或生态服务流的存量[198]，也就是生态系统产出的自然资源和生态服务的总称。其中：（1）提供给社会和自然环境的物质、能量及信息等多种生态服务，一般称之为“生态系统服务”[199]；（2）环境和生物圈是生态资本中最基础的资本[200]。

自然资本或生态资本是以承认自然资源和生态环境的价值属性为理论前提的。人对资源环境的认识是渐进深入的，从取之不尽、用之不竭，到具备经济资源之必备条件的稀缺性，再到可持续利用和循环再生。相应地，对资源环境的价值认识，也从无价值论逐步发展为劳动价值、效用价值、均衡价值、存在价值等各种学说。今天，资源环境价值越来越表现出相对于自然主体的生态价值属性和相对于人类主体的生产力价值属性。

资源环境的生态价值是指自然生态系统作为一个独立存在的主体，依靠自身组织机制，通过空气、水、阳光、土壤、生物等生态要素的运动，完成物质循环与能量流动的过程，借以维持其平衡发展的价值。资源环境的生产力价值是指其进入社会生态系统成为社会生产力发展的基本要素，经社会物质生产过程的加工，最终形成人类社会文明的物质财富基础的价值。资源环境首先具有生态价值，然后才具有生产力价值，生产力价值依附生态价值而存在。从这个角度来看，生态文明建设的要义之一就是要维持人地平等共生，实现资源环境生态价值与生产力价值的平衡，其生态文明审计的意义就在于：可以用货币化方法对资源利用、环境损害成本和生态效益等进行价值量化，为管理者提供清晰的审计判断和评价标准。

2.3.6　“深口袋”或保险理论

“深口袋”理论，也称保险理论，是解决或转移由于委托代理而带来的受托责任风险的重要理论学说。从法理意义上讲，委托代理责任风险可否互替互代，一般有“控制力说”“利益风险一致说”“深口袋理论”三种学说。“控制力说”认为，委托人选任受托人从事职责范围内的活动，理应对其行为加以控制，防止损害他人行为发生[201]，鉴于这种控制与被控制关系，受托人在履行职责时致他人损害，应当由委托人承担责任[202]；“利益风险一致说”认为，既然委托人通过使用受托人来扩展其业务范围，使其有获得更高利润的机会，就应当承担更大范围的风险，受托人执行委托人所委托的事务的过程，包藏着受托人实施侵权行为而侵害他人权利或利益的风险，这种风险理应由委托人承担[203]；“深口袋理论”认为，由于信息不对称，加之委托人与受托人利益又不完全一致，故而应该由具有较强风险防范或承担能力的主体，即“深口袋”的主体来分担或分散责任，借以实现风险转移[204]。

在生态文明建设中，作为委托人的全体国民或社会公众，不仅很难对作为生态文明建设责任主体的政府、企业或其他组织有很强的控制力，而且因其本身过于分散也很难承担责任风险，因此，根据“深口袋理论”需要适当转移或分散风险。生态文明审计就是这样一种特殊监督机制，除了鉴证生态文明建设业绩成效以外，同时，又以独立的第三方身份来担当信息风险减少者和保险人的角色，从而有效地促进生态文明建设各方利益均衡最大化或最优化。

2.3.7　受托责任与公共受托责任理论

受托责任理论是对契约经济学中委托代理理论的继承和发展。它认为受托责任既是一种普遍的经济关系，也是一种普遍的、动态的社会关系。作为一种经济关系，它涉及委托人和受托人两个方面。委托人将资源财产的经营管理权授予受托人，受托人接受委托后应当承担所托付的责任，这种责任就是受托责任。所谓受托责任就是一方就行为、程序、产出和结果等直接或间接地向另一方负有的责任[205]，是受托方负有的向那些委托方列报并说明责任的履行的义务[206]。换句话说，受托责任是一种就行为做出解释并对其行为负责的关系，即提供与需求行为的原因的关系[207]。正是从这个意义上，受托责任主要是指一种报告说明责任，是责任承担人向有关方面说明其行为过程与结果的责任，且行为责任更为根本，报告责任是由行为责任衍生出来的[208]。作为一种社会关系，受托责任也涉及法律责任、社会责任等内容，呈现出包括诚实与合法受托责任、过程受托责任、业绩受托责任、项目受托责任和政策受托责任等在内的“梯形受托责任”特征[209]。

公共受托责任是受托责任理论在公共管理领域的具体运用和体现，是因公共权利或权力的让渡而形成的公共事务性责任。根据《东京宣言——关于公共受托责任的指南》（1985）的定义，公共受托责任是“指受托经营公共资源的人员或机构应报告对这些财产的经营情况，并附有财政、管理和规划方面的责任”；根据美国审计总署（GAO，2003）的定义，是指“受托管理并有权使用公共资源的机构有向社会公众说明受托管理情况的义务”；我国学者将其定义为受托管理公共资源的政府、机构和人员妥善管理和运用公共资源以履行社会公共事务管理职能并向公众报告的义务[210]。从最初的以资产保全增值为主要内容的受托财务责任，到以公共管理为主要内容的受托管理责任，再到以经济社会可持续发展为主要内容的受托社会责任[211]，公共受托责任的非财务性或非经济性趋势越来越明显。据此可以预见，随着社会公众拥有有利于健康的、受到良好保护的生态环境权利或权力的进一步让渡，公共受托责任必将呈现出以生态文明建设为主要内容的受托生态责任特征。

2.3.8 系统工程理论

系统工程是组织管理“系统”的规划、研究、设计、制造、试验和使用的科学方法，是一种对所有“系统”都具有普遍意义的科学方法，在国家经济社会各个领域有广阔的应用前景[212]。它不同于西方国家所讲的“systems engineering”，这种“系统工程”专指建构和管理人造系统的方法。我们讲的系统工程是强调总体设计、遵循规律和反复试验。重在不同领域的应用，强调不同领域应用的相应专业基础，强调联结自然科学、工程技术与社会科学之间的桥梁作用。

生态文明审计服务生态文明建设是一个复杂的经济社会问题。推行生态文明审计迫切需要系统思维和系统工程意识，需要总体设计和综合集成。当然，在从定性到定量的综合集成时，不能完全寄希望于定量方法。过分地定量化、过分地数学模型化，定性考虑不够，特别是忽略人的因素，难以解决生态文明审计服务生态文明建设这一开放的复杂问题，要时刻注意发挥人的能动性、主动性，尤其是发挥专家的作用，应用专家的智慧和经验。

第 3 章

生态文明审计作用机理研究

3.1 生态文明审计服务生态文明建设的基本依据

3.1.1 生态文明审计服务生态文明建设的历史依据

生态文明审计的思想萌芽可以追溯到发端于20世纪80年代并为世界各国广泛认可和应用的环境审计。环境审计是在生态环境问题日趋严重背景下产生与发展的，因其在环境保护和可持续发展中发挥着不可替代的重要作用而被包括中国在内的越来越多的国家或地区所重视，且应用范围日趋广泛。

1. 国外环境审计工作的经验做法

环境审计作为一种监督制度安排是环境管理的重要组成部分，是环境管理制度化的必然结果。西方社会的环境管理大致经历了环境放任、环境污染、公众环境保护运动、环境法律法规等几个阶段。由于环境审计的产生和介入，西方发达国家在环境管理领域大都经历了由“软”变“硬”的过程，环境审计制度都带有较为典型的诱致性制度变迁特点[213]。

例如，欧盟各国在长期的环境管理过程中积累了丰富的环境审计实践经验，为生态文明审计服务生态文明建设提供了有益借鉴。历史地看，18世纪60年代发端于欧洲的工业革命是人类环境污染史的分水岭[214]，但是，直到20世纪中叶欧洲才开始重视生态环境问题，相继出台了以德国《垃圾处理法（1972年）》《联邦污染防治法（1974年）》、英国《环境保护法案（1990年）》以及法国《环境法典（1998年）》等为代表的环境管理法律制度，进而开始设立独立的环境审计组织，开展专门的环境审计工作，环境审计促进生态保护和环境优化的作用日趋明显。时至今日，大部分欧盟国家的环境绩效指数已位列世界前二十[215]。其基本经验可以概括为以下三条：

一是建立环境管理系统。将环境管理系统嵌入公司组织内部，内化为公司管理系统的有机组成部分。公司层面的环境审计主要是围绕公司环境管理系统，侧重监督和评价公司管理系统的健全性、有效性和效果性。公司环境管理系统和公司环境审计是依据欧洲理事会（EC）第1836/931号条例建立的生态管理与审计计划（EMAS）中重要内容。在EMAS中，公司环境审计的一般业务流程如图3－1所示。

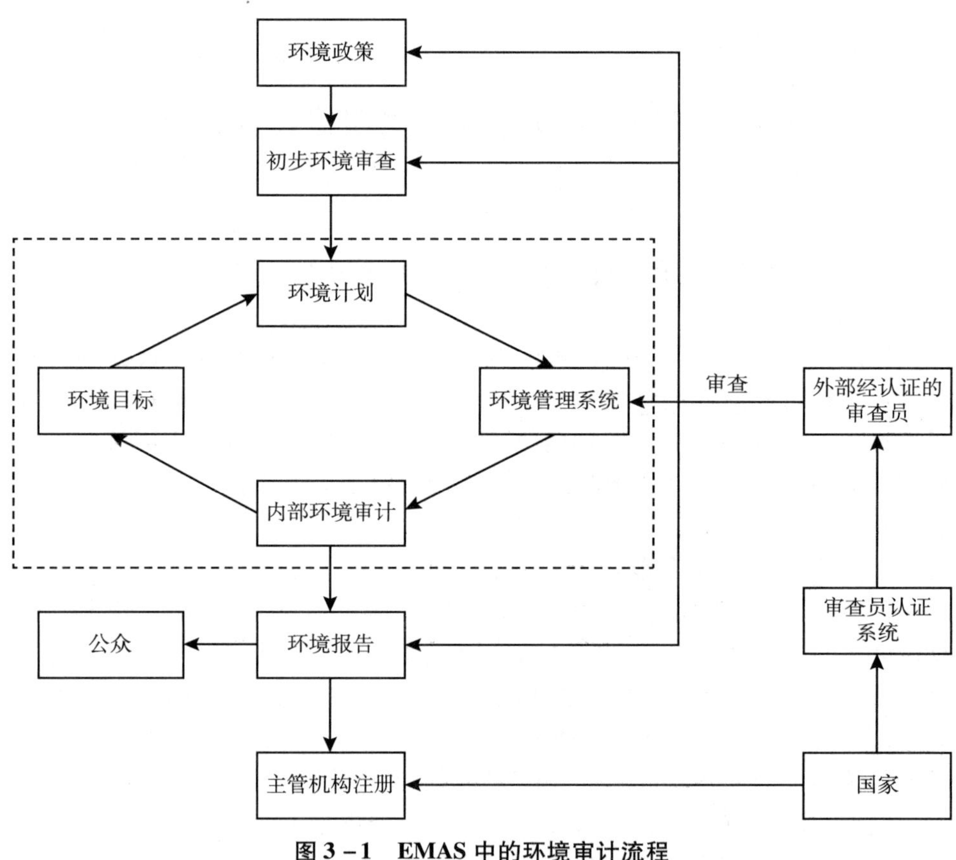

图3－1　EMAS中的环境审计流程

其中，公司环境审计包括内部审计和外部审核两部分。前者是由公司内部审计机构及人员组织和实施的内部环境审计活动，目的在于审查和评价公司执行本国或本地区的环境法律和公司环境政策或方针的遵循性和合规性以及公司环境绩效的效率性和效果性，一般采用了解环境管理系统、评估环境管理系统缺陷、收集相关证据、评价审计发现、准备审计结论和报告审计结果等审计程序和步骤；后者是由独立认证人员为验证公司的初步环境审查、环境政策、环境管理系统和内部环境审计及其实施是否符合 EMAS 要求所进行的符合性测试和评估过程，目的在于审查和评价公司是否符合 EMAS 的注册要求，所进行的内部环境审计是否可靠、有效，重点审核公司在初始环境审查、环境管理体系、环境报告和内部环境审计及其结果等方面是否符合 EMAS 的所有要求、是否遵守本国或本地区与环境有关的法律要求、公司环境绩效是否不断提升、环境声明或需要验证的环境信息中相关数据和资料是否准确、可靠。

二是完善环境审计组织。将环境审计组织嵌入政府组织架构，围绕政府环境管理工作和热点生态环境问题开展政府环境审计工作。鉴于欧盟法律体系的完备性和执行的严苛性，政府环境审计主要侧重于环境绩效审计。例如，在长期致力解决环境可持续发展最前沿问题的过程中，英国逐步形成了由议会、政府、可持续发展委员会、环境审计委员会和环境审计长构成的政府环境审计协同运作机制，构建了政府机构与非政府组织合作解决生态环境问题的新型职能架构体系。具体内容如图 3－2 所示。

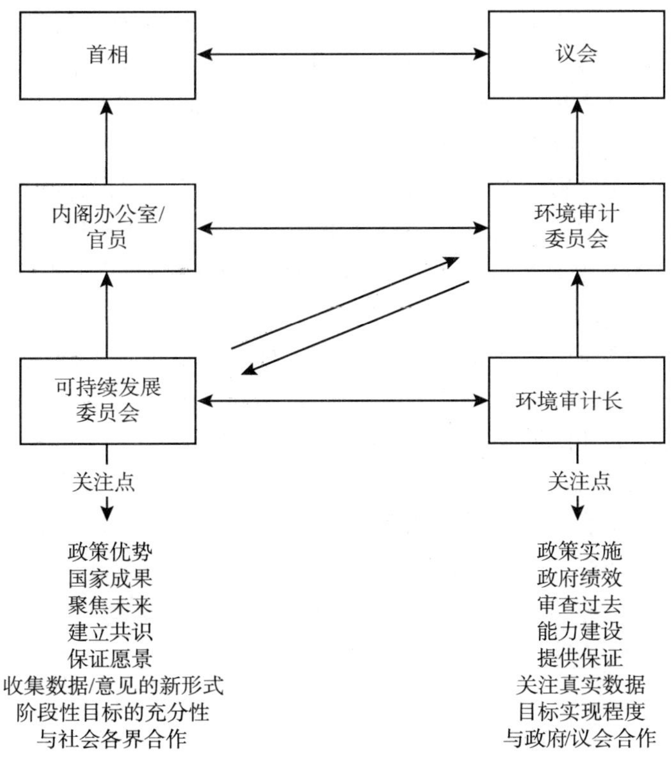

图 3－2　英国政府环境审计的定位与职能

其中，可持续发展委员会①属于行政序列，主要是为政府机构提供环境政策建议和环境咨询服务；环境审计委员会属于议会中的下议院，主要是在可持续发展委员会和环境审计长办公室支持下，系统评价公共政策及其实施对环境、生态和可持续发展的影响状况及环境保护和可持续发展目标的完成情况；环境审计长办公室由议会直接资助，不由政府任命，不受政府约束，独立地开展政府环境审计工作。

需要说明的是：环境审计委员会和环境审计长办公室有明确的职责分工。前者侧重于生态环境问题的理论研究，突出针对性、前瞻性和科学性；后者则侧重于对环境政策和环境方案实施过程与效果的审计监督和评价，也就是在对环境审计主题真实性数据系统分析基础上，出具可靠的审计鉴证报告，提出针对性的改进或对策建议。在遴选和确定环境审计主题时，一般应参照环境审计委员会的研究报告。

再如，瑞典没有像英国那样设立专门的环境审计委员会，也没有将环境审计与其他审计严格地区分开来，而是设置了附属于议会的审计长办公室，按审计业务类型设置绩效审计、年度审计、国际发展合作、业务支持、人力资源、通讯和司法七个部门。其中，前三个部门为核心业务部门，由议会任命三位审计长分别负责。每位审计长在各自责任范围内全权决定审计事项，独立形成审计报告，并直接送交议会、政府部门和被审计单位。议会将大部分审计报告予以公布，同时根据议员和公众的反馈，对被审计单位的负责人或当事人进行问责处理。

瑞典政府环境审计的这种制度安排，既有利于发挥审计组织和审计人员的专业特长，集中专业力量、挖掘环境数据、深度分析环境政策现状和环境项目效率，也有利于确保审计工作独立性，彰显审计工作权威性，发挥立法、舆论、行政的组合监督效应。

三是强化政府政策支持。欧盟各国政府非常重视 EMAS 的推广和应用，采取积极法律措施和金融政策，鼓励公司注册和使用 EMAS，并且为公司环境审计人员培训和团队建设提供政策支持与服务。

除此以外，欧盟政府环境审计非常注重政府间联合审计。在对《保护波罗的海海洋环境公约》《OSPAR 公约》《多瑙河保护和可持续利用合作公约》等实施政策执行审计时，积极寻求相关国家或地区最高审计机关（SAI）间的合作来共同解决。针对海洋污染和河流污染开展 SAI 联合审计，是欧盟政府环境审计的常规性做法[216]。

① 由于可持续发展委员会受政府干预，缺乏独立性，在 2011 年英国政府结构性改革计划中被取消。2018 年 6 月在英国环境审计委员会发布的英国政府 25 年环境计划中，承诺未来将会建立类似的更具有独立性的委员会。

2. 我国环境审计实践的有益探索

在我国，国家审计署 1983 年成立伊始就将环境审计列为重点工作。1998 年以前虽然没有明确提出环境审计概念，但是在开展的审计项目中经常涉及对环境保护资金的审计事项。例如，国家审计署曾于 1985 年与财政部、原国家环保局联合对太原、兰州、长沙、桂林四城市环境保护补助资金进行审计；1993 年又对哈尔滨等 13 个城市排污费进行了专项审计。1998 年国家审计署成立农业与资源环保审计司，首次明确环境审计的工作职责，要求从促进环境污染治理和生态环境保护两个方面，组织开展环境审计工作。2003 年国家审计署成立环境审计协调领导小组，环境审计成为国家审计系统的一项常规性工作，环境审计从理论和实践方面得到双重探索，环境审计国际经验得到充分借鉴、国内领域得到有效拓展。2008 年国家审计署在《审计署 2008 至 2012 年审计工作发展规划》中明确指出：未来 5 年，我国审计机关将以落实节约资源和保护环境基本国策为目标，维护资源环境安全，发挥审计在促进节能减排措施落实以及在资源管理与环境保护中的积极作用。节能减排审计成为环境审计的一项重要工作。2015 年中共中央办公厅、国务院办公厅印发《开展领导干部自然资源资产离任审计试点方案》，同年，国家审计署在湖南娄底市等地区实施了领导干部自然资源资产离任审计试点，2016 年试点扩大到 40 个地区；2017 年上半年又对山西等 9 个省份党委和政府主要领导干部进行了审计试点，同年年末，中共中央办公厅、国务院办公厅印发《领导干部自然资源资产离任审计规定（试行）》，要求从 2018 年开始在全国范围内开展领导干部自然资源资产离任审计。

综上国内外环境审计发展历程和经验，我们可以看出：环境审计是环境治理体系中监督体系的重要组成部分，推行环境保护和环境管理等环境治理工作离不开环境审计，离不开强有力的环境审计监督和评价。生态文明建设在一定意义上可以视为环境治理工作的扩大化和升级版，是更大范围、更大规模、更高层次、更高要求的环境治理，自然离不开升级版的环境审计——生态文明审计。换句话说，生态文明审计服务生态文明建设是环境治理发展到生态文明建设新阶段的内在要求。

3.1.2 生态文明审计服务生态文明建设的理论依据

生态文明审计服务生态文明建设的基本理论依据，来源于生态文明的公共物品性和生态文明建设行为的公共事务性。从公共管理学角度讲，生态文明建设是一项涉及经济、政治、文化、社会等人类所有实践活动的举国工程和全民行动，是一种典型公共物品或公共服务，是一种公共事务，具有非竞争性和非排他性。中央和地方各级人民政府及其相关职能部门是其最主要的生产者、提供者和主导者，具体来说就是通过公共权力的运行、公共政策的制定和公共资源的配置全面深入地推进生态文明建设。进一步地，从公共治理角度讲，凡是涉及公共权力运行、公共政策制定和公共资源配置的公共事务性活动，都离不开独立性、系统性、制度性监督，而生态文明审计本质上就是国家治理体系中的一种十分重要的独立性、系统性和制度性监督体系，关注的是支配或影响经济社会运行背后的公共权力及其所掌握的公共资源[217]。换句话说，哪里有公共权力、哪里有运行这种公共权力的公共政策、哪里有这种公共政策所调配的公共资源，哪里就需要审计，在这里就是生态文明审计。生态文明建设需要生态文明审计，也离不开生态文明审计。生态文明建设推进到哪里，生态文明审计就应该跟踪、覆盖、治理到哪里。

1. 监督和评价生态文明建设公共权力运行离不开生态文明审计

所谓生态文明建设公共权力，是指政府及其职能部门掌握并行使的、用以处理与生态文明建设有关的公共事务以及维护生态文明建设秩序、增进生态文明建设价值的权位与势力。本源上，社会主义国家的一切公共权力均源于全体人民，是凝聚并且体现人民意志或公共意志的一种力量。在现代社会，鉴于社会发展普遍受“交易成本”和“效率优先”等因素的制约，生态文明建设公共权力的具体行使不可能由全体人民来进行，而往往是赋权于政府或特定的公共机构。以此而论，各级政府及其职能部门所承担的生态文明建设责任是一种典型的以生态责任、环境责任、社会责任和经济责任为主要内容的公共受托责任。

“受托责任关系是审计得以存在的重要条件”[218]，“审计因受托责任的发生而发生，又因受托责任的发展而发展”[219]。作为一种以权制权的基础性制度安排，生态文明审计监督和评价的正是生态文明建设公共权力的运行或生态文明建设公共受托责任的履行。唯有通过生态文明审计对生态文明建设公共权力运行的监督、鉴证、评价与监察，才能从根本上保证生态文明建设公共权力运行的正当性，避免机会主义行为，防止公共权力过度膨胀。

2. 监督和评价生态文明建设公共政策执行离不开生态文明审计

所谓生态文明建设公共政策，是指政府及其职能部门用来完成生态文明建设任务、履行生态文明建设职责并加以管理和服务的载体，是一种含有目标、价值与策略的大型计划[220]，包括生态文明建设所为和所不为的所有内容[221]。

生态文明建设公共政策是以公共权力为依托调用和配置公共资源的。换句话说，生态文明建设公共权力对公共资源的支配是通过公共政策实现的。

作为推进生态文明建设极为重要的行政工具，生态文明建设公共政策制定是否公平正当、执行是否合理合法、是否产生预期的效益效率，在相当程度上决定着生态文明建设目标的实现度和达成度。生态文明审计正是可以对生态文明建设公共政策从形式、事实和价值等多个维度，予以客观评判的有效政策工具。

3. 监督和评价生态文明建设公共资源运用离不开生态文明审计

所谓生态文明建设公共资源，主要是指中央和地方政府对生态文明建设投入的公共资金，也就是投入生态文明建设项目的、属于广大人民群众公有公用的财产物资的货币表现，通常是指公共财政资金和其他社会公共资金[222]。在生态文明建设的启动或初始阶段，公共资金投入、公共资源配置确实是推动生态文明建设关键中的关键、重要中的重要。通过这部分资金的“孵化”效应和“种子”作用，可以吸纳或撬动更为庞大的社会资金。除此之外，配置生态文明建设项目资金还应该立足社会，充分发挥市场机制的决定性作用，广泛吸纳个人和社会资金。

生态文明建设立项项目的配套资金筹措是否及时、到位是否足额、使用是否恰当是关乎生态文明建设成效的最为关键的瓶颈。因此，生态文明审计应该从财务性、合规性、绩效性等方面对生态文明建设项目资金的筹集是否及时、使用是否得当、提质增效如何进行“全覆盖”“全跟踪”和“全治理”。

3.1.3　生态文明审计服务生态文明建设的法律依据

依法依规审计是生态文明审计不同于其他监督检查形式的基本特征。生态文明审计依法依规服务生态文明建设主要有两层含义：一是有法可依、执法必严，也就是说，生态文明审计服务生态文明建设要有明确的适用法条；二是实事求是、合情合理，也就是说，不仅要有适用法条，而且还要符合生态文明建设的实际情况。只有这样，才能确保生态文明审计服务生态文明建设是有理有据的，过程与目标是完全一致的；才能避免生态文明审计在对生态文明建设依法依规定性过程中不会出现合法不合理、合理不合法两类规则悖反现象。

建立健全法律法规体系是生态文明审计依法依规审计的前提保障。目前，相关法律法规主要体现在党和国家有关法令、法规、条例、规定和文件中。例如，2013 年中共中央在《关于全面深化改革若干重大问题的决定》中明确要求：“探索编制自然资源资产负债表，对领导干部实行自然资源资产离任审计”；2015 年中共中央、国务院在《生态文明体制改革总体方案》中进一步明确：“实行地方党委和政府领导成员生态文明建设一岗双责制”；

2017 年中共中央、国务院在《关于加快推进生态文明建设的意见》中又具体要求："对领导干部实行自然资源资产和环境责任离任审计"。再如，2018 年 3 月中共中央在印发的《深化党和国家机构改革方案》中要求"组建中央审计委员会，作为党中央决策议事协调机构"；2018 年 5 月习近平总书记在中央审计委员会第一次会议上指出：审计机关要坚持以新时代中国特色社会主义思想为指导，全面贯彻党的十九大精神，坚持稳中求进工作总基调，坚持新发展理念，紧扣我国社会主要矛盾变化，紧紧围绕统筹推进"五位一体"总体布局和协调推进"四个全面"战略布局，依法全面履行审计监督职责，等等。

除此之外，生态文明审计服务生态文明建设也是《宪法》《审计法》等赋予审计机关的法定职责。例如，2018 年修订的《宪法》第九十一条规定：国务院设立审计机关，对国务院各部门和地方各级政府的财政收支，对国家的财政金融机构和企业事业组织的财务收支，进行审计监督；第一百零九条规定：县级以上的地方各级人民政府设立审计机关。地方各级审计机关依照法律规定独立行使审计监督权，对本级人民政府和上一级审计机关负责。再如，2006 年修订的《审计法》第十九条规定：审计机关对国家的事业组织和使用财政资金的其他事业组织的财务收支，进行审计监督；第二十五条规定：审计机关按照国家有关规定，对国家机关和依法属于审计机关审计监督对象的其他单位的主要负责人，在任职期间对本地区、本部门或者本单位的财政收支、财务收支以及有关经济活动应负经济责任的履行情况，进行审计监督。又如，2010 年国务院公布的《审计法实施条例》第五条规定：审计机关依照有关财政收支、财务收支的法律、法规，以及国家有关政策、标准、项目目标等方面的规定进行审计评价；2010 年中共中央办公厅、国务院办公厅公布的《党政主要领导干部和国有企业领导人员经济责任审计规定》第五条规定：领导干部履行经济责任的情况，应当依法接受审计监督。最后，2018 年审计署制定的《关于内部审计工作的规定》第十二条要求：内部审计机构或者履行内部审计职责的内设机构应当对本单位及所属单位贯彻落实国家重大政策措施情况、对本单位及所属单位的自然资源资产管理和生态环境保护责任的履行情况以及对本单位内部管理的领导人员履行经济责任情况等进行审计，等等。

透过上述法律法规的具体规定或要求，可以看出：尽管目前专门针对生态文明审计服务生态文明建设的法律法规体系尚不健全、许多条款有待改进，但是生态文明审计服务生态文明建设的要求是明确的，从相关法律法规中是可以寻找到有关法律依据和职责要求的。生态文明审计服务生态文明建设无疑是审计机关、审计组织和审计部门的法定权利，依法依规审计无疑是生态文明审计服务生态文明建设的内核要求和法理精髓。

3.1.4 生态文明审计服务生态文明建设的现实依据

生态文明建设源于人们对生态危机的恐惧和担忧。生态危机作为人类的当下生存困境，不仅是一个文明问题，而且更是一个关系到人类生死存亡的生存问题。从表面上看，生态危机源于资本的贪婪、生产的粗放和生活的奢靡，但是实际上，生态危机的本质归根结底是人与自然、人与人、人与社会关系的异化。造成这种局面的原因是多方面的、综合的、复杂的，既有资本逻辑、生产逻辑，也有根植于人们的生产生活和社会交往以及潜藏于人类内心深处的内在发展诉求。

生态危机是人类内在发展本质与资本逻辑、生产逻辑之间相互作用、互为张力的众多因素所导致的复杂综合体。这就决定了，生态文明建设需要透过人的内在发展本质，从宏微观视阈的双重哲学范式，通过多维度、多视角和全方位的细致剖析与深入探讨，来寻求人类社会生活内部各维度、各方面潜藏的引发生态危机的诸多因素[223]；需要从这些诱发生态危机的因素入手，全面优化建设布局，系统设计建设方案，着力实施建设项目，科学评价建设绩效。

历史地看，生态文明建设在我国大致经历了以污染治理为核心的环境治理、以污染防治为重点的环境保护、以“经济建设、城乡建设、环境建设‘三同步’”为要求的生态示范、以“综合保护与整体建设”为架构的生态综合和以全面推进生态文明建设为总纲的生态文明五个认识和发展阶段[40]。

党的十八大以来，生态文明建设上升为国家意志，纳入国家发展根本大计，提升到前所未有的战略高度。在党的十九大报告中又首次把“美丽”纳入中国社会主义现代化强国五大目标之一，把“坚持人与自然和谐共生”作为坚持和发展新时代中国特色社会主义的基本方略之一，并从推进绿色发展、解决突出环境问题、加大生态系统保护力度和改革生态环境监管体制四个方面提出了加快生态文明体制改革、建设美丽中国的具体措施。

可以这样说，今天的中国已经全面进入了以精准扶贫、乡村振兴、新旧动能转换、守住生态红线、构筑生态屏障、打响蓝天保卫战为主要工作重点的绿色发展阶段，也就是全面进入了生态文明建设新时代。具体表现在：在推动全球应对气候变化方面，我们提出了自主决定贡献方案（INDC）；在推进能源生产和消费革命方面，我们实施了煤炭消费总量控制、减量替代、清洁高效利用、洁净煤炭技术、节能减排、新能源与可再生能源利用等系列支持政策；在优化产业结构、推动生态工业和生态农业发展方面，我们实施了环境友好材料、绿色过程工程、生态工业园区和现代农业生态园建设等政策和保障体制；在城市化或城镇化建设方面，我们开展了生态市、生态园林城市、海绵城市、智慧城市和特色小镇等工程建设；在自然生态和生态环境保护方面，我们实施了退耕还林、休牧还草、易地搬迁、生态经济带和国家公园建设等自然生态保护政策。

目前，我国已经公布了明确生态文明建设总体目标和生态文明体制改革总体实施方案的《关于加快推进生态文明建设的意见》《生态文明体制改革总体方案》，初步形成了以《生态文明建设目标评价考核办法》《绿色发展指标体系》《生态文明建设考核目标体系》，即“一个办法、两个体系”为核心的生态文明评价考核制度规范，在实践中也开展了党政主要领导干部和国有企业领导人员经济责任审计、节能减排审计、资源环境审计和领导干部自然资源资产离任审计等重大专项审计活动。凡此种种，都为生态文明审计全方位地介入生态文明建设这一新时代的伟大工程奠定了现实基础，为生态文明审计在生态文明建设过程中更好地发挥考评、考核和监督作用提供了现实经验。

3.2 生态文明审计服务生态文明建设的内在机理

3.2.1 生态文明审计是全面深入健康推进生态文明建设的内在需求

生态文明建设高质量发展需要生态文明审计这一特殊专业机制的保驾护航。同样，生态文明审计理论与方法创新也需要生态文明建设这一综合社会工程的强力推动。换言之，生态文明审计是生态文明建设的一种监督新机制，生态文明建设则是生态文明审计的一项新业务。

因为，首先生态文明建设行为和活动及其成果的公共物品属性，决定了生态文明建设需要依靠生态文明审计这种“依法用权力监督制约权力的行为”[224]，来树立其公益、合法、合理的良好社会形象，以利于统筹和调动政府、市场和公众等一切社会力量；其次生态文明建设产业生态化和生态产业化的硬核内容，决定了生态文明建设需要生态文明审计这种以“确保受托经济责任的全面有效履行”[225]为本质目标的经济监督或经济控制活动，来促进“绿水青山就是金山银山”理念，树立、优化“绿水青山转化为金山银山”路径选择和推进经济社会高质量绿色发展全面实施；最后生态文明建设利益相关者的多样性及其诉求的多元化，决定了生态文明建设需要生态文明审计这种“视独立性为审计职业基石”[226]的监控机制，来保证其正义、公平、公正的社会效用，以便于防范机会主义、道德风险和利益偏向，以利于最大化地节约社会成本、增进社会财富。

3.2.2　生态文明审计是生态文明建设治理体系中的内生机制

生态文明建设是一个由决策系统、执行系统和监督或控制系统所组成的超级复杂巨系统。其中，监督或控制系统的主要功能是评价决策系统的存在正当性、目标针对性、运行科学性和程序合法性，以及监督执行系统的决策部署性、政策执行性、任务完成度和目标达成度，同时回馈相关决策执行情况，提出修正和奖惩建议。生态文明审计则是生态文明建设监督或控制系统中的一个极为重要的内在系统和内生机制，是推进生态文明建设治理体系和治理能力现代化的一项基础性制度保障。

因为，首先生态文明审计是生态文明建设治理内生演化的内在结果，是确保生态文明建设治理体系健康运行的内生性“免疫系统”，通过独有的预防、揭示和抵御功能，来预警防范生态文明建设过程中的风险隐患、反映真实情况、发现存在问题、抵御各种“病害”、防止权力滥用和治理失效；其次生态文明审计是内嵌于生态文明建设治理过程中的公共事务性活动，实则关注的是支配或影响生态文明建设背后的公共权力及其所掌握运用的公共资源，通过特有的财务审计、合规审计和绩效审计，来及时监督公共资金预算执行和使用情况、查明决策部署和政策落实情况、评价建设及治理的整体合力和综合成效；最后生态文明审计是生态文明建设公共权力制衡机制的一个重要方面，这一制度安排的法理依据是“有权必有责、用权受监督”，而生态文明建设在本质上就是各级党委政府透过公共政策、运用公共权力、配置公共资源产出公共产品或公益服务的过程，内在要求生态文明审计通过监督控制和信息反馈来规范其权力运行、促进其责任担当。

3.2.3　生态文明审计为生态文明建设提供制度性功能支持

生态文明审计与生态文明建设在功用上是同质、同构和同向的，都是为了构造人与自然、人与人、人与社会和谐共生可持续的人类文明演进范式。生态文明审计服务生态文明建设的功用有赖于其基本审计功能的发挥和具体审计功能的拓展。

1. 生态文明审计服务生态文明建设的总体功能

生态文明审计的总体功能可以概括为对生态环境权利及责任履行情况进行监督、控制、评价和在一定程度上问责。结合生态文明建设，生态文明审计除具有一般意义上的总体功能外，还有以下特殊功能：

一是维护国家经济社会发展中的生态安全功能。生态安全是随着人类活动尤其是工业化活动对自然生态系统运行状况及功能作用的逐渐加大，而产生的对生态系统稳定性、持续性、健康性、完整性和风险性的忧虑和反思，是后工业化时代人类社会所面临的最大的生存和发展挑战。优化生态安全系统要素间的依存关系，提升生态安全系统中经济、社会、环境三个子系统各维度间的和谐共生能力，引导生态安全系统的演化方向和趋势，始终是生态文明建设极为重要的着力点。同样，生态文明审计也从未离开过经济社会发展所带来的生态或环境问题，从来没有离开过对现在和潜在生态安全或生态风险的识别与判断。生态文明审计在生态文明建设中对国家经济社会发展生态安全发挥着重要的维护作用。

二是制约生态文明建设中的公共权力功能。受人民之托，对生态文明建设公共权力运行、公共政策执行和公共资源配置及相关责任履行情况进行监督制约是生态文明审计基本职能之一。也就是说，通过监督生态文明建设财政预算的制定和执行、监督国有企业生态环境影响行为以及开展经济责任审计和鉴证环境责任信息披露等方式，生态文明审计能够切实有效地发挥制约和监督功能。如此一来，生态文明审计不仅可以促进生态文明建设主体勤勉敬业、创新发展，而且可以达到不审即威的震慑效果。

三是预防生态文明建设中的腐败行为功能。关注财务问题、防止财务舞弊、预防财务腐败是生态文明审计的本然特色。生态文明建设涉及资金量大、占用周期长、舞弊腐败风险点多，需要发挥生态文明审计的预防和惩治功能，建立有效的预警和问责机制。有研究表明：政府审计与纪检监察在腐败治理的目标、职能、对象与内容等方面存有重合[227]，通过两者在目标、任务、职能、文化等方面的战略协同和在计划、实施、评价、反馈等环节的操作或机制协同，可以更好地发挥生态文明审计在生态文明建设中的预防和惩治作用。

四是管控生态文明建设中的成本费用功能。生态文明建设是一项长期的宏大工程，投入大、花费高、见效慢。如何节约和控制相关的成本费用是生态文明建设及其治理过程的重要方面，也是生态文明审计关注的重点环节。在生态文明建设成本管理的上游阶段，也就是预测、决策和预算阶段，生态文明审计关注的应该是成本的合理性、合法性和节约性；在生态文明建设成本管理的下游阶段，生态文明审计关注的应该是成本的控制性、特殊性和效果性。财务审计，当然包括成本费用审计，尤其是成本开支范围和使用效果审计，是生态文明审计的传统优势领域。通过生态文明审计可以对生态文明建设成本费用有效地发挥的管控作用。

五是评价生态文明建设中的综合绩效功能。生态文明审计的一项重要职责是从经济、社会、环境三个方面或者从经济、社会、环境、制度四个维度，评价经济社会可持续发展绩效以及企业等微观主体环境责任的履行情况，也就是评价经济社会和企业主体的综合环境效益。通过构建生态文明建设绩效综合评价指标体系，开展对生态文明建设效果的综合评价及考核，有利于促进生态文明审计由单纯生态补偿项目的环境效果评估向从生活条件、就业生计、精神文化、人体健康等生态文明建设主要维度评价人类活动对生态环境影响方面拓展[228]。站在经济责任审计角度，生态文明建设是各级政府和国有企业领导干部应当承担和履行的重要经济责任之一，通过生态文明审计这一经济责任审计的有效审计方式，可以更好地发挥对生态文明建设综合绩效评价和考核的作用。

2. 生态文明审计服务生态文明建设的具体功能

生态文明审计服务生态文明建设的具体功能可以从多个角度去思考和解读。从审计“免疫系统”功能论分析，生态文明审计服务生态文明建设应发挥“免疫”功能，具体就是识别、防御、稳定、监护和揭示功能。通过生态文明审计的这一“免疫”功能体系，及时识别影响或妨碍生态文明建设进程、质量和效率的各种“病毒”，积极采取防御性措施，稳定机体运行，监督和预警各种风险，并予以揭示和披露，据此确保生态文明建设的高质量发展。这五大具体功能构成一个完整的免疫功能系统，任何一部分的缺失都会导致生态文明审计服务生态文明建设的功能障碍，引起生态文明建设的失调、失序、失效或“病变”，其中揭示功能贯穿各个具体功能始终。概括地，可以从以下三个方面去理解：

一是生态文明审计对生态文明建设的未病先防作用。从监督角度讲，生态文明审计服务生态文明建设的一个完整的监督过程可以分为事前、事中和事后三个阶段。“未病先防”实际上就是事前监督，也就是事前预防，就是在生态文明建设机体尚未发生病况时，通过生态文明审计的提前介入，由马后炮变为及时雨，跟踪审计，前移监督，及时发现和遏制病变苗头，防止病菌扩散、病灶恶化。尤其对生态文明建设的重大工程项目，在论证设计规划阶段就应该邀请或吸收生态文明审计参与，通过对重大环境问题、重大生态项目和重大资金投入及使用的跟踪审计，及时发现生态文明建设中的违法违规、玩忽职守、污染浪费等问题，见微知著，驱邪扶正，防患于未然。在具体实施过程中，未病先防中的预防作用可以通过改良生态文明审计组织、优化生态文明审计机制和搭建生态文明审计网络平台等组织实施；未病先防中的扶正作用可以通过强化生态文明审计意识与文化、优化生态文明审计人员和队伍结构以及增加生态文明审计科技投入等措施嵌入。

二是生态文明审计对生态文明建设的既病防变作用。从预警角度讲，既病防变实际上就是生态文明审计服务生态文明建设的事中监督，也就是过程预警。就是在生态文明建设机体一旦发生病情时，生态文明审计能够及时启动预警机制，阻断或控制病情，防止其进一步蔓延、加重或恶化，使生态文明建设朝着合规、有效、健康、绿色、可持续方向调整发展。在具体实施过程中，一方面通过生态文明审计评价指标和模型的调整、优化与重构，实时防止病情扩散；另一方面通过生态文明审计方式创新，提高生态文明审计跟进效率，建立高效快速的反应和处置机制，防止再度发生病变。

三是生态文明审计对生态文明建设的修正防复作用。从纠偏角度讲，修正防复，实际上就是生态文明审计服务生态文明建设的事后监督，也就是纠偏修正和防止复发。就是在生态文明建设完成后，通过生态文明审计结果公告与审计问责来揭露和查处生态文明建设过程中的缺陷与不足，通过生态文明审计评价机制及时扶正并防止生态文明建设中的病情复发，突出强调动态纠偏和修复，防止屡审屡犯、屡犯屡审。在集团实施过程中，一方面通过生态文明审计结果公告，保证相关审计信息及时传递和沟通，引领生态文明建设的价值取向，将生态文明建设引向以节约优先、环保优先、低碳优先、循环优先的绿色发展轨道；另一方面通过生态文明审计调查权、检查权和问责权，揭示生态文明建设主体责任是否落实、政策是否执行、效果是否明显等问题，借此减少和震慑生态文明破坏源。

3.3 生态文明审计服务生态文明建设的路径选择

生态文明审计是通过监督和评价公共受托责任的履行而作用或服务于生态文明建设的。“最高审计机关应在激励、透明和问责三个要素作用下实现效率和可信度最大化”[229]。基于此，生态文明审计服务生态文明建设的路径可以从激励、透明、问责这几个要素加以思考，也就是应该通过合作与激励、增加透明度和考评与问责等方式和途径来改善和提高生态文明建设的效率和质量，反过来，也会促进生态文明审计服务生态文明建设工作质量的提升和改进。

3.3.1 合作与激励是生态文明审计服务生态文明建设的基本途径

激励的基础是合作，合作的目的是共赢。没有精诚的合作，就没有激励的必要，也就没有共赢的可能。合作主要是指从事生态文明审计的机关或部门要积极主动地与生态文明建设责任主体沟通、协调、商量，这些看似软的东西也是生产力，也是促进生态文明审计深入开展的有效措施；激励主要是指审计机关或部门在开展生态文明审计工作时，不仅要运用法律手段和行政命令，而且要强化治理思维、合作态度和激励政策，尤其是对私人部门，有时只提出原则性指导意见，也就是“轻轻一推”，或许会更大地促进生态文明审计向纵深发展。

生态文明审计涉及面广、关注点多、专业性强、技术性高，倘若仅靠审计机关或审计部门、仅以监督检查等刚性方式予以展开，既难以胜任，也难以为继。因为，首先，现有审计人员的专业知识结构过于财会化，执业胜任能力严重不足，不能满足生态文明审计多元知识和综合能力尤其是交叉专业知识和能力的要求；其次，在我国现行监管体制下，生态文明审计不能完全代替生态文明建设过程中的其他监管职能，尤其是不能代替生态环境执法和政策遵循活动；最后，就长远来看，生态文明建设终将成为常态化的经济社会活动，激励生态文明建设者自愿协定、自我负担、自觉开展生态文明审计将会愈加必要。也就是说，生态文明审计服务生态文明建设，既要与责任主体和相关单位进行全方位、全要素和全流程的合作，又要激励生态文明建设者自主开展生态文明审计，自愿参与，自觉发现、披露、纠正和预防不当现象或行为。

3.3.2　增加透明度是生态文明审计服务生态文明建设的通用途径

透明度在自然界中是一种物理现象，指的是物质透过自身可以清晰地看到自己的另一面，延伸到经济社会领域，则是指“没有虚假或欺骗”“易于察觉或调查”“容易理解”等。信息透明度是一个与信息公开、信息披露和信息自由密切相关的概念，至少涉及信息内容真实性、可理解性以及信息获取易得性等几个方面的内容，指的是在规定的时间、以规范的频率、公布或披露一定标准和质量信息的一种制度规范。信息透明度既是判断信息质量高低的重要特征，也是对信息公开或披露者公开行为或披露行为的心理度量，更是代表信息需求者信息知情权得到满足的心理诉求。增加信息透明度是生态文明审计的题中之意。

通过生态文明审计可以有效便捷地打开生态文明建设这只“黑箱”，从而将其打造成“透明口袋”。在这里，增加信息透明度有两层含义：一是要形成和披露生态文明建设方面的相关信息，主要涉及生态文明建设的公共权力运作、公共政策执行和公共资源使用等，这是生态文明审计得以开展的前提；二是要公布和列报生态文明审计方面的相关信息，主要涉及生态文明审计服务生态文明建设的具体内容、主要环节和审计结果，这是生态文明建设接受监督和问责，尤其是执纪问责和群众监督的基础。

3.3.3　评价与问责是生态文明审计服务生态文明建设的关键途径

评价就是判断分析，指的是通过构建生态文明审计综合评价指标体系，也就是从经济、政治、社会、文化、生态、环境等诸方面，通过选取关键性评价指标、确定权重和建构模型，来综合评价生态文明建设的业绩成效。问责，就是追究责任，指的是通过问责，形成压力，也就是形成推进生态文明建设的强大动力。问责导向是生态文明审计功能的新拓展、新赋能。

生态文明审计问责制度是审计机关或协助主管机关对生态文明建设责任主体因违反相关规定，依纪依法依规给予制止、处理和处罚的一种追责制度安排，其中，最主要的是生态文明建设绩效审计问责制度。通过将生态文明审计结果与生态文明建设责任追究结合起来，不仅可以对生态文明建设公共权力行使者起到威慑和制衡作用，而且可以避免因不作为、慢作为、乱作为而导致生态文明建设公共政策执行不到位、公共资源利用不达标等问题。诚然，为了确保生态文明审计问责的公正性，同时要建立健全相应的错误救济制度，也就是要建立纠正在问责过程中由于制度缺陷、情况不透和工作失误等原因所导致的问责偏差或失误予以及时纠偏纠错，即救济制度。

3.4 生态文明审计服务生态文明建设的困境出路

3.4.1 生态文明审计服务生态文明建设的困境与不足

作为一种监督和评价生态文明建设过程及其结果的新型专业机制，生态文明审计在服务生态文明建设过程中确实还存在一些制度困境和力量不足等问题。

1. 法律依据尚不明确

尽管我国已经颁布了《宪法》《环境保护法》《森林法》《草原法》《渔业法》《水土保持法》《水法》《野生动物保护法》《矿产资源法》《水污染防治法》《大气污染防治法》《海洋污染防治法》《固体废弃物污染防治法》《环境影响评价法》《清洁生产促进法》和《循环经济促进法》等100多部与生态文明建设中的环境保护有关的法律，但是大多数法律并没有明确规定和要求生态文明审计服务生态文明建设这一时代命题。即使从近几年国家审计署公布的有关审计工作规划、意见和通知来看，也没有发现直接将生态文明审计列为服务生态文明建设的重要机制，更没有明确规范生态文明审计的地位、职责和作用，当然也就谈不上具体规定生态文明审计工作的内容、流程、方法和标准等。致使生态文明审计法律依据缺失、制度规范不明，普遍存在出“审”无名、审之无凭、评之无据，经常受到审计边界不清、职责权限模糊以及与自然资源、生态环境等部门职能交叉等质疑，削弱了审计权威性，影响了审计工作进度。

2. 准则体系尚需健全

无规矩，不方圆。从事生态文明审计工作，必须恪守权威公认的行为规范和行动准则，这是判断生态文明审计工作质量高低的根本标准。目前，国际上生态文明审计准则主要体现在最高审计机关陆续发布的《从环境视角开展审计活动的指南》《固体废弃物审计指南》等 10 余项涉及环境审计的理念性指导和实操性做法中，在国内则主要体现在规范环境影响评价和环境信息披露以及节能减排、资源环境和自然资源资产等环境审计专题规定方面。严格来说，生态文明审计准则体系在国内外都没有建立，存在制度空白和准则漏洞，都缺乏对生态文明审计具体内容、工作边界、业务类型、取证程序与方法、审计技术与手段、审计结果及使用、审计证据关联性和充分性等方面的专门规定和明确要求。致使在具体开展生态文明审计工作时，过多地因循现行审计准则体系或因地制宜的经验做法，缺乏全国或区域统一性，纵向横向可比意义不大，经验主义痕迹明显，极易产生消极、推诿、摇摆等“噪声”。

3. 信息披露尚不充分

生态文明建设及其生态文明审计等相关信息可靠、及时和充分地公开或披露，不仅有助于促进生态文明建设的决策民主化、执行规范化和信息透明化，而且关乎公民依法享有获取生态文明建设知情权这一根本性的生态环境权利问题。信息公开透明既是生态文明审计这一监督体系的题中之意，也是生态文明审计得以顺利开展的基础前提。目前，一方面我国有关生态文明建设方面的信息多是以文字表述为主的文本资料，数据性和结构化信息还比较匮乏，难以支撑生态文明审计工作的有效开展；另一方面我国审计机关公告的涉及生态文明建设的审计报告多是财政资金使用方面的财务审计和合规审计信息，政策执行审计和建设绩效审计方面的信息尚不多见，说明生态文明审计还不是常规性审计制度。致使生态文明审计服务生态文明建设不仅缺乏信息基础，形成信息孤岛，而且也难以引起社会共鸣，得不到公众关注和认可，形不成良好的舆论氛围和社会环境。

4. 人员素质亟待提高

生态文明审计目前的从业者多为财会和审计方面的专业人才，缺乏生态、环境、人文、地理、统计、大数据等方面的专业知识，综合、交叉和前沿知识储备不足，大多数审计人员不能熟练运用云计算、区块链、物联网、AI 等现代信息技术和遥感、GPS 定位系统等地球物理与空间信息技术，专业技术能力严重匮乏。当然在理论上，可以通过聘请外部专家、购买第三方社会服务和整合其他审计力量等方式，来弥补生态文明审计服务生态文明建设的专业人才不足和技术能力短板等问题，但是在实际工作中，由于受审计取证规范性和外聘人员或借用资源独立性、风险性和责任性等因素限制，生态文明审计人力资源难以快速优化，始终制约着生态文明审计的高质量发展。人的因素是决定性因素。从根本上解决生态文明审计队伍的知识单一和技能偏弱等问题，是确保生态文明审计能否可持续发展的关键。

3.4.2 生态文明审计服务生态文明建设的出路与对策

生态文明审计要在生态文明建设中有效发挥监测、预防、预警、纠偏和修复作用，也就是要有效发挥监督、评价、鉴证、咨询和问责功能，就必须依赖或选择一定路径。它不仅是联系生态文明审计与生态文明建设的桥梁和纽带，而且也是生态文明审计服务生态文明建设的路由或道路。

1. 尽快完善生态文明审计服务生态文明建设的宏观政策

首先，加快生态文明审计服务生态文明建设的立法和规制工作。在法治社会，法制建设是生态文明审计服务生态文明建设的工作前提和制度保障。无论是立法型、司法型审计体制，还是行政型、独立型审计体制，生态文明审计服务生态文明建设都需要于法有据、依规审计，都需要建立健全有效的法律保障体系。就目前来看，至少要明确生态文明审计的宪法地位，把生态文明审计服务生态文明建设写进《宪法》，至少要在《审计法》中明确审计机关或组织从事生态文明审计工作的地位、职责、权限、范围和方式方法以及审计决定的强制执行性，最终要在条件成熟时启动立法程序，将生态文明审计服务生态文明建设纳入现行法律法规体系。

其次，健全生态文明审计服务生态文明建设的信息披露制度。全面、及时、充分披露生态文明建设相关信息，既是生态文明审计服务生态文明建设的前提条件，也是利益相关者及时、全面了解生态文明建设推进情况、政策落实和效果呈现的主要渠道，在一定意义上，更是展示我国生态文明建设优秀成果、树立我国生态文明建设负责任大国形象的国际平台。因此，要尽快建立健全生态文明建设成效展示和生态文明审计结果公布制度，增加信息供给，提高披露强度，提升信息透明度。

最后，制定生态文明审计服务生态文明建设的行动或工作指南。生态文明审计行动或工作指南是审计机关或组织从事生态文明审计工作的行为遵循和操作规程，是监督和评价各地区、各单位、各个体生态文明建设活动及其绩效的重要依据和标尺。一般来说，一个完整的行动或工作指南应该包括行为准则和技术准则两个方面。在制定行为准则时，应该明确外部专家尤其是非财会审计类专家在生态文明审计服务生态文明建设过程中的地位、角色和作用，明确如何利用外部专家和外部审计力量；在制定技术准则时，应该借鉴国际上相对成熟的通用标准，结合生态文明审计服务生态文明建设的实际，来制定相应的基本技术标准和评价指标，并适当考虑财务审计、合规审计、绩效审计和风险评估等内容，同时，按照空间布局、生态经济、生态环境、生态社会、生态文化、生态技术、生态制度等分别建立生态文明绩效审计评价指标体系。

2. 加快创新生态文明审计服务生态文明建设的工作模式

首先，明确生态文明审计服务生态文明建设的目标要求。随着生态文明建设越来越成为各级党委政府的一项极为重要的公共受托责任，监督和评价生态文明建设的财务（财政）合规性、政策执行性和资源有效性，就必然成为生态文明审计的目标内涵和具体要求。换句话说，生态文明审计服务生态文明建设不仅是生态文明审计目标的应有之意，而且也是生态文明审计发挥监督评价功能的必然要求。

其次，丰富生态文明审计服务生态文明建设的对象内容。各级审计机关或组织应该不断创新和充实生态文明审计服务生态文明建设的对象和内容，当前应着重将自然资源资产、国土空间开发保护、空间规划、资源总量管理和全面节约、资源有偿使用和生态补偿、环境治理和生态保护、生态文明绩效评价考核和责任追究等方面纳入其中，加大对生态文明建设的管理系统、制度体系、行为作业、资金资源和绩效责任的生态文明审计力度。

再次，改进生态文明审计服务生态文明建设的方法手段。面对生态文明建设这一全新审计业务，需要不断改进和创新生态文明审计的方式方法和技术手段，也就是通过嫁接生态学、环境学、地理学、统计学等其他相关学科的理论与方法，利用大、智、移、云、物、区等现代信息与计算技术，协同生态环境、自然资源、发改委、财政、统计等有关部门，尽快推进生态文明审计的信息化、智能化和智慧化建设，强力推行计算机、“互联网+”、可视化和人工智能等方式的生态文明审计。

最后，优化生态文明审计服务生态文明建设的队伍结构。生态文明审计是具有高度融合性的专业技术工作，对生态文明审计人员素质和队伍结构要求很高。目前，受公务员制度或劳动人事制度以及成本效益的影响和制约，不大可能无限扩编膨胀，切实地做法是创新用人机制，采取延揽、培训、优化、提升、激励等措施不断提升优化生态文明审计的现有队伍结构。除着力引进生态、环境、地理、法律、工程、IT、AI 等知识背景的专门人才外，主要通过对外交流与培训、专家指导、基层实习等渠道尽快更新专业知识，育化审计人员自我决策、自我管理、自我学习、自我创新和团队整合的综合能力，塑造审计队伍爱岗、守法、合作、奉献、绿色、简约、生态的职业精神。

第 4 章

生态文明建设管理系统审计研究

4.1 构建生态文明建设管理系统的思维方式和借鉴模式

4.1.1 系统、管理、治理和技术思维方式

生态文明建设是一项常规性实践活动，应该纳入日常管理工作，需要建立健全有效的生态文明建设管理系统，以保障生态文明建设这一复杂社会工程的健康有序运行。构建生态文明建设管理系统需要正确地理解和运用系统思维、管理思维、治理思维和技术思维等各种思维方式。

1. 系统思维方式

系统思维是当今社会认知事物和建构系统的一种重要思维范式，是基于一切事物以系统形式存在、创造事物就是创造系统的基本认识而认知和构造事物或系统的一种重要思维与创造方法。系统思维要求从系统观点出发，着重整体与局部、局部与部分、结构与功能、信息与组织、控制与反馈、系统与环境之间的相互关系，按照多要素协调一致和有机统一的原则，对事物或系统进行设计、优化与构建。

系统论一般被认为是系统思维的奠基和源泉。贝塔朗菲在创立系统论时认为，任何系统都是一个有机整体，系统整体功能要大于系统内各要素功能相加之和，且整体功能是各要素在孤立状态下所没有的性质；同时，系统中各要素并非孤立存在，每个要素在系统中都处于一定位置，起特定作用[230]。后来，耗散结构论、协同论、超循环理论、参量型系统理论及突变论、自组织理论、事理学、混沌学和分型学等现代科技哲学理论加入其中，使系统思维逐渐成为一种科学的思维方式。系统思维是辩证思维的深化，运

用系统思维，把生态文明建设视为一个有机整体来考察，便于寻求生态文明管理系统设计与构造的特定途径和方法。

2. 管理思维方式

管理思维，主要是控制思维方式，是指管理者在落实组织战略过程中应重复应用监测、评估、反馈与沟通等一系列程序和方式[231]。简单地讲，管理思维就是要有程序意识、重复意识和标准意识。所谓监测就是确认、计量组织运行过程中发生的事件，即如实反映和完整记录；所谓评估是指根据预先设定的目标、指标估计实际发生事件偏离的程度，并将实际与标准进行比较，确定是否有不符合的情况；所谓反馈是指通过各种手段和措施来修正弥补实际情况与预设标准之间的差距；所谓沟通则是指在监测、评估与反馈的过程中信息及时传递与交流。

3. 治理思维方式

治理思维是一种承认多元化的思维方式。治理不同于管理。管理强调的是计划、组织、领导和控制，体现的是一元化的、命令式的线性或机械思维；治理是多元化的、协商式的立体或过程思维，是围绕规则、合规和问责等不断演进的建设过程而从事的认知或智力活动，目的在于“用规则和制度来约束和重塑利益相关者之间的关系，以达到决策科学化之目的”[232]。具体来说，治理思维就是从系统观念出发，识别治理系统中各主体的关联性，从整体角度综合考虑各方利益和诉求，构建适应性的治理结构和机制，借此实现治理目标。

4. 技术思维方式

在以人工智能和万物互联为代表的现代信息技术背景下，在认知、设计和构建生态文明建设管理系统时，除具备上述三种思维外，还应该有先进的技术观，也就是技术思维，即要重视现代信息技术的运用，为生态文明建设管理系统有效运行搭建有效的信息技术平台。从技术角度讲，生态文明建设管理系统可以看成是对各种技术尤其是现代信息技术的逻辑性的系统整合。这些技术至少包括收集和使用信息的技术、制订计划和控制过程的技术、员工激励和业绩评价的技术等。先进技术手段的运用，有助于清晰传达组织目标，确保决策者、执行者和落实者为实现组织目标应完成的具体行动，有助于及时传递各项行动及其结果，确保相关部门和人员根据环境变化做出实时的目标和行动调整。

4.1.2 环境管理系统的学习、启示与借鉴

理论上，在国内外环境管理实践中广泛应用的环境管理系统，是生态文明建设管理系统的应有组成部分，具有内在逻辑性和内容一致性。在分析、

设计、构建和应用生态文明建设管理系统时，应该充分学习和借鉴相对成熟、行之有效的环境管理系统。

随着 1972 年《人类环境宣言》的发布，“环境”与“社会”“经济”一起成为国际社会广泛关注的人类社会“三大”发展议题，以英美为代表的西方国家或地区开始积极探索和实践环境治理，并出台了一系列环境管理体系标准，比较有代表性的是英国标准化协会（BSI，1992）公布的《环境管理体系标准（BS7750）》、欧共体（EC，1995）实施的《工业被审计单位自愿参加环境管理和环境审核联合体系的规则（EMAS）》、国际标准化组织（ISO，1996）推出的《环境管理系统系列标准（ISO14001）》和美国环保署（EPA，2001）发布的《综合环境管理指南（IEMS）》。其中，环境管理系统是其最核心、最基础的内容。以下主要介绍三种代表性模式。

1. ISO 环境管理系统

为了解决环境管理标准问题，1993 年 ISO 专门成立环境管理技术委员会（ISO/TC207），并着手制定涵盖环境管理系统、环境审核、环境标志、环境绩效评价以及生命周期评估等方面的 ISO14000 环境管理系列标准。该系列标准共有 100 个标准号，系统庞大，内容丰富。具体分类内容如表 4－1 所示。

表 4－1　　ISO14000 系列标准的标准号分类表

TC207 分会	名称（标准子系统）	标准号
SC1	环境管理系统（EMS）	14001－14009
SC2	环境审核（EA）	14010－14019
SC3	环境标志（EL）	14020－14029
SC4	环境绩效评价（EPE）	14030－14039
SC5	生命周期评价（LCA）	14040－14049
SC6	术语和定义（T&D）	14050－14059
WG1	产品标准中的环境因素（EAPS）	Guide 64
WG2	森林管理（FM）	14061
备用		14060－14100

ISO1400 系列标准为组织建立环境管理系统（EMS）提供了理论指导和框架标准，并以环境审核、环境业绩评价、生命周期分析等其他标准作为技术支持，指导 EMS 的具体实施。通过这些技术性标准的运用，被审计单位可以有效识别和评价环境因素，找出关键环境问题，制定组织的环境目标和完成目标的方案及措施。

ISO14000 系列标准不仅规定了 EMS 的组成要素，而且明确了 EMS 与其他管理控制系统之间的相互关系和组合架构。EMS 的具体内容包括：遵守与环境因素相关的法律法规、预防和减少污染、持续改进环境绩效的环境方针，识别环境因素并对环境因素进行排序、识别组织适用的与环境因素有关的法律法规和其他需要遵循的守则、设立环境目标和指标及制定实施这些目标和指标的方案策划，以及实施与运行、检查和管理评审，等等。

2. EPA 综合环境管理系统

为了指导被审计单位的资源配置和责任分配，20 世纪 90 年代，EPA 主导了一系列环境会计项目研究，建立了包括系列管理原则和各类技术手段在内的综合环境管理系统（IEMS）。具体就是，将环境因素纳入被审计单位日常管理决策的持续评估流程，运用备选方案评价及全成本法等主要环境评估工具，帮助被审计单位成功地完成环境决策。具体要素和流程如图 4 – 1 所示。

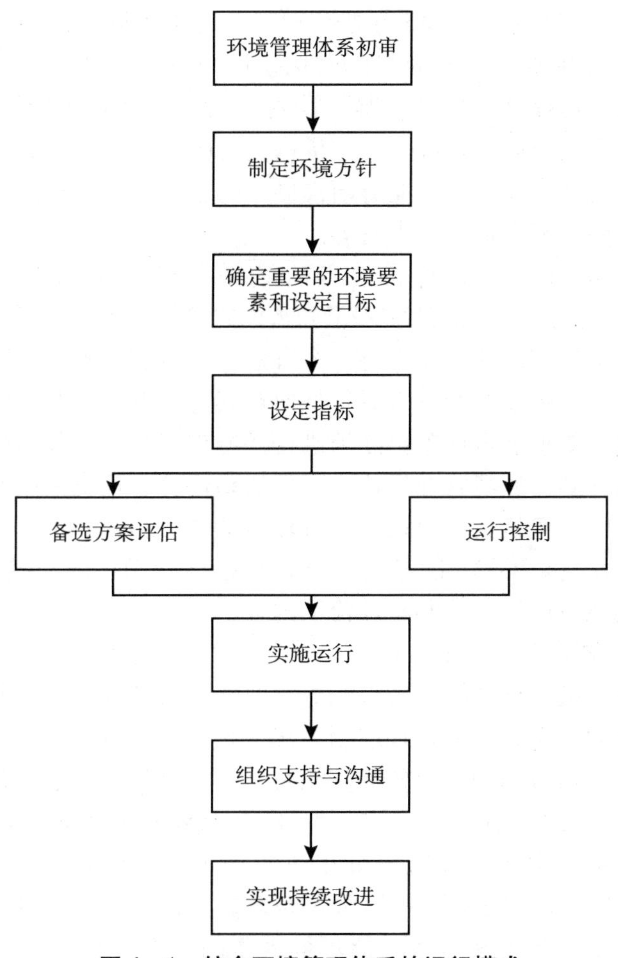

图 4 – 1 综合环境管理体系的运行模式

3. 德国环境管理与审核联合体系

德国是欧盟较早普遍认可和推行环境管理的国家之一。在德国主导下，欧盟于 1995 年发布了《关于工业被审计单位自愿参加环境管理和环境审核联合体系的规定》，并开始实施包括环境管理系统及其审核等内容的环境管理与审核联合体系（EMAS），旨在将环境问题纳入公司管理领域，通过建立和实施环境管理系统，促进公司环境管理及绩效的持续改善。2001 年 EMAS 的实施范围又扩大到包括政府在内的所有经济部门。2003 年德国联邦环境部和联邦环境局又联合编制了《被审计单位环境成本管理指南》。2009 年欧盟对 EMAS 进行了重新修订，发布了 Regulation（EC）No. 1221/2009 文件。

为了鼓励和支持公司加入 EMAS，德国政府从法律、税收和非营利组织等方面打出了一套政策组合拳。主要措施是：实施 EMAS 特权法案（EMAS Privilege Act），详细规定 EMAS 注册公司享有的法律特权；修订能源税和电力税法案，使得注册 EMAS 的能源密集型用户符合 90% 的能源退税要求；为 EMAS 注册公司提供系列“护航”计划，规定商业会员组织、公共公司、商会、协会或市政当局可以成立独立机构，为中小企业、会员组织、市政当局和学校等实现其个体 EMAS 注册而提供专门服务，包括招募成员、雇用外部顾问、举办会议和申请财政支持等。

作为 ISO 的成员国，德国在 EMAS 改进中，充分借鉴和融合了 ISO14001 的有关规定，较好地实现了两者的趋同、一致和等效。EMAS 详细规定了被审计单位如何建立和维持一个有效的环境管理系统，以及为了确保环境管理系统的持续改进和有效运作如何对其进行审核，并规定了具体的审核程序和要求；要求被审计单位必须进行环境初审，发表包括被审计单位环境方针、环境计划、环境状况描述、环境活动评价、环境领域数据和指标等内容的环境声明，按特定绩效指标进行环境绩效报告，并实现环境绩效评价的持续改进和深化。EMAS 的基本要素包括最高管理层的承诺、环境评估、环境策划、实施与运行、控制与评价等内容。

4. 环境管理系统的对比分析

上述三种环境管理系统具有目标的一致性和内容的相似性或相近性。在目标和要求方面，作为一种管理控制系统，它们的总体目标都是为了完成组织环境管理的战略目标和现实任务，但是其具体目标和要求又各有侧重。具体来说，EMS 旨在保证被审计单位生产经营能够遵循必须遵守的环保法律法规和其他准则，但不排斥被审计单位主动承担其他超越性的环境责任；IEMS 是一个“产品导向型”环境管理系统，目的在于通过生产流程改造、产品设计等手段实现对被审计单位环境因素的全面管控，以降低产品对环境、对人类的损害，生产出更“清洁”的产品；EMAS 关注的则是“生态效率”，即生产某一产品耗费了多少资源，产生了多少环境污染，通过实施环境管理系统，达到既减少环境污染又降低能源消耗的双重目的。

在评估和反馈方面，三者差别不是很大，只是监测方法和沟通内容略有不同。在监测方面，EMS要求运用生命周期分析法（life cycle assessment，LCA）对可能具有重要环境影响的环境因素进行监测和计量，但如何计量没有给出定义，环境成本核算的具体方法就很难确定。IEMS和EMAS均提出了各自的环境成本定义和核算方法。前者要求运用全成本法，即从产品的整个生命周期角度，对被审计单位的环境影响进行分析并货币化，以确定产品总成本中有关环境成本的部分；后者则要求运用物质流成本法，即从物质流转平衡的角度，从实物和货币两方面对被审计单位的投入和产出进行计量，其中对废弃物成本单独进行核算，以衡量产品生产对资源浪费和环境污染的程度。在沟通方面，EMS重视组织内部的信息沟通，关注组织是否通过培训、组织设计、文件及其控制等实现内部各部门和单位之间的信息交流，并要求从运营绩效①、管理绩效②、环境状态③三个方面评价组织的环境管理。IEMS认为被审计单位内外部环境信息沟通同样重要，与供应商、顾客、政府等外部利益相关者的信息沟通，能够加深他们对被审计单位环境管理系统的了解，有利于被审计单位在更大广度和深度上进行环境管理。EMAS则要求被审计单位必须公开做出环境声明，对组织的环境方针、环境管理系统、所有可导致重大环境影响的直接和间接环境因素，以及重要环境因素对设置的环境目标、环境绩效指标等的影响进行公开披露。

综上所述，不难看出：一是环境管理系统从本源上讲是整个组织管理系统的重要组成部分，是帮助组织系统地识别其活动中的环境因素及其影响，制定明确的符合性目标，持续改进环境管理业绩，并实施环境全过程管理的一套正式的程序和方针，是为保护环境和处理环境问题而形成的有关职责分工、目标方针、实施计划、组织人员、操作规程、步骤程序、配套资金、业务管理、环境记录和评价考核等内容，遵循了传统的规划、实施、检查和改进，即PDCA管理模式。具体来讲，就是要规划出环境管理活动要达到的目的和遵循的原则、在实施阶段实现目标、检查和发现问题、及时采取纠正措施，以保证实施与实现过程不会偏离原有目标与原则以及实现过程与结果的改进提高。二是环境管理系统有效实施的关键是如何核算环境管理成本，尤

① 运营绩效指标（OPI）反映的是组织运营的环境绩效信息，这些信息一般与组织投入产出的物质流平衡有关，例如，与产量相关的物料、能源投入以及废水废气排放等方面的信息，是环境影响评价的基础。

② 管理表现指标（MPI）提供与影响组织运行有关的环境业绩的管理工作信息，是对管理者为提高被审计单位环境管理所做出的努力的评价，包括环境审核、人员培训等。

③ 环境状态指标提供了关于地方、区域、国家或全球生态的环境状况信息，这些信息有助于组织更好地理解其环境因素的现在和潜在的影响。

其是如何设计环境成本系统。这是环境管理的基础。唯有如此，才能为环境管理系统中目标设置、业绩评价、环境方案拟订及实施控制提供必要的环境成本信息。具体就是，被审计单位管理者根据环境成本信息，分析被审计单位目前的环境保护和污染治理的进展状况，在内部评价分析的基础上确定环境管理目标，制订相关方案以确保环境目标的实现。同样地，具体方案是否在技术上适用和经济上可行，也需要环境成本信息来证明，其运行结果通过在环境成本系统中的核算，便于管理者对方案的运行结果进行分析、评价和优化。

5. 启迪与借鉴

不难发现，西方发达国家或地区是自上而下、全领域、全方位地推进环境管理系统进企业、进政府、进社会的。为达到此目的，既有宏观上的系统性政策支持，也有可以落地生根的操作性制度安排；既有相对独立的组织架构体系，也有开放式的政府间协同合作；既有环境审计传统方式方法的综合运用，也有数据分析和经济模型等其他学科理论与方法的移植借鉴。

鉴于环境管理系统是环境管理或环境治理的基础性工作，生态文明建设管理系统自然是生态文明建设有序推进和有效运行的基石，作为生态文明建设的重要监督保障系统，生态文明建设管理系统审计也是生态文明审计服务生态文明建设的前提和基础。至少有以下几点借鉴意义：

第一，在企业层面上，应该将生态文明建设管理系统嵌入企业管理或企业治理系统，实现企业生态文明建设管理系统内部审计与外部审计的有机统一。大家知道，企业行为也就是生产经营活动的“负外部性”，主要表现为环境污染和生态破坏。这就决定了企业永远是生态文明建设的主战场，是生态文明审计的主阵地。也就是说，生态文明审计服务生态文明建设的工作重心在企业、在基层、在一线。通过对企业生态文明建设管理系统的审计，至少可以减少对已经注册和使用生态文明建设管理系统企业的日常管理和突击检查，有利于企业排除干扰、集中精力、全身心地投入到生态文明建设这一伟大斗争中去。

第二，在政府层面上，应该将生态文明审计组织体系嵌入政府生态文明建设组织架构体系中，强化对政府部门或公共领域生态文明建设政策执行、项目开展和作业实施的生态文明建设绩效审计，尤其是对极端环境和生态危机、气候变化和生态正义、综合健康和社会关怀等特殊生态文明建设问题进行审计。为了确保生态文明审计主题的前沿性、方法的匹配性和报告的可靠性、工作的专业性和权威性，在政府生态文明建设组织架构体系中，应该设置相对独立的生态文明审计委员会和可持续发展委员会等类似咨询和智库机构，为政府生态文明审计工作提供理论指导和智库支持。

第三，在政策层面上，应尽快出台引导、鼓励和支持企业注册和使用生态文明建设管理系统的财税、金融和服务等方面的政策。设立生态文明建设管理系统是企业实现生态文明建设自我管理、自我审计和外部审核的系统性和制度性前提。为了提高企业注册生态文明建设管理系统的积极性，政府部门应当在税收优惠、财政补助和信贷措施等方面给予减免或支持。

第四，在人才层面上，应该强化生态文明建设管理系统审计人员素质和能力。人的因素是最主要的因素。面对生态文明建设管理系统的复杂性、交叉性和新兴性，生态文明建设管理系统审计的专业知识结构和能力体系应该体现出多元、交叉和综合的特征，生态文明建设管理系统审计人员应该具有终身学习、持续创新和聚集协同能力，生态文明建设管理系统审计队伍建设应该有较高的专业门槛和后续教育配套制度。

第五，在标准层面上，应该尽快建立和完善生态文明建设管理系统审计的标准体系。这些标准体系可以是国际层面上的，也可以是国家或地区层面上的，更可以是某些组织或单位的成功做法，具体形式可能是国际公约或协定，国家政策、规定、规划、计划以及组织规则和经验做法等。目前，我国应该特别重视：一是对现行法律、法规和政策中与土地、矿产、水资源、森林、草原、海洋和大气等自然资源和环境保护有关条款的归纳和整合；二是对不同行业或不同自然资源和生态环境类型生态文明建设管理系统审计标准体系的构建和完善。

第六，在合作层面上，应该积极探索开展国家间或各级政府间的联合审计。生态文明建设管理系统可以沿着产业链或价值链延伸，也可以按照流域、区域、区块覆盖。无论哪种情况，生态文明建设管理系统审计都离不开国家间或各级政府间的合作和协同。尤其是，一方面中国行政区划繁多、国土资源丰富、地理环境复杂、山川湖泊众多，客观存在开展区域或流域审计的需求；二是中国行政管理层级多、条块化，省域或地方间联合审计诉求在一定意义上会更为必要、更加迫切。

4.2　生态文明建设管理系统的现状、困境和出路

4.2.1　生态文明建设管理系统的推行状况

生态文明建设管理系统是政府和企业在进行生态文明建设中采用的新的治理方式，尚处在认识和起步阶段。但是，作为其重要借鉴和组成部分的环境管理系统在我国则有较早认识和实践。

我国认识和接受环境管理系统尤其是ISO14000认证开始于1997年，目

前获得ISO14000认证的企业早已数以万计。通过认证的企业，对外相当于取得了国际贸易中的绿色通行证，树立了良好的环境亲善形象，降低了外部环境风险；对内促进节能减排，降低了环境成本，强化了员工环境责任心，提高了整体环境管理水平和环境管理效益。

为了扭转资源消耗和环境污染对生态环境和生态系统造成的不可逆转影响，我国政府和企业至少已经进行了以下四个方面的改进：

一是从环境治理到污染预防。具体就是把污染预防纳入政府或企业的环境方针，着力推行清洁生产，提高生态效率，即用最小的资源投入生产更多的产品；

二是从过程清洁到产品清洁。具体就是从产品设计开始考虑产品全生命周期的污染减少问题，把产品设计作为污染预防的重要组成部分，而不单纯从清洁生产过程考虑；

三是从被动实施到主动作为。具体就是企业超越环境法规要求，主动实施环境战略，产品设计与供产销各部门通力合作，提高产品的环境绩效，推动企业可持续发展；

四是从技术推动到技术与管理联合。越来越多的企业认识到提高环境绩效不仅需要技术推动，而且更加需要技术与管理的结合，而环境管理系统恰恰是提高企业环境管理水平的重要途径和主要手段。

4.2.2 生态文明建设管理系统的推动障碍

建立和实施生态文明建设管理系统是深入推进生态文明建设的重要抓手和关键环节。就目前来看，从中央到地方，各级政府都非常重视生态文明建设工作，都在积极探索、构建和优化生态文明建设管理系统。但是，鉴于生态文明建设的探索性和创新性，推行生态文明建设管理系统在制度、组织和文化等方面尚存在诸多障碍，尚存在诸方面的系统性和协调性问题。

1. 法律法规缺失

建立和推行生态文明建设管理系统需要坚实的法律基础，依法行政、依规行事是法治社会的基本要求。而相关法律法规缺失，导致生态文明建设管理系统缺乏立法系统性和协调性。

在国家立法层面，需要建立生态文明管理机构以及涉及生态文明建设的各类国家部门和政府机关的组成与活动原则的组织法，据此厘定生态文明建设管理系统中的主体关系、机构设置、职能权限、职责分工、利益分配等内容。现行《环境保护法》只是原则性地规定地方政府对辖区环境质量负责，没有明确政府及其职能部门如何履行责任并进行监督和管理。何况，生态文明建设的内涵和外延早已超出了环境保护的范畴。这必然导致生态文明建设及其管理权力配置被职能、地域和级别“碎片化”，体制机制内耗和交易成本增大，妨碍了生态文明建设管理系统的统一构建和全域推行。

在实体立法层面，需要针对生态文明建设的主要内容建立包括“国土空间开发保护”“自然保护区”“动植物保护”“生态补偿”和“法律责任追究”等方面的具体法律，提高生态文明建设管理系统注册和使用的法律覆盖面。以《自然保护区管理条例》为代表的现行法律，涉及范围偏窄，制定层次偏低，不仅无法满足生态文明建设管理系统的建设法律需要，而且也无法满足占国土面积 1/6 的自然保护区的管理需要。例如，征收生态税是形成和拥有生态补偿资金长期稳定的重要来源，是建立生态环境安全补偿基金和保护生态环境的国际通行做法，但是目前我国已有的生态补偿政策尚未形成系统性、综合性和统一性的补偿政策体系，仅仅侧重某一生态要素或某一生态目标。

在单行立法层面，需要对重要或主要的生态文明建设管理问题作出明确的、具有实操性的法律规定，借以厘清各部门、各单位的职责权限、工作范围和协调措施。目前虽然已经公布了《大气污染防治法》《水污染防治法》《环境噪声污染防治法》和《固体废物污染环境防治法》等法律规定，但是从总体上来看不仅不成体系、比较单薄，而且内容过于抽象、模糊，缺乏操作性，自由裁定、推诿扯皮现象较为普遍。

在管理对象层面，需要把生态文明建设视为一个系统、完整和交叉互动的整体，不能人为拆分、制度割裂。比如，环境污染防治与自然资源保护都属环境保护范畴，应该是生态文明建设管理系统中密不可分的两个孪生问题，应该一头管理、分头协助。但是，根据现行法律和现有制度安排，前者归生态环境部门管辖，后者归自然资源部门管理，互不通气、不相往来、重复监管。

2. “九龙治水”格局

生态文明建设管理的“九龙治水”格局，导致生态文明建设管理系统缺乏主体系统性和协调性。

责权利相统一是现代管理的精髓和要义，也是管理实践应该坚守和遵循的基本法则。责任是核心，权力是关键，利益是手段。三者有机统一、互为依存、相互制约。如果没有明确的责任界定，就不应该被赋予相应的权力，自然也就不可能存在所谓的利益诉求问题。离开“责任”讲“权力”，权力无限大，责任无限小，必然会造就一大批权力“疯子”；离开“利益”讲“责任”，责任无限大，利益无限小，则必然会培养一大批利益“傻子”。在其位，不谋其政；在其位，乱谋其政；在其位，以政谋私。凡此种种，都是没有处理好三者关系的现实表现。因此，生态文明建设管理系统的关键就是如何安排好、统筹好、协调好生态文明建设“责”“权”“利”这三者的关系问题。这是判断和衡量生态文明建设管理系统是否科学、是否有效、是否健康的关键所在。

针对当前我国生态文明建设管理系统按照行政区划和资源要素设置，且明显存在制约生态文明建设发展的体制机制问题的实际，2016 年 9 月中共中央办公厅、国务院办公厅印发了《关于省以下环保机构监测监察执法垂直管理制度改革试点工作的指导意见》，并要求在 2017 年 6 月底前完成试点和 2018 年 6 月底前基本完成改革工作。虽说如此，现行生态文明建设管理系统仍然存在以下两个方面的倾向：

一是忽视了生态文明建设的全域性、流域性和系统性。人为地割裂了生态文明建设各内容和各要素之间的自然联系和生态关系，预设了生态文明建设各种资源的配置和流动障碍。本位思想、本位利益，条块分割、自弹自唱，各自为政、各自为战等问题还比较突出。一句话，既不愿意统筹协调，也无动力十指弹琴。

二是忽视了现代信息技术的先进性、普及性和便捷性。在过去，由于科技落后、交通不便、信息不畅，不得不按照地域要素、科层组织、管控思维分类分级建立生态文明建设管理系统，但是在以万物互联、人工智能为代表的“智能时代”，可以无限域的、极便捷的、低成本的实现生态文明建设管理系统的云端化，边界、层级、管控等已经越来越不重要，取而代之的是无域、扁平、治理。

3. 治理思维淡薄

生态文明建设治理思维淡薄，导致生态文明建设管理系统缺乏主客体系统性与协调性。

在生态文明建设管理系统设计与运行方面，客观存在治理落后于管理、管理落后于技术的问题，没有从根本上认识到生态文明建设主体与客体的协同共治是确保生态文明建设管理系统有序有效运行的重要保障。构建生态文明建设管理系统要多一些治理思维、少一些管制意识。所谓治理思维，也就是多元、协商、动态、互联、善治、美治、合作、共赢的思维。

政府、企业、公众不仅是我国生态文明建设的主力军，而且也是国家生态治理体系中的重要治理主体。其中，政府扮演着最重要的角色。与企业和公众相比，政府地位更加突出，作用更为明显，具有权威性和主导性。因此，政府在推动生态文明建设、实施生态文明管理时，不仅需要“行政命令式”的管控思维，而且更加需要“沟通协商式”的治理思维。否则，如果将企业、公众视为生态文明建设管理的纯粹客体，缺乏主客体的协调统一，就会导致利益相关者协商机制缺失。其必然结果：

一是由于缺乏与利益相关者的平等对话与协商，不同群体的利益诉求得不到及时回馈，导致生态文明建设过程中的“强政府、弱社会”，进而影响生态文明建设相关政策的制定与执行、相关项目的落地与实施。

二是由于将企业、公众等生态文明建设的重要主体简单地置于政府对立面，忽视它们在生态文明建设中的重要性、主动性和广泛性，导致政府缺乏通过绿色财政、绿色金融、绿色税收等绿色治理措施培育和支持各单位、各群体和全社会开展绿色生产、绿色消费、绿色生活的强烈绿色意识，进而影响生态文明建设的源头治理和社会参与。

三是由于漠视生态环境和生态文明的公共物品性和公共事务性，片面强调生态文明建设是政府的施政责任，忽视社会公众、新闻媒体和社会舆论的非制度性作用，导致生态文明建设中多位一体监督机制的缺失，进而影响生态文明建设的部门协同性和监督全面性，影响或削弱社会公众对生态文明建设的知情权、参与权和监督权。

4.2.3　生态文明建设管理系统的构建思路

生态文明建设管理系统是一个复杂系统。这是由生态文明建设所面临的生态系统、环境系统、经济系统和社会系统的复杂性所决定的。复杂系统成员是具有主观能动性的，复杂系统发展动因正是基于各成员主体的主观能动性及其与环境的重复交互作用。如何通过这种交互作用实现系统自身的平衡，自然是生态文明建设管理系统构建的重点和难点。结合中国实际，我们认为，作为有助于实现生态文明建设目标和任务的必要制度安排和治理工具，生态文明建设管理系统的构建可以从以下几个方面入手。

1. **构建政府生态文明建设管理系统**

生态文明建设是新时代中国的国家战略，需要本着全面管理和重点负责相结合的原则，统一谋划、宏观布局、顶层设计，建立一套行之有效的政府生态文明建设管理系统。按照当前的政府生态文明建设管理系统，尤其是其中的机构设置和职能布局，要实现“源头严管、过程严控、后果严惩”的预定目标，恐怕存在一定难度，需要重新调整、布局和优化，重新定义中央政府及其职能部门在生态文明建设管理系统中的地位和作用。

一是为了全面谋划和部署生态文明建设工作，应该在党中央设立“中央生态文明建设委员会”。作为党中央生态文明建设的决策议事协调机构，其主要职责是：研究提出并组织实施党对生态文明建设的全方位领导、强化党的生态文明建设方针政策，审议生态文明建设重大政策和实施方案，审议年度中央生态文明建设预算执行和其他财政支出情况等。也就是说，凡是涉及生态文明建设的总方针、总规划、总布局、总协调等事宜，都应该由中央生态文明建设委员会负责，全面统筹处理生态文明建设立法与行政执法、政府与公众共治的生态文明治理关系。

二是为了深入推进和协调中央部署的生态文明建设工作，应该在国务院设立“生态文明建设推进协调办公室”。作为全面负责管理和执行国家生态文明建设相关法律与政策的综合管理部门，在政府生态文明建设管理系统中处于中心地位，对生态文明建设问题进行宏观的、系统的、全局性的规划和实施，其决策与管理过程应综合反映国内的各种生态文明建设压力和诉求。其组织架构可以按照总部办公室、区域代表处和科技中心来设置。其中总部办公室可以按照生态文明建设主题设置职能办公室和综合办公室；区域代表处可以按照山水林田湖草等生态系统要素来设置；科技中心主要通过系统性研究，为各地或重要生态文明建设政策的制定、决策方案和项目确立及评价提供科学指导。

需要强调的是：政府对生态文明建设的管理不仅是一种行政行为，而且也是一种政治行为，因此政府生态文明建设管理系统必须与国家的政治体制和治理机制相适应。其中关键是要与我国一党执政多党协商、人民代表大会制度和“一府两院”的政治体制相一致。同时，以政府首脑为核心的生态文明建设管理系统是最主要的生态文明建设政策的执行体系，即政府及其职能部门是具体的生态文明建设管理机构，对生态文明建设有着强劲的决策和执行权力。鉴于生态文明建设的全面性，政府所有行政部门都要对其所辖领域的生态文明建设给予相应的关注，在制定本部门政策及开展管理工作时都必须将生态文明建设因素纳入其中。也就是说，政府所有行政部门都拥有与其职责范围和职能权限相对应的生态文明建设管理权限。

三是为了确保生态文明建设政策制定的科学性和有效性，应该高度重视对生态文明建设政策制定的过程管理。生态文明建设政策制定过程的有序性，主要受行政程序法律法规的制约。有序管理的目的是防止政府和相关部门滥用职权，侵害公共利益或私人权利，也是为了充分发挥社会力量，通过充分酝酿和讨论以求最优政策方案；有序管理的具体表现在于：（1）制定生态文明建设相关政策必须经过一定的流程，至少包括生态文明建设政策的启动、相关问题的形成、审核并公布提案、广泛征求意见、起草和最后审核、公布并实施等阶段。（2）制定生态文明建设相关政策必须要有一定的时间，也就是说每个阶段所需时间都要有一定要求，为充分酝酿和广泛讨论留足时间，避免考虑不周仓促出台政策文件。当然，某项政策所需时间应根据生态文明建设政策的重要性和复杂性而定，一般而言，最短不得低于 18 个月，最长不应超过 48 个月。（3）制定生态文明建设相关政策必须引入公众参与机制，至少要通过各种方式向社会公众广而告之，开辟接受各方意见或建议的专用渠道，及时回答或回复社会公众的质疑、评论和修改后的意见。

2. 构建区域生态文明建设管理系统

生态文明建设管理系统具有很强的区域性，跨域治理和协同治理是其突出特点。所谓区域可以从地界、流域、气候、经济、人文和行政区划等不同角度去理解，其中行政区域是最重要的一种划分形式，包括省域、市域和县域等；所谓跨域就是跨两个或两个以上的区域尤其是行政区域。

跨域治理就通过协调共治、社区参与、公私合作和行政契约等方式，以解决由于跨域产生的权责模糊、管理空白和职责交叉等复杂性管理事务。跨域治理强调"跨域性"，至少涵盖组织结构上的跨部门和地理空间上的跨区域，表现在上下级和同级政府、政府与社会、政府与市场以及不同政策领域之间等。协同治理是生态文明建设管理系统的精髓。根据协同论，子系统自身存在无规则的独立运动，同时也会存在因受其他子系统的作用而形成的协同运动。在临界点前，其他子系统对该子系统的作用不足以约束系统的独立运动，系统整体呈无序状态；当达到临界点时，子系统的独立运动受到约束，各子系统间的关联占据主导地位，系统从无序变为有序状态，系统整体呈现协调运动状态。生态文明建设管理系统也要遵循这样的规律，尽管跨域协同、跨域治理的包容性很大，但其核心就是强调多样化的分层结构、多中心、多主体、协商性、分权化和公民参与。基于此，在区域层面上，应该构建项目委托和区域合作相结合的生态文明建设管理系统。

一是鉴于我国按照政治学行政区域概念实行行政管理的体制，为了保证全国生态文明建设的战略性、全局性和系统性，需要实施生态文明建设的项目委托制，也就是各行政区域尤其是各省份具体负责制定本区域生态文明建设实施规划，至少包括生态文明建设的目标、政策、标准、计划、项目安排和资金需求等内容，报经上一级生态文明建设管理部门审核批准后作为正式项目委托给地方，也就是把符合全国规划和布局的中央一级或上一级的生态文明建设职权随之下放，由各级地方生态文明建设推进部门具体承担并组织实施。

二是积极探索构建中央统一领导，强调以区域合作为主、地方管理为辅的区域生态文明建设管理系统。鉴于现行国家治理体系的垂直性和条块性，导致涉及生态文明建设的公共投资、国际条约谈判、可持续发展规划、生态科技、气象公布、森林防护、污水处理、面源污染、江河湖泊、土壤保护等多个方面分属各级政府的不同部门，造成生态文明建设及其管理的部门化和碎片化，难以形成跨域性的生态文明建设管理系统。为此，我们建议将全国 34 个省级行政区按照华东、华北、华中、华南、西南、西北和东北七个大区域或者按照珠江、长江、淮河、黄河、海河、辽河和松花江七大水系构建区域生态文明建设管理系统，强化区域间生态文明建设及其管理合作。

三是正确处理区域生态文明建设管理系统中的"府际关系"，降低"噪声"，尽量减少交易成本。所谓"府际关系"是政府之间在生态文明建设过程中产生的新型互动行为，是与不同层级政府的生态文明建设政策目标和职能转换紧密结合在一起的。具体包括：（1）中央与地方政府之间为推动生态文明建设而共同建立的一种全新的公共服务供给与输送系统管道，体现为区域生态文明建设管理系统中的以分权、独立和合作为特征的纵向关系，涉及中央和地方政府间的事权划分和对地方的政绩考核体系等许多方面；（2）地方各级政府之间为实现生态文明建设的共同治理，防止“负外部性”在不同区域间的“漂移”，以及滋生地方保护主义的“思想认识误区”而形成的综合协调机制，表现为区域生态文明建设管理系统中的以竞争、合作、共赢为主要特征的横向关系，涉及地方政府间的费用分担、损失补偿和利益共享等诸多方面。

3. 构建企业生态文明建设管理系统

生态文明建设的着力点在企业，因为生产领域是经济活动“负外部性”的主要策源地。抓住了企业，也就抓住了生态文明建设的“牛鼻子”。毫无疑问，企业生态文明建设管理系统是整个生态文明建设管理系统体系的基础或基石。当然，在企业边界越来越模糊的当下，我们讲“抓住企业”不仅仅指抓住企业这个法定组织本身，也不仅仅指企业产品生产本身，而且更加指向与企业密切相关的供应链或价值链，更加指向企业产品的全生命周期，甚至是企业主生态圈。

一是注重以延伸生产者责任理念为指导的绿色供应链网络体系建设。绿色供应链是推行生态文明建设管理系统的重要载体，其核心内容是使用绿色生产工艺、采购绿色原材物料、实施绿色产品认证、树立绿色企业形象，也就是把生态环境因素作为提高企业竞争力的关键因素，通过供应链上下游企业间的相互监督和利益激励，来履行企业生态文明建设责任。具体就是，通过供应商、生产商和销售商中的核心企业引领带动其他企业，并通过合作制约，实现供应链上所有企业的绿色设计、绿色生产、绿色销售、绿色消费、绿色物流和绿色回收。为达此目的，需要建立和完善以绿色采购、绿色制造、环境绩效等方面的标准规范机制，需要建立以财税政策、金融政策、价格政策为主要内容的环保激励机制，需要健全以信用评价制度、名单或黑名单制度等清单约束机制，同时需要提供法律、技术、交流、宣传、推广、平台等保障支撑。

二是注重以循环经济理念为指导的产品绿色或生态设计体系建设。传统上，产品绿色或生态设计与生态文明建设管理系统并没有实际联系，也就是说生态文明建设管理系统并不强调产品设计与开发。但是，在循环经济理念下，提供环境友好的产品，将生态环境问题与整个产品生产联系起来成为现代企业的重要使命。所谓循环经济本质上是一种使物质沿着“资源——产品——再生资源”的路径反复使用和永续循环而形成的反馈式或闭环式经济形式，遵循的操作原则是减量化、再循环和再利用。它要求把生态设计、资源综合利用、清洁生产和可持续消费融为一体。其中，生态设计就是企业在进行产品设计和开发时，要将生态环境因素融入到产品设计与开发之中，以期改善产品在整个生命周期内的生态环境性能，借以从源头上降低环境影响和预防环境污染。产品绿色或生态设计是产品绿色化或生态化最关键、最上游的一环，唯有实现了产品的绿色或生态设计，才有可能实现资源的综合有效利用，进而实现清洁生产、绿色消费和产业生态化。

4.3　生态文明建设管理系统审计的理论探讨

4.3.1　生态文明建设管理系统审计的目标要求

生态文明建设管理系统审计是生态文明审计服务生态文明建设的基础性工作和重要内容，是指审计机关或组织通过客观地获取和评价审计证据，以判断一个组织的生态文明建设管理系统是否符合该组织或相关标准制定者所规定的生态文明建设管理系统审核标准或准则的一个系统化、文本化和报告化的核查和评估过程。通过生态文明建设管理系统审计可以促进生态文明建设管理系统的规范操作，提高生态文明意识的整体水平，推进生态文明建设管理系统的普及发展，强化生态风险预警和管控能力，保护组织免受环境负债的侵扰和威胁，构造自然资源和生态环境最优化的使用基础。

生态文明建设管理系统审计的总体目标是为了全面核查、鉴证和认证生态文明建设管理系统的内容完整性、组构科学性和运行有效性，借以指导生态文明建设管理系统的发展方向，推动生态文明建设管理系统的推广实施，确保生态文明建设管理系统的健全性、适应性和有效性。尤其是要监督和评价生态文明建设管理系统的效率性、成本效益性、公平性、激励度、可执行性和与道德规范的一致程度等。

第一，生态文明建设管理系统的效率性是针对全社会而言的，是指如果生态文明建设管理系统运行使得全社会的生态环境净收益达到最大化，那么就说明它是有效率的。也就是说，一个有效率的生态文明建设管理系统，其边际治理成本至少应该达到或接近其边际生态环境损害。

第二，当生态环境损害无法准确测量时，成本效益性是评价生态文明建设管理系统是否有效的一项主要标准。生态文明建设管理系统的成本效益性是指如果生态文明建设管理系统能够在投入资源一定的情况下，最大限度地推进生态文明建设、改善生态环境治理，或者说，在预定目标一定的情况下，能够耗费最少的资源，那么就说明它是成本有效的。

第三，生态文明建设管理系统的公平性是一个道德问题，关注的是如何在社会成员之间分配为推进生态文明建设而实施生态文明建设管理系统所产生的成本与收益。如果社会各界普遍认为生态文明建设管理系统有失公平，那么他们就不会尽心尽力地去支持和参与，生态文明建设也就失去了群众基础和社会支持，就不可能全面、持续、有效地开展下去。近年来，全球日益高涨的环境正义运动，实际上就是人们关注生态文明建设管理系统是否公平的一种外在表现。

第四，生态文明建设管理系统的激励度是指生态文明建设管理系统的实施对企业、个人或其他组织产生强烈激励的程度，也就是说，能否激励他们去积极寻求生态文明建设新途径和新方法。其中，最为重要的一点是能否对环境技术创新和生态产业发展发挥强烈的激励作用。

第五，生态文明建设管理系统的可执行性，在微观层面上，就是其可操作性。生态文明建设管理系统的执行需要投入时间、精力和资源，由于受公共预算的限制，必须与政府的其他公共职能相协调。如果依赖的技术和成本过高，无论生态文明建设管理系统多么科学、多么公平、多么有效，都不会带来实质性的效果，甚至都没有任何的意义。一项并不十分完美，但却比较容易执行的生态文明建设管理系统，有时也许是一种更好的选择。

第六，生态文明建设管理系统应该符合道德规范。道德的范畴不只是涉及税收、补贴等的分配问题，更多的是指人类对是与非的直观感觉，是人的世界观、价值观和人生观的集中体现。在进行生态文明建设管理系统审计时，理所当然应该权衡道德因素。

除了总体目标以外，生态文明建设管理系统审计的具体目标至少包括：（1）对照生态文明建设管理系统的审核标准，评价被审计单位生态文明建设管理系统的符合性；（2）评价被审计单位生态文明建设管理系统的实施情况，并检测其有效性；（3）发现被审计单位生态文明建设管理系统存在的主要问题以及可以进一步改进的领域；（4）评价被审计单位内部组织结构及制度对生态文明建设管理系统的适用性和有效性；（5）对与被审计单位存在或将要建立合同关系组织的生态文明建设管理系统进行延伸评价。

4.3.2 生态文明建设管理系统审计组织与对象

生态文明建设管理系统审计组织，从大处讲，就是目前国家实施的整个审计组织体系，包括政府审计机关、社会审计组织和内部审计机构；从小处讲，就是各类审计组织为完成具体的生态文明建设管理系统审计任务，也就是审计主题，而成立的审计小组及其配备的专门审计人员。鉴于生态文明建设管理系统的复杂性、开放性和知识交叉性，审计人员的配备要充分考虑专业背景和实操技能，在必要的时候可以借用专家或专家团队力量，甚至是购买第三方社会服务。

生态文明建设管理系统审计对象就是审计监督和评价的客体，至少包括审计内容和审计范围两个方面。前者是指被审计单位生态文明建设管理系统，后者是前者的延伸或具体化，具体应该根据审计目的和要求由审计小组与被审计单位共同商定。在确定生态文明建设管理系统审计范围时，应该着重考虑以下几个方面：

第一，被审计单位是否是一个相对独立的组织或组织单元。生态文明建设管理系统无疑是某个组织或单位为推动生态文明建设而建立的管理系统，其建立是一个系统工程、需要顶层设计、统筹谋划、反复试验。如果该组织或单位不具有自身职能，在人、财、物等各种资源配置使用上没有相对独立的自主权，也就是如果不能相对独立于其他组织或其他部门，就很难自主建立或接纳生态文明建设管理系统，也就是很难被纳入生态文明建设管理系统审计的范围。其独立性评估可以从管理者能否：（1）承担审计范围内生态文明建设及其影响的全部责任；（2）配置审计范围内建立和实施生态文明建设管理系统所需要的各种资源；（3）对生态文明建设的投入产出，也就是成本、风险和绩效三个方面负责。

第二，与被审计单位相关的生态文明建设内容是否具有相对独立性。只有与某一组织或单位密切相关的生态文明建设内容，才能纳入该组织或单位生态文明建设管理系统的范畴。尤其是不具有独立法人资格的组织分部被列入审计范围时，更要考虑这种独立性，考虑分部现场和其他现场在生态文明建设问题上是否是相对独立的，有没有相互勾连和相互作用。一个非独立的但是与生态文明建设存在相互作用的组织分部或分部现场，一般不能成为独立的生态文明建设管理系统，也就是不能被确定为生态文明建设管理系统审计的完整审计范围。

第三，被审计单位在地理空间和环境上是否具有相对独立性。生态文明建设与地理位置、地理空间和地理环境密切相关，离开了特定的地理因素，生态文明建设管理系统就很难相对独立的建立。尽管在现代信息技术条件下，距离上的困难有所克服，但并没有从根本上解决。反过来说，在地理上难以区分开来的组织分部，也不易单独建立和实施生态文明建设管理系统，当然也就不能纳入该组织或单位的生态文明建设管理系统审计范围。

4.3.3　生态文明建设管理系统审计原则和依据

生态文明建设管理系统审计既要遵循审计工作的一般原则，也要体现系统审计的特殊要求。具体应该遵循以下几项基本原则：

第一，独立性原则。这是保障审计工作权威有效进行的基本或必要条件。审计组织和审计人员在形式上和实质上没有独立性，就很难保证审核的客观性，即审计人员在审核生态文明建设管理系统全过程中，就很难保持客观、不存偏见和无利益冲突。

第二，客观性原则。主观性和客观性是孪生的。生态文明建设管理系统审计是很难根除主观性的。为了尽量避免审计工作的主观性，我们需要特别强调客观性，也就是有关审计证据获取的客观性、审计证据评价的客观性和审计结果形成的客观性。其中，强化科学有效的审计程序，在一定程度上有助于提升生态文明建设管理系统审计的客观性。

第三，中立性原则。是指不偏不倚、不受任何利益驱使地开展生态文明建设管理系统审计工作。唯有坚持独立性，才有可能保持中立性。独立性是中立性的基本前提，中立性是独立性的具体体现。

第四，专业性原则。生态文明建设管理系统审计工作是一种专业性很强的审计工作，对相关专业知识和专业技能的要求非常高。因此，审计小组应该由专业人士构成，即使购买第三方社会服务，也主要是购买专业团队或专家人士的专业技术服务。

第五，权威性原则。生态文明建设管理系统审计的权威性一方面来自其独立性，也就是审计小组及其人员应以独立身份，在恪守客观、中立原则基础上，依据相关法律，按照相关程序，对被审计单位生态文明建设管理系统进行审计；另一方面来自其专业性，也就是审计小组及其人员应具备从事生态文明建设管理系统审计工作的专门知识、技能和经验。

第六，持续性原则。生态文明建设管理系统是为推进生态文明建设而提供的一个结构化过程，开展生态文明建设管理系统审计的目的就在于寻求对其持续改进的可能性，因此，生态文明建设管理系统审计应该保持连续性，也就是要开展定期审计。唯有如此，才能不断发现问题，进行持续改进。

除了遵循上述原则，生态文明建设管理系统审计还应有明确的依据。这些依据一般来说应包括法律、法规、准则和程序。

第一，被审计单位适应的生态文明建设法律、法规和政策要求。生态文明建设管理系统特别强调组织或单位对生态文明建设法律、法规遵守的承诺，审计的目的就是要审核相关组织或单位是否遵守了这些承诺，这是生态文明建设管理系统审计的题中之意。

第二，与生态文明建设管理系统建设有关的规范性标准。这些标准可以是成文的、通用的，也可以是各组织或各单位结合自身生态文明建设特点而自行制定的。

第三，已经制定或公布的生态文明建设管理手册或程序文件。这些管理手册或程序文件，一般是各组织或各单位根据相关法律、法规制定的内部生态文明建设及其管理办法。

4.3.4　生态文明建设管理系统审计程序和流程

生态文明建设管理系统审计的一般程序可以概括为计划、实施、跟踪报告和跟踪观察等几个环节，具体程序内容如图 4－2 所示。

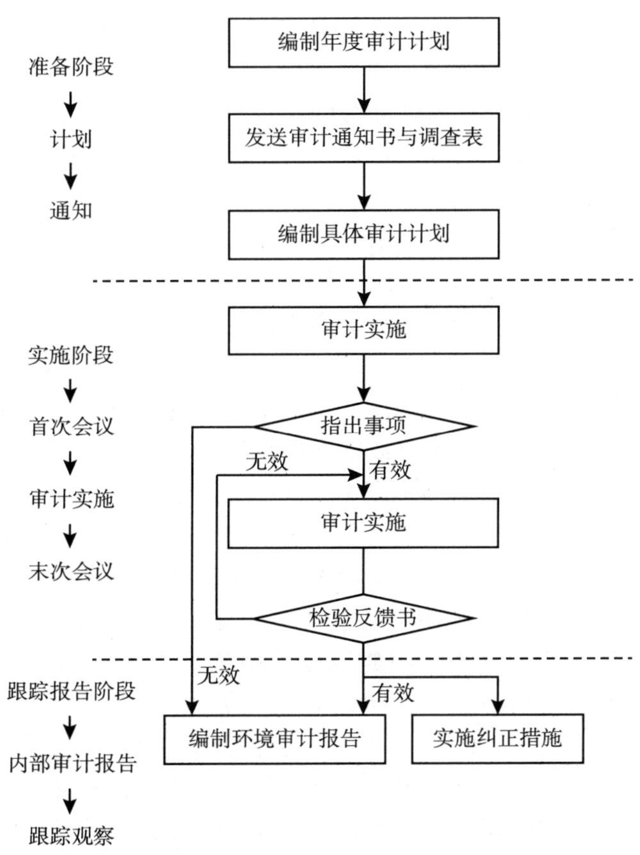

图 4－2　生态文明建设管理系统审计的一般程序

1. 生态文明建设管理系统审计的准备阶段

首先要调研与沟通，也就是在充分调研与被审计单位沟通的基础上，根据生态文明审计工作计划，编制生态文明建设管理系统审计计划。在调研和沟通时，应重点关注：（1）被审计单位是否制定了设置生态文明建设管理系统的相关制度；（2）被审计单位是否设置了健全的生态文明建设管理系统；（3）被审计单位是否有效地运行了生态文明建设管理系统；（4）被审计单位设置与运行生态文明建设管理系统遇到哪些主要障碍和困难；（5）有何具体的改进思路、建议和措施。

其次要编制计划与方案，也就是根据被审计单位生态文明建设管理系统的健全性和有效性，以问题导向与目标导向相结合的原则，编制生态文明建设管理系统审计工作计划和实施方案，合理配置审计资源，充分整合审计力量，尤其要明确审计标准，构建有针对性的审计评价指标体系。

2. 生态文明建设管理系统审计的实施阶段

第一，要召开动员协调会议，也就是在进场审计之前，通过会议形式简单介绍审计小组人员构成情况，重申生态文明建设管理系统审计目的、标准、规范、流程及时间和进度安排，明确每个审计人员的工作范围和职责，动员相关部门支持、配合并解答相关问题。

第二，要收集情况和证据，也就是通过查阅资料、实地调查、面对面访谈、接受来信来访等方式，了解被审计单位生态文明建设管理系统的建设和运行情况，收集合理、合法、合情的可靠证据，着重掌握生态文明建设管理系统中的相关制度是否规范、组织架构是否健全、环境方针是否执行、管理控制过程是否完整、担当责任是否落实等详细情况。

第三，要商定结果和建议，也就是通过协商、沟通、商量、汇报等形式，商定审计结果，提出审计建议。对在生态文明建设管理系统审计过程中发现的与政策、法规、方针不符或存在冲突的事项，要根据重要程度和容忍误差分别重大、轻微和有待观察等情况予以处理。其中，所谓重大不符事项，是指被审计单位的生态文明建设管理系统形同虚设，未能发挥有效的实质性作用；所谓轻微不符事项，是指被审计单位的生态文明建设管理系统发挥了一定作用，但是仍然存在结构上或者功能上的问题；所谓有待观察事项，是指被审计单位的生态文明建设管理系统发挥了较大作用，但存在瑕疵，长期看可能会出现问题，影响功能作用的进一步发挥。

第四，要情况反馈与沟通，也就是通过现场或通讯会议等形式，将审计的初步决定和建议，与被审计单位主要负责人和其他相关责任人进行全面反馈和充分沟通，听取被审计单位的解释和补充，必要时可以采信或修改审计结果和建议，最终形成生态文明建设管理系统的审计意见或审计决定和建议。

第五，要建议整改与回馈，也就是通过编制和检验反馈意见书等方式，督促和跟踪被审计单位对生态文明建设管理系统存在的主要问题及时加以整改，判断整改措施是否真正提高了生态文明建设管理系统的健全性、适应性和有效性。如果整改不到位，措施不力，效果不明显，就需要退回重改，或者在审计报告中予以揭示。

3. 生态文明建设管理系统审计的报告与跟踪阶段

根据生态文明建设管理系统审计的工作计划、实施过程和审计结论与建议，编制规范的审计报告。至少要包括：（1）能够反映生态文明建设管理系统审计执行依据、执行标准、执行时间和执行人员等情况的基本信息；（2）能够说明被审计单位生态文明建设管理系统的构建、运行和效果等情况的主要信息；（3）能够表明被审计单位生态文明建设管理系统整改回馈情况的辅助信息；（4）审计结论和改进建议。同时，生态文明建设管理系统审计报告应通过一定方式向社会公开，接受相关利益者的质疑和监督，审计机关或部门应及时跟踪观察，了解和掌握相关舆情动向，并就具体情况及时跟进反映。

4. 需要特别说明的三个问题

具体到不同层次或层面、不同组织或单位，生态文明建设管理系统审计的具体程序和业务流程又各有侧重、有所差异。

一是在国家或区域层面上生态文明建设管理系统审计主要侧重生态文明建设管理系统的组织架构、规划计划、决策政策、方案项目和信息披露等内容的政策执行审计。目前来看，重点应该关注：（1）生态文明建设管理系统各子系统的协调统一问题，尤其是各子系统评价指标的趋同性和实操性问题。因为，生态文明是人与自然和谐共生的一种动态平衡状态，它强调资源节约、环境友好、经济发展、社会和谐、制度保障等各个子系统的互动、协调和均衡发展。（2）生态文明建设管理系统的区域或流域差异问题。因为，不同区域或流域的自然地理、资源禀赋、经济基础和社会文化背景千差万别、各不相同。以胡焕庸东西分界线为例：东部人口众多、工业发达、城镇化程度高、土地肥沃、气候温润、水资源相对丰富；西部人口稀少、工业化和城镇化程度低、土地贫瘠、气候干燥、水资源相对匮乏，生态脆弱。区域或流域差异的存在，必然导致不同区域或流域间生态文明建设内容有所不同，生态文明建设管理系统审计评价标准自然有所区别。（3）生态文明建设管理系统评价指标的标准选择问题，尽管国家标准委印发的《生态文明建设标准体系发展行动指南（2018—2020 年）》从空间布局、生态经济、生态环境和生态文化四个维度，分陆地空间布局、海洋空间布局、生态人居、生态基地设施、能源资源节约与利用、生态农业、绿色工业、生态服务业、环境质量、污染防治、生态保护修复、应对气候变化、绿色消费、绿色出行和生态文化教育 15 个方面设置了生态文明建设标准体系，但是并没有明确什么样的状态是最理想的生态文明状态以及每一个子系统具体指标的最理想取值标准，在实践中往往导致生态文明建设中环境审计无标可依、无据可凭。

二是在企业或单位层面上生态文明建设管理系统审计主要侧重生态文明建设管理系统的组织、计划、职责、程序、执行、检查、行动、信息披露、资源储备和政策保持等内容的系统性审计。如果由企业或单位内部审计部门和人员来实施，一般应该采用了解生态文明建设管理系统、评估管理系统的优缺点、收集相关证据、评价审计发现、准备审计结论和报告审计结果等步骤和流程；如果由独立认证机构或第三方来实施，则主要侧重审查和评价企业生态文明建设管理系统是否符合相关标准和规定，企业是否遵守本国或本地区与生态文明建设有关的法律要求，企业生态文明建设绩效是否不断提升，有关声明或信息所涉及的生态文明建设相关数据和资料是否准确、可靠。

三是在产品或业务层面上生态文明建设管理系统审计主要侧重生态文明建设管理系统中的产品环境标志、生命周期和生态环境因素等内容的规范性审计。目前来看，应该重点开展对产品设计生态化审计：（1）审查产品设计计划的生态化，即要对产品的生态环境影响和现有的生态设计管理制度和框架进行分析，着重考虑生态环境和生态文明建设法律法规要求、全生命周期的生态环境影响和其他利益相关者的诉求，目的在于寻找企业和产品需要生态改进的环节；（2）审查产品设计执行的生态化，也就是产品开发研发过程的生态化，即要对投入资源、技术手段、实施方案、R&D 项目等的绿色化、生态化程度进行分析，目的在于识别与操作层目标相吻合的改进机会；（3）审查产品设计改进的生态化，也就是评价企业是否通过检查、行动和持续性改进等措施来确保产品设计与生态环境愿景和生态文明建设要求达成一致。

4.3.5 生态文明建设管理系统审计主体与方法

1. 政府生态文明建设管理系统审计主体与方法

针对政府生态文明建设管理系统审计，应该由国家审计机关及其派出机构来组织实施。国家审计机关作为我国专门的经济监督部门，应该肩负着监督和评价整个国家层面政府生态文明建设管理系统中制度体系的完备性、协调性和可操作性的责任和义务。在现行三大审计类型中，唯有国家审计具备政治、经济、社会、文化等多重属性，可以通过对各级政府、生态功能区的生态文明审计来统领宏观审计全局。

实现政府生态文明建设管理系统审计效果取决于制度、技术与人才三大关键因素。其中，制度是前提，目前尽管战略层面的生态文明建设管理系统的制度体系已经初步形成，但是法律和组织内部相关制度体系尚需进一步健全和完善；技术是关键，生态计量技术、生态风险评估与应对技术、生态绩效评价技术等生态文明建设管理技术亟待开发和应用；人才是根本，生态文明建设中的审计人才匮乏是不争的事实，在加速改造和提升现有国家审计人员知识结构和能力素养的同时，要加大吸引非财务背景人才进入国家审计系统的力度。

政府生态文明建设管理系统审计一般采用数据收集和数据结果及分析等两类方法。前者主要包括口头数据（访谈、调查）、视觉数据（实地考察观察）、文本数据（文件审查、统计）等；后者主要包括生命周期评估、成本效益分析、回归分析等。国家审计部门应该根据被审计事项所需的信息类型选择合适的审计方法。其中最具代表性的是问卷调查法和专家咨询法。

2. 区域生态文明建设管理系统审计主体与方法

针对区域（包括流域，下同）生态文明建设管理系统审计，应该由国家审计机关独立或者通过购买第三方社会服务方式来完成，也就是对某个区域生态文明建设管理系统进行整体审计，并对重要的审计内容与方式方法达成一致。具体来说，对共享生态环境资源或具有共同关注环境问题的地区，审计机关应建立日常的沟通机制，就环境变化、合作审计、审计整改等问题进行交流。区域生态文明建设管理系统审计的重点在于整体性与一致性，难点在于跨区域性与协同性。当然，由于不同地区生态文明建设标准可能存在差异，因此在实施生态文明建设管理系统审计时，允许求大同存小异。

区域生态文明建设管理系统审计涉及环境容量、环境成本和环境管理等内容，但主要是指对生态文明建设管理政策制定、执行和监管，即对生态文明建设决策责任、执行责任和监管责任的审计。其中，政策制定责任、项目投资责任、资金管理责任和环境监管责任等相关责任界定是关键。

具体就是，决策责任审计应重点审查区域内政府部门制定的生态环境保护和生态文明建设政策是否符合国家法律法规要求；生态文明建设规划或方案是否切实可行、满足国家可持续发展战略要求、顺应我国承担的国际环保义务，并与本地区自然、生态、经济和社会发展相适应。执行责任审计应重点审查生态环境保护和生态文明建设资金的筹集、管理、分配和使用的真实性与合法性，通过评价指标分析资金的效益性、效率性和效果性，并及时评价相关责任的履行情况，必要时实施问责和追责。监管责任审计应重点审查与生态文明建设有关的行政管理部门组织设置的科学性和有效性、职责分工的合理性和适应性以及履职尽责情况；生态文明建设管理手段是否先进、行为是否规范、措施是否有效。

区域生态文明建设管理系统审计应该利用“大数据、智能技术、移动互联网、云计算”等现代信息技术，构建与财务审计系统、环境决策系统、专家咨询系统、环境执行系统等相互衔接的全覆盖审计与监督系统；应该采用在线监测法、机会成本法、资产价值法、人力成本法和风险分析法，审计区域生态文明建设管理机构的决策责任、执行责任和监管责任，评价在打破环境行政区划管理局限，摆脱地方政府利益束缚，实现生态环境综合整治方面的业绩。

其中，在线监测就是将卫星遥感数据接收系统、GPS 全球定位系统、空气监测系统、排污监测系统、GIS 地理信息系统等综合应用于生态文明建设管理系统，实行线上线下、动态实时监测；机会成本法就是根据“选择后放弃的最大收益”原理，确认水资源短缺、废弃物占地等原因所造成的经济损失；资产价值法就是根据资产的重置成本或市场价值，确认森林、草地等绿色效益的价值；人力资本法就是根据劳动力资本确认造成重大人身危害的重大污染事件所造成的经济损失；风险分析法就是根据风险原理确认部分项目对生态环境的长期影响。

3. 企业生态文明建设管理系统审计主体与方法

企业生态文明建设管理系统是帮助企业如何有效地管理生态文明建设问题，提高企业生态文明建设管理水平的重要制度安排。其基本内容包括为了开发、实施、实现、评价和维护企业生态文明建设方针的组织结构、规划、策略、活动、责任、程序、过程和资源等。国有的和国有资产占主导或控制地位的企业生态文明建设管理系统审计可以视为国家审计职能的必要延伸，当然如果社会审计关注了生态文明建设管理系统问题，也可以作为年度综合审计的一部分，或者是企业内部审计的分内之事。

企业生态文明建设管理系统审计的主要内容应该包括：企业生态文明建设方针、规划、方案、资源要素、愿景和目标及指南、管理方案、实施运行、机构与职责、培训意识及能力、信息交流、管理系统文件、文件及运行控制、应急准备、检查及纠正措施、检测与测量、偏差与预防、记录与审核、管理评估等。

4. 两个需要特别说明的问题

一是在开展生态文明建设管理系统审计时，可以采用审计设计矩阵（Audit Design Matrix，ADM）这一常用审计工具。也就是按照审计主题，将审计流程中的各种要素总结绘制成矩阵表格形式。以“保护地下水”这一审计主题具体说明如表 4-2 所示。

表 4-2　审计设计矩阵（以保护地下水审计为例）

审计主题：保护地下水免受农业污染			
审计目标：评估保护地下水免受农业扩散污染的有效性			
审计问题 1：地下水质量是否随着时间的推移而改善？			
子问题	标准	方法（包括信息来源）	结果
1. 是否定期监测地下水质量？	标准规定：至少在 D 年内监测 C% 井中的地下水	审查监测数据	仅 Z 地区定期进行水质监测

续表

子问题	标准	方法（包括信息来源）	结果
2. 水的质量是否保持？	水质符合良好水质状况的指标	监测数据分析	所有水井的水质都不符合质量标准。在 Y% 的井中已出现水质恶化情况
审计问题 2：政府是否提出了防止污染扩散的要求？			
1. 有关法律是否规范了弥漫性污染？	有关法律包括了防止所有家庭污染的规定	法律分析	该法律仅对防止城市水污染做出规定，并未对防止所有家庭水污染做出规定
2. 河长制或流域管理计划是否包括减少弥漫性污染的目标？	目标是减少有关法律中规定的扩散污染	法律分析	有关法律概述了主要的弥漫性污染源的目标，但目标设定期限过长
3. 是否有限制化肥、农药使用的法律法规？	立法，包括使用农药和化肥的法规	法律分析	农民有一个良好的实践指南
审计问题 3：保护地下水的规定是否得到执行？			
1. 政府是否知道主要污染源？	在清单中分析污染源；生态环境部门正在定期监测污染水平并找到污染源	审查有关法规及其规划文件；采访有关负责人和生态环境部门	在其成员从报纸等途径获得此类信息之前，生态环境部门尚不了解最近在媒体上讨论过的一些污染问题
2. 农民是否遵循良好做法准则？	90% 的农民遵循良好实践准则	在线调查，并选取 10 名农民进行现场访谈	一些农民遵循指南；实践程度不同

二是在企业生态文明建设管理系统审计中，除了审查企业对生态文明建设相关法律法规及政策的执行情况外，还应重点审查企业是如何实现产品设计、生产、销售和收回等全生命周期生态化的。其中，如何实现产品设计生态化，即如何实现产品设计与企业生态文明建设战略的紧密融合是关键中的关键。

产品设计生态化就是要把生态文明建设融入企业的发展战略，促进生态环境部门与其他部门以及上下游企业之间的合作。也就是：（1）通过对生态环境产品方针的定义把提高产品生态效率和效益上升到企业战略高度；（2）评估产品生命周期内的生态环境绩效和生态文明绩效；（3）建立产品设计研发的生态环境和生态文明标准；（4）实现上下游企业的价值链和一体化合作。在实施审计时，应该重点关注：（1）产品的生态文明建设定义是否充分考虑了相关法律法规、全生命周期生态文明建设评估和利益相关者的要求；（2）产品开发设计和生产是否执行了生态文明建设项目方案和行动计划，还存在哪些问题以及需要如何改进；（3）针对产品审计和评估结果、环境变化等提出的对方针、目标和面向产品的生态文明建设管理系统可能需要的改进。概而言之，就是根据企业生态文明建设管理系统审计和产品环境评估的结果以及对提高产品生态环境绩效措施的认可，指出企业生态文明建设方针、目标、项目、途径、方式、方法等方面可能存在需要持续改进的关键因素。

4.3.6 生态文明建设管理系统审计总体框架体系

综上所述，生态文明建设管理系统审计的总体框架体系可以概括如图4－3所示。

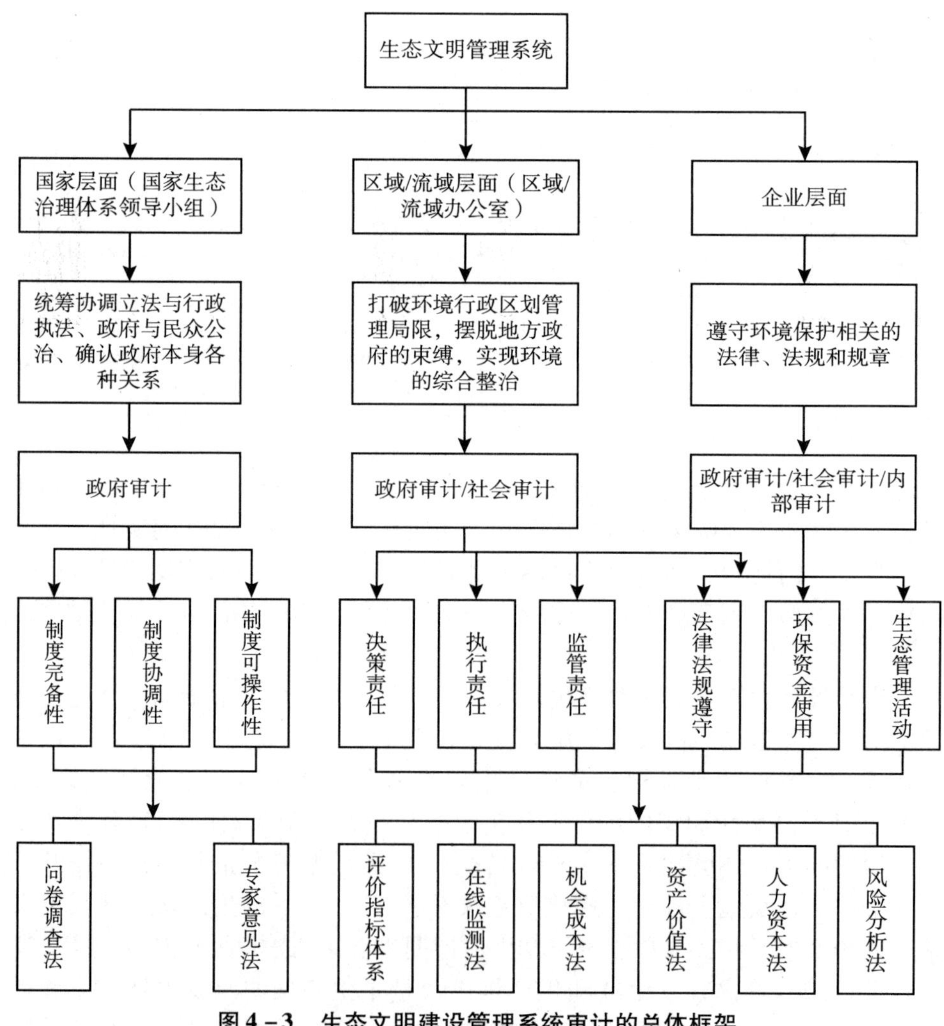

图4－3 生态文明建设管理系统审计的总体框架

第5章

生态文明建设制度体系审计研究

5.1 生态文明建设制度体系的基本内涵

5.1.1 生态文明建设制度体系的蕴含要义

生态文明建设制度是生态文明建设的总体架构和规制基础。何谓制度，见仁见智。视其为“自然习俗”者有之；视其为“集体控制个人行为”者有之；视其为“构建人类相互行为的人为设定的约束”者亦有之。但是，归根结底，制度就是规程、就是准则、就是规矩，也就是社会（团队）成员或利益相关者共同遵守的工作规程、行为准则和行事规矩。

制度是“为决定人们的相互关系而人为设定的一些制约”[233]，是一系列规则、规范等要素构成的体系[234]，一般可分为制度安排和制度环境两个层次[235]。很显然，制度是一个整合性、整体性的概念，是一种关联性和体系性的存在。制度体系是整个社会或某一领域或某个组织的各种内部制度相互联系、相互依存、相互作用而形成的有机综合体。由于制度内容是丰富的、制度形式是多样的、制度形成是复杂的，所以制度体系注定是多维度的、多层次的、多类型的和多方式的。

在现代文明社会，广义上，制度最主要的表现形式是法律、契约和道德。法律不仅是国家的治理工具，而且也是全民的法律信仰；契约不仅是当事人的约定文书，而且也是法律保护或救济的一系列诺言；道德不仅是文明社会的一种意识和规范，而且也是作为文明社会的人的一种品格、品德和品行。可以这样讲，法治思维、契约精神、道德修养是维系现代文明社会健康永续发展的三大支柱和基石。习惯上，人们把法律、契约层面的制度称之为硬制度，也就是正式制度，具有权威性、强制性和他律性；把道德、伦理层面的制度称之为软制度，也就是非正式制度，具有习俗性、自愿性和自律性。

生态文明建设制度是为实现生态文明建设目标，规范和约束生态文明建设责任主体的行为准则和办事规矩。在我国，生态文明建设制度的表现形式多种多样、丰富多彩，既包括党的有关生态文明建设的各种政策文件，如决议、决定、条例、通知、宣言、声明等，也包括全国人大及其常务委员会制定的宪法、法律和国务院及其职能部门发布的法规、条例、命令和规章等。当然也包括党和国家领导人针对生态文明建设所发表的讲话、报告及所作出的批示、指示等。

生态文明建设制度体系是指一切有利于促进、规范和保障生态文明建设行为的各种制度、机制、规则和政策所构成的有机联系的统一整体。一个完整的生态文明建设制度体系至少应包括生态文明建设的制度目标、制度规范、制度执行和制度考核等要素，至少涉及生态文明建设的经济制度、政治制度、法律制度、社会制度和文化制度等内容。具体可以从以下几个方面理解：

第一，生态文明建设制度体系是以保护生态环境、促进生态文明、建设美丽中国为主要内容和目标的有机整体。这里的生态环境是一个复合型概念，既有“环境”之意，也有“生态”之意，既强调自然生态环境，也突出人造生态环境。也就是现代意义上的生态环境，既强调人类赖以生存与发展的地理环境（包括自然地理环境和人文地理环境），也强调人与自然或自然界（主要是生物）的相互作用，更强调“人或人类社会与其周围之自然环境要素及人文环境要素组成的互动性复合型环境”[236]。这就是说，保护生态环境不单是“治理大气、水、土壤、生物所受到的污染和破坏”[237]，而且更要承认自然价值和生态价值，承认人与自然要素的对等地位，致力于生态系统以及包括人与自然关系在内的生态关系的维护、修复和发展。

这里的生态文明，从理论上讲，指的是人与自然、人与人、人与社会关系的文明，强调“人与自然是和谐共生的”“人与自然是生命共同体”；从实践上看，应突出经济建设、政治建设、文化建设和社会建设的生态化，侧重“推进绿色发展”“着力解决突出环境问题”“加大生态系统保护力度”和“改革生态环境监管体制”。

这里的建设美丽中国，就是要“从源头上扭转生态环境恶化趋势，为人民创造良好生产生活环境”“实现中华民族永续发展”“为全球生态安全作出贡献”。具体进路就是：把生态文明建设放在突出位置，融入经济建设、政治建设、文化建设、社会建设各方面和全过程，在坚持节约优先、保护优先、自然恢复为主的基础上，实现经济社会的绿色发展、循环发展、低碳发展，进而形成节约资源和保护环境的空间格局、产业结构、生产方式和生活方式。

综上所述，凡是涉及环境、资源、生态、文化等的修复和保护以及促进人与自然、人与人、人与社会和谐共生和健康发展的行为规范，都应属于生态文明建设制度体系的范畴，都是其有机构成部分。也就是说，生态文明建设制度体系是宏大的、宽泛的、多维的、多元和复杂的，涉及经济社会的各个领域和人类社会的方方面面。

第二，生态文明建设制度体系是由不同内容、不同层次、不同类型的行为准则和行为规范所构成的规范体系。任何制度体系都是由一定相互联系的制度规范构成的。换句话说，没有制度规范也就没有制度体系。所谓规范，就是人们行为的标准或尺度，它是人们创造的、是有标准理由支持的，既是一种行为标准、也是一种评价标准[238]。而规范是涉及不同内容的，是有层次的，是有若干分类和类型的。

有鉴于此，这里的不同内容主要是指与生态文明建设密切相关的经济制度、政治制度、法律制度和文化制度等，其中最为核心的内容是以政府为主体的监管制度，以碳排放权交易为代表的市场制度，以责任追究、损害赔偿和生态补偿为主要内容的救济制度，以社会公众为主体的参与制度和以国际监督或博弈为对象的应对制度。

这里的不同层次主要是指以宪法为总纲，以法律和法规为主干，以政策和准则为补充，与生态文明建设紧密相关的不同制度规范。

这里的不同分类和类型主要是指涉及源头保护、环境治理、生态修复、损害赔偿、责任追究等生态文明建设各领域和各环节的各种制度。

第三，生态文明建设制度体系是符合门类齐全、结构严谨、内部协调、体例规范等制度理想要求的科学体系。这里的门类齐全，一是指生态文明建设要实现制度“全覆盖”，不能仅局限于一隅，不能存在制度盲区；二是指生态文明建设制度类型要齐备，要符合中国法律制度的概念体系、话语体系和逻辑体系，要适应中国法律制度环境。

这里的结构严谨主要是指生态文明建设制度体系，不仅要有一个严密科学的总体架构，而且在涉及生态文明建设各领域、各方面、各环节的行为规范内部也要有一个严密科学的法理结构。

这里的内部协调主要是指生态文明建设制度体系要前后一致、逻辑一贯、协调统一。尤其是各种纪律和政策要与法律、法规相互衔接，程序性与实体性、强制性与自愿性等规则要相互协调。

这里的体例规范主要是指生态文明建设制度及其体系格式要规范、内容要完整、组件要齐全。一句话，要符合制度撰写的基本规范和一般要求。

第四，生态文明建设制度体系是一个开放的、动态的、主客观法则相统一的有机体。奉行制度体系的封闭或开放姿态，对生态文明建设制度的体系思维范围及体系解释方法运用影响极大。单在封闭制度体系内依规依据办事，不仅会带来既有规则与新生事物规则诉求的冲突，而且会产生制度体系与社会现实的隔阂。生态文明建设酝酿、起步、推进和深入的阶段性和发展性，决定了生态文明建设制度体系必定是一个开放的系统，具有扩张性和动态性。

生态文明建设制度体系是生态文明建设过程中各种关系的客观反映，但是，它又离不开人们的主观意志、意识形态和文化习俗的作用。也就是说，生态文明建设制度体系本质上是客观法则与主观属性的辩证统一。一方面要适应生态文明建设的总体状况和一般要求；另一方面要随着生态文明建设的逐步深入而不断完善、创新和发展，尤其在生态文明体制改革和生态文明建设全面展开和深入推行的关键时期。

5.1.2　生态文明建设制度体系的现状及探索

生态文明建设制度体系可以追溯到 1973 年国务院在首次召开的全国环境工作会议上作出的《关于保护和改善环境的若干规定（试行草案）》和 1978 年公布的《宪法》第十一条明确规定的“国家保护环境和自然资源，防治污染和其他公害”以及 1979 年颁布的《环境保护法（试行）》。但是，真正把生态文明建设制度体系提上议事日程并上升到国家战略则是在 2012 年党的十八大召开以后。党的十八届三中全会通过的《中共中央关于全面深化改革若干重大问题的决定》中明确要求：“必须建立系统完整的生态文明制度体系”；党的十八届四中全会通过的《中共中央关于全面推进依法治国若干重大问题的决定》中提出：“要加强生态文明领域的重点立法，坚持用严格的法律制度保护生态环境”。2015 年以后又陆续发布了《关于加快推进生态文明建设的意见》《生态文明体制改革总体方案》及《环境保护督察方案（试行）》《生态环境监测网络建设方案》《开展领导干部自然资源资产离任审计试点方案》《领导干部自然资源资产离任审计规定（试行）》《党政领导干部生态环境损害责任追究办法（试行）》《编制自然资源资产负债表试点方案》《生态环境损害赔偿制度改革试点方案》等若干配套改革制度、方案或办法。

其中，《生态文明体制改革总体方案》是生态文明建设制度体系中的纲领性的制度安排。它明确要求：到 2020 年，要构建起由自然资源资产产权制度、国土空间开发保护制度、空间规划体系、资源总量管理和全面节约制度、资源有偿使用和生态补偿制度、环境治理体系、环境治理和生态保护市场体系、绩效评价考核和责任追究制度等八项制度和四十七项规范构成的产权清晰、多元参与、激励约束并重、系统完整的生态文明建设制度体系。截至目前，在这些制度体系中，有四十三项需要健全和完善，有四项需要探索和新建。根据《生态文明体制改革总体方案》所建立的生态文明建设制度体系的具体内容和完善状况如表 5 - 1 所示。

表 5 - 1　　生态文明建设制度体系健全情况

总目	细目	具体制度或方案	状况
自然资源资产产权制度	自然资源资产确权登记系统	《自然资源统一确权登记暂行办法》（2019 年修订）；《不动产登记暂行条例》（2019 年修订）	√
	自然资源产权体系	《关于完善农村土地所有权承包权经营权分置办法的意见》（中共中央办公厅、国务院办公厅，2016. 10. 30）	√
	国家自然资源资产管理体制	《关于健全国家自然资源资产管理体制试点方案》（中央全面深化改革领导小组第三十次会议通过，2016. 12. 5）	√
	自然资源资产分级行使所有权体制		○
	水流和湿地产权确权试点办法	《水流产权确权试点方案》（国家水利部、国土资源部联合印发，2016. 11. 4）；《关于开展湿地产权确权试点工作的函》（国家林业局，2016. 3. 4）	√
国土空间开发保护制度	国土空间主体功能区制度	《全国主体功能区规划》（国务院）；《关于加强资源环境生态红线管控的指导意见》（国家发展改革委、财政部、国土资源部、环境保护部、水利部、农业部、林业局、能源局、海洋局）	√
	国土空间用途管制制度	《自然生态空间用途管制办法（试行）》（国土资源部）	√
	国家公园体制	《建立国家公园体制总体方案》（中共中央办公厅、国务院办公厅）	√
	自然资源监管体制		○
空间规划体系	国家空间规划	《省级空间规划试点方案》（中共中央办公厅、国务院办公厅）；《关于进一步加强城市规划建设管理工作的若干意见》（中共中央、国务院，2016. 2. 6）；《关于进一步加强城市轨道交通规划建设管理的意见》（国务院办公厅）	√
	市县“多规合一”制度		○
	市县空间规划编制方法		○

续表

总目	细目	具体制度或方案	状况
资源总量管理和全面节约制度	耕地保护制度和土地节约集约利用制度	《中华人民共和国土地管理法》（2019 年修订）；《中华人民共和国土地管理法实施条例》（2014 年修订）；《节约集约利用土地规定》（2019 年修订）；《关于加强耕地保护和改进占补平衡的意见》（中共中央、国务院，2017. 1. 9）	√
	水资源管理制度	《中华人民共和国水法》（2016 年修订）；《关于实行最严格水资源管理制度的意见》（国务院）；《实行最严格水资源管理制度考核办法》（国务院）；《关于全面推行河长制的意见》（中共中央办公厅、国务院办公厅）	√
	能源消费总量管理和节约制度	《中华人民共和国节约能源法》（2018 年修订）；《关于加强资源环境生态红线管控的指导意见》（国家发展改革委、财政部、国土资源部、环境保护部、水利部、农业部、林业局、能源局、海洋局）	√
	天然林保护制度	《中华人民共和国森林法》（2019 年修订）；《中华人民共和国森林法实施条例》（2016 年修订）；《天然林资源保护工程森林管护管理办法》（国家林业局）；《关于严格保护天然林的通知》（国家林业局）	√
	草原保护制度	《中华人民共和国草原法》（2013 年修订）；《推进草原保护制度建设工作方案》（国家农业部）	√
	湿地保护制度	《湿地保护修复制度方案》（国务院办公厅）	√
	沙化土地封禁保护制度	《国家沙化土地封禁保护区管理办法》（国家林业局）；《沙化土地封禁保护修复制度方案》（国家林业局）	√
	海洋资源开发保护制度	《中华人民共和国海洋环境保护法》（2017 年修订）	√
	矿产资源开发利用管理制度	《关于加强矿山地质环境恢复和综合治理的指导意见》（国土资源部、工信部、财政部、环境保护部、国家能源局）；《关于推进矿产资源全面节约和高效利用的意见》（国土资源部）；《矿业权人勘查开采信息公示办法（试行）》（国土资源部）	√
	资源循环利用制度	《2015 年循环经济推进计划》（国家发展改革委）	√

续表

总目	细目	具体制度或方案	状况
资源有偿使用和生态补偿制度	自然资源及其产品价格改革制度	《关于全民所有自然资源资产有偿使用制度改革的指导意见》（国务院）；《关于推进农业水价综合改革的意见》（国务院办公厅）；《关于充分发挥 12358 价格监管平台作用　提高价格监管工作水平的意见》（国家发展改革委）；《关于加快建立完善城镇居民用水阶梯价格制度的指导意见》（国家发展改革委、住房城乡建设部）	√
	土地有偿使用制度	《中华人民共和国土地管理法》（2019 年修订）；《国家新型城镇化规划》（中共中央、国务院，2014. 3. 16）	√
	矿产资源有偿使用制度	《中华人民共和国矿产资源法》（2009 年修订）；《关于全民所有自然资源资产有偿使用制度改革的指导意见》（国务院）	√
	海域海岛有偿使用制度	《海域、无居民海岛有偿使用的意见》（中央全面深化改革领导小组第三十五次会议通过，2017. 5. 23）	√
	资源环境税费改革制度	《资源税征收管理规程》；《水资源税改革试点暂行办法》（财政部、国家税务总局、水利部）；《矿产资源权益金制度改革方案》（国务院）	√
	生态补偿机制	《关于推进山水林田湖生态保护修复工作的通知》（财政部、国土资源部、环境保护部）；《关于健全生态保护补偿机制的意见》（国务院办公厅）	√
	生态保护修复资金使用机制	《重点生态保护修复治理资金管理办法》（财政部）	√
	耕地草原河湖休养生息制度	《耕地草原河湖休养生息规划（2016 – 2030 年）》（国家发展改革委、财政部、国土资源部、环境保护部、水利部、农业部、国家林业局、国家粮食局）；《探索实行耕地轮作休耕制度试点方案》（中央全面深化改革领导小组第二十四次会议通过）	√

续表

总目	细目	具体制度或方案	状况
环境治理体系	污染物排放许可制	《控制污染物排放许可制实施方案》（国务院办公厅）	√
	污染防治区域联动机制	《京津冀大气污染防治强化措施（2016－2017年）》《关于省以下环保机构监测监察执法垂直管理制度改革试点工作的指导意见》（中共中央办公厅、国务院办公厅，2016.9.22）	√
	农村环境治理体制机制	《培育发展农业面源污染治理、农村污水垃圾处理市场主体方案》（环境保护部、农业部、住房和城乡建设部）；《建立以绿色生态为导向的农业补贴制度改革方案》（财政部、农业部，2016.12.19）	√
	环境信息公开制度	《环境保护公众参与办法》（环境保护部）；《建设项目环境影响评价信息公开机制方案》（环境保护部）	√
	生态环境损害赔偿制度	《关于在部分省份开展生态环境损害赔偿制度改革试点的报告》（中央全面深化改革领导小组第二十七次会议通过，2016.8.30）；《生态环境损害赔偿制度改革方案》（中共中央办公厅、国务院办公厅）	√
	环境保护管理制度	《中华人民共和国环境保护法》（2014年修订）；《中华人民共和国大气污染防治法》（2018年修订）；《中华人民共和国固体废物污染环境防治法》（2020年修订）；《中华人民共和国水污染防治法》（2017年修订）；《大气污染防治行动计划》（国务院）；《水污染防治行动计划》（国务院）《土壤污染防治行动计划》（国务院）；《国家突发环境事件应急预案》（国务院，2014.12.29）；《环境保护督察方案（试行）》（中央全面深化改革领导小组第十四次次会议通过，2015.7.1）；《建设项目环境保护管理条例》（2017年修订）	√
环境治理和生态保护市场体系	环境治理和生态保护市场主体制度	《“十三五”生态环境保护规划》（国务院）；《关于培育环境治理和生态保护市场主体的意见》（国家发展改革委、环境保护部）	√
	用能权和碳排放权交易制度	《用能权有偿使用和交易制度试点方案》（国家发展改革委）	√

续表

总目	细目	具体制度或方案	状况
环境治理和生态保护市场体系	排污权交易制度	《控制污染物排放许可制实施方案》（国务院办公厅）；《关于进一步推进排污权有偿使用和交易试点工作的指导意见》（国务院办公厅）	√
	水权交易制度	《中华人民共和国水法》（2016 年修订）；《水权交易管理暂行办法》（国家水利部）	√
	绿色金融体系	《关于构建绿色金融体系的指导意见》（中国人民银行、财政部、国家发展改革委、环境保护部、银监会、证监会、保监会）	√
	绿色产品体系	《关于建立统一的绿色产品标准、认证、标识体系的意见》（国务院办公厅）	√
生态文明绩效评价考核和责任追究制度	生态文明目标体系	《生态文明建设考核目标体系》（国家发展改革委、国家统计局、环境保护部、中央组织部）；《生态文明建设目标评价考核办法》（中共中央办公厅、国务院办公厅，2016. 12. 22）	√
	资源环境承载能力监测预警机制	《生态环境监测网络建设方案》（国务院办公厅）；《"互联网＋"绿色生态三年行动实施方案》（国家发展改革委办公厅）；《资源环境承载能力监测预警技术方法（试行）》（国家发展改革委、工业和信息化部、财政部、国土资源部、环境保护部、住房城乡建设部、水利部、农业部、统计局、林业局、中科院、海洋局、测绘地信局）；《关于建立资源环境承载能力监测预警长效机制的若干意见》（中共中央办公厅、国务院办公厅）；《关于深化环境监测改革提高环境监测数据质量的意见》（中共中央办公厅、国务院办公厅，2017. 9. 21）	√
	自然资源资产负债表编制制度	《编制自然资源资产负债表试点方案》（国务院办公厅）	√
	领导干部实行自然资源资产离任审计制度	《开展领导干部自然资源资产离任审计试点方案》（中共中央办公厅、国务院办公厅）；《领导干部自然资源资产离任审计规定（试行）》（中共中央办公厅、国务院办公厅）	√
	生态环境损害责任终身追究制度	《党政领导干部生态环境损害责任追究办法（试行）》（中共中央办公厅、国务院办公厅）	√

注：（1）"√"表示已有相关制度、方案或意见，但需要进一步改进和完善；"○"表示需要建立或正在探索或试点。（2）统计时间截至 2020 年 12 月 1 日。

总的来看，党的十八大以来我国在生态文明建设制度体系方面进行了大胆探索，相继出台了一系列纲领性、指导性和标志性政策文件，但是，由于历史欠账过多、惯性思维、路径依赖和对生态文明建设的认识水平有待提高以及生态文明建设本身的复杂性等原因，导致生态文明建设制度体系依然存在一定程度的“部门化”“分散化”和“碎片化”，在个别情况下还存在“一人一是非，一事一立法”的问题，尚需要整合布局、改进完善、优化提升，尤其在法律体系和行政法规等方面。前者既要加快修订《草原法》《森林法》《循环经济促进法》《矿产资源法》《土地管理法》等现行相关法律，又要积极推进《不动产登记法》《国家公园法》《生态文明建设促进法》等相关法律的立法研究和实践；后者既要加快修订和完善与生态文明建设有关的相关法律配套实施条例或细则，又要按照生态文明建设总体布局，尽快研究出台与自然资源资产分级行使所有权、自然资源监管、市县“多规合一”和空间规划编制等有关的管理条例或办法。

5.1.3 生态文明建设制度体系的构成内容

生态文明建设制度体系可以按照不同学科和不同思路去构建。有的学者从正确处理制度推动与制度驱动、制度创新与制度衔接、制度刚性与制度弹性三类关系出发，给出了生态文明制度体系建设的“路线图”[239]；有的学者从建立完备的生态文明建设制度框架体系、完善保障有力的生态文明建设体制机制、营造推进生态文明制度建设的社会氛围三个方面，提出了十四条生态文明制度建设的具体建议[240]；有些学者从建立生态文明的源头保护制度、损害赔偿制度、责任追究制度、环境治理与生态修复制度四个维度，设计了十项生态文明建设的具体制度[241]；有的学者则从生态文明制度建设的纵向横向两个角度，分析了生态文明建设制度体系的基本构成[242]；等等。

综合上述认识，我们认为：生态文明建设的关键在“人”，在于人的主观能动性的积极或最大化发挥，也就是说，生态文明建设的主体意识和主体效能决定着生态文明建设的成效抑或是成败。理论上，生态文明建设既属于公共事业，也涉及私人领域，既具有某种程度的公益性，也具有某种意义的私立性，需要政府、公民、社会及市场主体多维互动的多元主体供给模式[243]。这就决定了生态文明建设制度体系可以从建设主体，也就是从政府、市场和公众等主体维度加以解析和架构，主要或至少应该包括生态文明建设的治理制度体系、市场制度体系、参与制度体系和救济制度体系四大项内容。

1. 生态文明建设治理制度体系

生态文明建设治理制度体系是中央和地方各级政府推动生态文明建设的

重要制度基础和保障。制定和颁布系列公共政策是中央和地方政府着力解决突出环境问题、推动生态文明建设的重要工作抓手和主要政策工具。在农耕和工业文明时代，我们习惯于以行政管制来从事公共管理制度建设，在一定程度上忽视了公共管理的自治性和共治性。发展到生态文明时代，主要是在生态文明建设治理制度体系构建过程中，管制制度思维，或者说，监督制度思维，就不再那么适应，而是更加需要治理制度思维，也就是要从行政主导、统驭统治走向制度规范和多元共治。

在现代公共管理和公共政策领域，治理无疑是主旋律。“治理”源于“统治”，又发展于“统治”，是“统治”概念的升华和发展。“统治”主要是指依靠国家权力对公共事务进行管理，是政府这只“看得见的手”“依据一定的规制，对构成特定社会的个人和构成经济的经济主体的活动进行限制的行为”[244]。“治理”则是个人和制度、公共和私营部门管理共同事务的各种方法的综合，在本质上，治理是“引导和限制一个集团集体行动的正式或非正式过程与制度”[245]，目的在于解决由于政府俘获和市场失灵所带来的经济发展与社会进步的困局。与“统治”相比，“治理”具有主体的多元性、过程的互动性、范围的广泛性和结果的有效性。

政府治理在宏观上相当于国家治理，在中观上是国家行政机关对公共事务的治理，在微观上是政府对自身的治理，等同于政府管理体制[246]。目前来看，现在政府的一些治理职能，正在由非源自政府的行为体所承担[247]。在生态文明建设这一领域，这种趋势和特征体现的会更加清晰和明显。生态文明建设主体不同，其诉求、立场、知识、资源、能力、特色和优势也就不同。只有多元主体共同参与，以合作、互动、协商的方式，形成更为持续、稳定、平衡的关系，通过聚合、共享和动员分散的资源以及协调利益和行动，才能实现单靠某一个或某几个主体无法独立完成的生态文明建设任务。因此，在生态文明建设制度体系中，应着重强化治理思维，强化利害相关人的责任共担和协作参与，强化个体自由与社会需求之间的平衡关系，也就是强化治理制度体系的构建。

生态文明建设治理制度是政府为了推动生态文明建设而设计的“由规则组成的体系，是多层次、非科层、一系列的规章制度”[248]。它关注的是规范生态文明建设主体对于某一特定问题或相互关联的多个问题所达成的成文的或不成文的规则体系，具体包括以下三个子体系。

第一，生态文明建设公共权力制约和监督制度体系。“一切有权力的人都容易滥用权力，这是万古不变的一条经验”[249]。为了防范和降低可能存在的生态文明建设公共权力滥用风险，就必须通过健全制度体系来制约和监督公共权力的运行，也就是要建立系统完善的制约和监督制度体系。既要对生态文明建设权力主体进行管束和牵制，使其在规定的范围内健康有序地运行，也要对生态文明建设权力主体进行监察和督促，防止或纠正其偏离预定或正确的轨道。

一般来说，权力运行是指权力主体对所拥有的强制性的影响或支配个人、群体、阶级、民族或组织的能力和力量进行分配和行使的过程[250]。这一过程包括计划、组织、用人、指挥、执行、监督和反馈等一系列具体行为[251]。考虑到公共权力在本质上是一个“悖论”体，存在“公属”和“私掌”的分离，存在“善”的目的和“恶”的可能的矛盾[252]，需要从政治、法律、责任和道德等四个方面建立相应的制度体系加以制约和监督，也就是规制和控制。生态文明建设公共权力运行也应如此：

一是“权力总是一定意识形态的载体”[253]，通过一定的政治体制机制将生态文明建设公共权力的能量和影响控制在“善”的范围内。这是生态文明建设治理制度体系中“以权力制约权力”[249]的重要制度安排。

二是“法律无非是由共同体的管理者为了共同善而制定并颁布的理性的命令”[254]，是人们必须服从的具有约束力的行为规则，通过法律这种在现代社会最主要的“他律”方式，合理配置生态文明建设公共权力与公共权利关系以及控制公共权力尤其是行政权力张力。这是生态文明建设治理制度体系中“法治思维”的具体体现和应有安排。

三是“权力无法脱离责任而单独存在”“行使什么样的权力就应承担相应的责任”[255]，也就是在“合理”或“合法”分割生态文明建设公共权力的同时，也应该规定和设计相应的生态文明建设主体应承担的责任。通过责任体系建设可以确保生态文明建设责任与权力的对等和统一，从而使生态文明建设公共权力的行使以责任实现心理上的“他律”和道义上的“自律”。

四是子曰：“政者，正也”“一切社会团体均应以善业为目的”[256]，通过强化道德修养、以“权力为公”的理性法则来决定自己的意志选择，并使之成为推动生态文明建设的自觉行动。这是生态文明建设治理制度体系不可或缺的有益补充。

第二，生态文明建设公共政策制定和执行制度体系。“政策过程，又可看作是权力过程”[257]，公共政策是公共权力运行的主要方式和重要手段。“公共政策是一个政府对公私行动所采取的指引”[258]，也就是通过公共政策对全社会价值所进行的权威性分配[259]，描述的是“关于政府所为和所不为的所有内容”[221]。其中，公共政策周期的核心内容和环节是公共政策的制定与执行。

公共政策制定是一个包括问题提出、议程设置、政策形成、政策合法化等环节的系统性的动态过程，其实质是不同的利益主体在互动中彼此做出让步妥协，为达成双赢而进行的博弈[260]，也就是对公共政策问题提出并选择解决方案的过程，实际上就是各种利益的输入、协调的过程[261]。公共政策的制定总是围绕着公共利益进行的。公共利益既是公共政策的价值基础，也是公共政策的行动目标[262]。公共政策的“公共性”必定涉及正义、自由、民主、公正、公平、公开和义务或责任等价值体系，这就决定了公共政策制定归于民意[263]，作为合法或违禁、真理或谬误的最可靠的仲裁者[264]，民意构成了公共政策制定的合法性基石。换句话说，只有从民意出发，才能制定出符合公众价值取向的公共政策，这是公共政策制定过程的最终追求[265]。

公共政策执行是“对一项基本政策决定的实施，通常蕴含在一个法规、行政命令或法院判决中，一般要经历从通过基本法令开始，到执行机构贯彻执行，目标群体对政策的服从，产生预期的和未预期的结果，并导致机构和法令政策的重新调整这样一个过程”[266]。它在很大程度上取决于公共政策制定时各利益主体的协商、互动和合作程度，其中，最主要的是公民的参与程度。“参与代表着确定目标及对所有社会问题选择手段的过程”[267]，离开了公民的积极参与，公共政策制定就很有可能会失去民意基础，就很有可能达不到预期的执行效果。

将上述理论与观点应用于生态文明建设治理制度体系领域，生态文明建设公共政策制定和执行就是将生态文明建设这一公共利益诉求转化为公共政策产品，并通过“自上而下”“自下而上”和“互动整合”的方式共同合作落实完成的过程。而“制度化”恰恰是组织与程序获得价值和稳定性的过程[268]。只有建立了健全、稳定和持续的生态文明建设公共政策制定和执行制度体系，生态文明建设才能取得预期的效果。当然，进一步地建立保证公众参与生态文明建设公共政策制定和执行的制度体系，确保公众参与的制度化、法治化、常态化和秩序化是这一制度体系建设中最为紧要的。常见的公众参与形式主要有公民调查、公民会议、公民听证会、专家咨询、关键公众接触、由公民发起的接触、民主恳谈会、公民旁听等[269]。

第三，生态文明建设公共资源配置和投入制度体系。公共权力是通过公共政策来配置和投入公共资源的。公共资源的配置和投入质量和效率决定着公共权力运行和公共政策落实的效果。生态文明建设是一项庞大的复杂系统工程，需要调动大量的社会资源，尤其是需要配置大量的公共资源。所谓公共资源是指一切具有社会公共属性并用于社会公有公用的生产或生活资源的总称[270]，包括有形的自然资源和无形的社会资源及行政资源[271]。

在现代社会，公共资源一般由政府或政府所属及授权单位所掌握、拥有和控制。如何配置公共资源，也就是如何对使用资源权利进行制度安排[235]，则有从斯密的“看不见的手”，到凯恩斯的“看得见的手”，再到曼昆“只有在政府实施规则并维持对市场经济至关重要的制度时，看不见的手才能施展其魔力”[272]等多种配置方式。换句话说，可以通过价格机制、行政命令、互惠或融合的多种方式和手段进行公共资源配置。

生态文明建设资源配置是政府行使生态文明建设职能、履行生态文明建设义务的重要途径和方式，其核心要义就是如何把有限的或稀缺的公共资源配置到生态文明建设最需要的地方，从而使公共资源得到最有效的利用。具体就是如何将公共资源合理投入到生态文明建设过程，促使生态文明建设朝着正义性、公正性和开放性优化推进，使公共资源配置更有效率、更有效益、更趋公平。这无疑是生态文明建设公共资源配置和投入制度体系建设的目标指向和关键所在。

2. 生态文明建设市场制度体系

“发挥市场在资源配置中的决定性作用”① 是我国治国理政的基本方略，也是生态文明建设制度创新的重要方向，健全环境治理和生态保护的市场体系已被列为《生态文明体制改革总体方案》的八大具体改革任务之一。大家知道，当今社会，市场制度对经济增长具有根本性影响、发挥着基础性和关键性作用。在一定意义上，制度差异是经济差异深层次的原因[273]，不同的市场制度会导致不同的经济发展绩效[233]。

当前，我国一方面面临着十分繁重的生态文明建设任务；另一方面面临着政府财政赤字和债务负担约束趋紧的客观现实。为破解这种“两难”局面，有效途径之一就是通过建立健全生态文明建设市场制度体系，在生态文明建设领域引入市场机制，借助市场力量，来广泛吸纳和配置社会资金。所谓生态文明建设市场制度体系是指在政府宏观调控，也就是“更好发挥政府作用”的同时，通过培育和建立规范的生态文明建设各要素市场，有助于吸收社会资金、引导社会力量进入生态文明建设领域的一种市场制度安排。

建立生态文明建设市场制度体系，就是要改变过去那种以政府进行要素组织、资源调配和资金投入为主的社会要素配置模式，通过价格杠杆和竞争机制，有效地调动微观主体从事和参与生态文明建设的主动性、创造性和积极性，减少或遏制生态文明建设要素配置过程中的“寻租”行为，诱发和促进社会公众充分表达自己的生态文明意识和生态文明建设意愿，最终实现生态文明建设各要素配置的纳什均衡或帕累托最优。常用的生态文明建设市场制度工具可以是基金、债券、信托等方式，可以是碳权、水权、排污权等交易，也可以是各类横向生态补偿机制的创新和生态环境责任保险机制的建立。其中，碳排放权交易市场，亦称碳交易市场是生态文明建设最主要的市场制度工具。

---

① 党的十四大报告提出“要使市场在社会主义国家宏观调控下对资源配置起基础性作用”，党的十八大报告也强调“更大程度更广范围发挥市场在资源配置中的基础性作用”，党的十八届三中全会指出：经济体制改革的“核心问题是处理好政府和市场的关系，使市场在资源配置中起决定性作用和更好地发挥政府作用”。

碳交易市场是纠正碳排放外部性或外部效应的可行机制[274]。目前，国内外主要有自愿和强制两种交易制度类型。前者是各交易主体根据合约或协议自愿参与的一种非法定碳交易制度；后者是各交易主体根据相关法律或规定必须参与的一种法定性碳交易制度，一般由制度管理者，即政府事先制定具有法律约束力的制度规定，要求制度范围内的企业或个人必须参加。根据交易对象的不同，碳交易市场一般有限额和基准及信用两种交易机制。所谓限额就是政府或其他组织以免费或拍卖方式分配给制度参与者的配额；所谓基准是政府或其他组织事先为制度参与者设定的最低排放标准，实际碳排放量低于基准的部分为可交易的“碳信用”。

由于全国碳交易市场的建设需要一系列的法律、制度、政策、技术、数据和能力的供应和支持，所以一般采取试点、准备、模拟和完善等分阶段建设策略。国家发改委 2011 年发布了《碳排放权交易试点工作的通知》，启动了北京、天津、上海、重庆、湖北、广东和深圳七个碳排放权交易试点；2014 年发布了《碳排放权交易管理暂行方法》，确立了全国碳交易市场的总体框架；2017 年又发布了《全国碳排放权交易市场建设方案（发电行业）》，基本完成了全国碳交易市场的总体设计。截至目前，国家发改委已初步完成了包括一套法律基础——《碳排放权交易管理条例》、三项核心制度——碳排放监测报告与核查制度、碳配额管理制度和市场交易制度以及四大支撑系统——碳排放数据报送系统、碳排放权注册登记系统、碳排放权交易系统和碳排放权交易结算系统的碳交易市场制度体系。根据国务院的总体部署，到 2020 年全国碳交易市场要达到“制度完善、交易活跃、监管严格、公开透明”的要求，并逐步引入石化、化工、建材、钢铁、有色、造纸、航空等行业，到 2030 年力争达到规范运作、成熟运行。

3. 生态文明建设参与制度体系

生态文明建设归根结底是一项公众广泛参与的社会活动或群众运动。没有公众对生态文明建设的高度认同和积极参与，要想取得生态文明建设的最终成功，既无可能，也不现实。

在推进生态文明建设过程中，坚持人民主体论——在法治社会也就是公民主体论，不仅是马克思主义的核心价值向度，而且也是马克思主义政党领导人民认识自然、把握自然，在改造和利用自然的同时顺应自然，实现与自然和谐共生的基本工作方式。进入新时代，以习近平同志为核心的党中央在维护人民的根本利益和尊重群众主观感受的结合中，逐步确立了“一切为了人民”“一切依靠人民”“一切惠及人民”的“人民主体论”思想，具体到生态文明建设领域，那就是：推进生态文明建设是为了满足人民对优美生活环境的期盼，推进生态文明建设必须紧紧依靠群众、尊重群众的首创精神、夯实群众的主体地位和从群众中寻求解决问题的办法，生态文明建设成果最终要立足于人民群众的根本利益、增强人民群众在生态文明建设过程中的获得感。一句话，人民迫切需要生态文明建设，生态文明建设也须臾离不开人民的大力支持和广泛参与。

为保障人民群众，也就是社会公众依法、有序、自愿、便利地参与生态文明建设，行使生态文明建设的知情权、参与权和监督权，至少应该从国家层面上制定相应的信息公开制度、参与程序制度和公益诉讼制度，坚持以协商民主为基础的公众参与生态文明建设的天然的正当性，切实保障公众的参与权利，扩大公众参与范围和加大公众参与力度。

第一，建立和完善信息公开制度，保障公众对生态文明建设的知情权。拥有知情权是公众积极参与生态文明建设的前提。从某种意义上，只有生态文明建设的相关信息全面、透彻地展现在公众面前，即公众拥有的生态文明建设知情权得到应有的制度保障，他们才能真正地理解生态文明建设，并自觉自愿地参与到生态文明建设过程中去，他们才能真正地感受到自己确实是所处生态环境并享有话语权的能动主体，他们才能真正地避免由于信息不对称所造成的针对公共生态环境事件“偏听偏信”的被动局面。

所谓知情权就是“知悉信息情报的权利”[275]，也就是“知的权利”和“获取信息的权利”[276]。“知情权是言论、表达自由在现代的发展形态，其作为个人权的同时又具有参政权的性质，是兼有自由权的方面和请求权以及社会权方面的复合性质的权利”“其最大的特色在于其不仅仅囿于‘接受’信息这类消极性权利一面，还在于对信息源提出获得信息‘要求’的积极性权利一面”[277]。为了保障公民的“知情权”，有关主体（政府和非政府组织，引者注）就有向公众公开其所掌握的相关信息的义务[278]。也就是说，信息公开和知情权是并行不悖的，是一种孪生关系。

众所周知，要是没有信息公开的制度保障，知情权必然就会落空。退一步讲，如果没有信息公开的自由，即使有了“获取信息的权利”，这样的知情权注定也是跛脚的权利。由此可见，公开是确保行政信息能够使公民知晓的基础，要保障公民的生态文明建设知情权，就必须建立起以“知的权利”为基础的生态文明建设信息公开制度。要知道，信息公开制度是以实现公益、实现民主为目的的制度[279]。

我国政府信息公开进程从根本上讲是政府主导的自我改革与完善过程[280]。历史上，我们曾经出台过《政府信息公开条例》和《环境信息公开办法（试行）》，初步形成了“以政府主动公开为主、依法申请公开为辅的制度模式”[281]。但是，我们也应该看到，基于信息公开制度完美结构的三重无限性，即公开请求主体的无限性、公开内容对象的无限性和公开途径方式的无限性，现行的信息公开条例和办法尚存在有条件公开、选择性公开或例外不公开等问题。尤其在公开内容上只是对环境方面的信息公开作出了相应界分，还缺少对生态文明建设相关信息公开的界定和要求；在公开原则上一直采用“不公开为原则、公开为列举”[282]的制度安排，还没有遵循国际社会普遍采用的“以公开为原则、以不公开为例外”的原则；在公开渠道上依然采取政府公开信息和公众依法申请公开信息相结合的方式，还没有因循国际社会“‘被动公开’作为信息公开法制的重心所在”[283]的通行做法。有鉴于此，在建立生态文明建设信息公开制度体系时，应着重从以下几个方面加以改进和完善。

一是应该强化政府在生态文明建设信息公开方面的主体责任，建立政府行政机关首长责任制。生态文明建设是一种为社会提供整体性服务的公共事务，是一项极为重要的社会公益事业，公开生态文明建设相关信息是政府的分内之事、天然义务。随着生态文明建设主体及权利的多元化、层次化和社会化，生态文明建设信息公开的主体也要扩容、分化和下沉，企事业单位或其他非政府组织也会成为生态文明建设相关信息公开的重要主体。

二是应该树立以公众参与为本位的生态文明建设制度理念，建立有助于服务公众参与为目的的信息公开机制。政府公开生态文明建设信息不能为公开而公开，不能仅限于信息的简单发布和程式化工作，而要充分考虑是否方便于公众获取、是否满足于公共参与生态文明建设的需要、是否有助于公众积极参与到生态文明建设的决策、实施和监督当中。

三是应该发挥民间尤其是以非政府组织参与为代表的“组织化参与”信息公开的作用，打通利用第三种力量辅助公开生态文明建设信息的渠道。在自媒体时代，民间尤其是“组织化的公众参与正在成为政府信息公开法制发展的社会基础与根本动力源泉”[284]，引导好、规范好、用好民间公开生态文明建设信息的力量和渠道，可以有效地避免和防止公民“滥用政府信息申请权”“滥用获取信息权”和“滥用知情权”[285]。

第二，建立和健全参与程序制度，保障公众对生态文明建设的参与权。拥有参与权是公众参与生态文明建设的内在需求。公众参与是解决环境问题，当然也是推进生态文明建设的有效制度安排。公众参与既是一种国际惯例，也是我国环境保护工作一直坚持的指导方针。国际上，早在 1992 年《里约环境与发展宣言》的原则中就明确指出：“环境问题最好是在全体有关市民的参与下，在有关级别上加以处理”“各国应通过广泛提供资料来便利及鼓励公众的认识和参与”[286]。在国内，早在 1973 年第一次全国环境保护会议上就明确提出：“全面规划，合理布局，综合利用，化害为利，依靠群众，大家动手，保护环境，造福人民”的 32 字方针，其中“依靠群众、大家动手”强调的就是公众参与[287]；2015 年中共中央、国务院颁布的《关于加快推进生态文明建设的意见》中也指出：“生态文明建设关系各行各业、千家万户。要充分发挥人民群众的积极性、主动性、创造性，凝聚民心、集中民智、汇集民力，实现生活方式绿色化”；习近平总书记也强调生态文明建设要“形成政府主导、部门协同、社会参与、公众监督的新格局”[288]。

公众参与在当下中国已经成为最具有正当性的话语[289]。从广泛意义上，生态文明建设的公众参与权是指在生态文明建设过程中，公众有权通过一定的途径参与一切与公众生态环境利益相关的活动，本质上就是提供一个权利及利益博弈和协调的平台[290]。也就是公民按照法定的程序和途径，平等地参与生态文明建设立法、决策、执法、司法等与其生态环境权益相关的一切活动。这种活动应该是一个互动的过程，不仅有公民的积极参与，更有决策层的回应，从而实现公民参与对政治生活与社会生活的有效影响[291]。

“制度化是组织和程序获取价值观和稳定性的一种进程”[292]。只有使公众参与成为制度，才会形成倒逼政府，使公众参与从虚假走向真实，从形式返归实质的态势[293]。从这个意义上，生态文明建设公众参与是一种制度化的民主制度。作为制度化的公众参与，指的是公众对那些由国家、政府承担的与生态文明建设相关的公共管理事务的参与，是政府和公众通过协商、合作、互动来解决相关公共事务的一系列规则。也就是说，唯有建立健全生态文明建设公众参与程序制度，对参与的主体、参与的范围、参与的途径和方式做出明确的制度安排，才能保证公众依法参与生态文明建设，从根本上避免公众参与的无序和对公众不合理的非理性依从，避免“群众运动式”或“无政府主义式”的参与。这里讲的参与主体主要是指公众，是指处于动态变化的、非固定的多数人[294]，其外延包括全体社会成员[295]；参与范围主要是指管理生态文明建设这样的社会事务；参与途径和方式，前者主要是指公共决策途径、整体式的协商途径和分散式的协商途径[296]，后者主要是指听证会、论证会、咨询会、公示、社会公开征求意见和民意调查等方式[297]。

第三，建立和健全公益诉讼制度，保障公众对生态文明建设的监督权。诉讼作为解决社会系统中利益冲突的一种机制与活动，它是权利得以保障的最终救济方式[298]。公益诉讼不仅具有惩处和救济的法治功能和社会功能，同时还有助于人与自然、人与人、人与社会关系的优化，有助于促进以生态文明建设为重点的美丽中国建设。一般来说，公益诉讼是指国家机关、社会组织和公民，根据法律规定，对违反法律法规，侵害国家利益、社会公共利益的行为，向法院提起民事或行政诉讼，通过法院依法审理，追究违法者法律责任的活动[299]。简言之，公益诉讼是为保护公共利益而进行的诉讼，是公众作为一个整体参与的为了提高其普遍福利而进行的诉讼[300]，本质上是一个法律执行和法律实施的过程。

在现实生活中，监督无时不有、无处不在。单就目前的政策文件，多层次、宽领域的公众参与生态文明建设的行动体系已经建立，包含公众举报、公众听证、舆论监督和网络举报平台等在内生态文明建设的公众监督制度也已健全。但是，从实施效果看，不尽如人意的一个根本的原因是尚未建立健全生态文明建设公益诉讼制度。

生态文明建设公益诉讼不仅是公民参与生态文明建设的一种重要方式，而且也是对生态文明建设"市场失灵"和"政府俘获"的一种救济措施。作为一种法律手段和制度安排，公益诉讼，尤其是环境公益诉讼，是通过对公权力主体的监督而不是通过与公权力主体结盟的方式来维护环境公益，其性质应为"监管者"制度[301]，具有当事人广泛、诉讼目的特殊、诉讼理由前置、救济内容预防、裁判效力范围扩张等特征[302]。通过生态文明建设公益诉讼制度的建立，可以动员和促进公众参与生态文明建设，鼓励和激励公众对生态文明建设行政进行监督，有利于公民更为广泛地通过司法权来行使对生态文明建设的监督权。

4. 生态文明建设救济制度体系

有权利必有救济，无救济则无权利可言[303]。救济是权利设置应有的保护机制，当权利受到侵犯或侵害时，法律或制度应该及时做出回应、补救和保护。在生态文明建设领域，当人们的环境权，即公民享有的在不被污染和破坏的环境中生存及利用环境资源的权利[304]，或者当人们的生态权，即人们依法享用、开发利用及保护、修复和改善生态系统以满足自身需要的权利[305]，也就是人们参与和享受生态文明建设及其成果的权利受到侵犯或侵害时，应该有生态文明建设救济制度体系予以纠正和维护。一句话，生态文明建设救济制度是聚集一切社会力量、推动生态文明建设的保障性或"兜底性"制度安排。

生态文明建设救济制度是建立在环境或生态侵权前提条件之上的。环境侵权是指因产业活动或其他人为原因，致使环境介质污染和破坏，并因而对他人人身权（含人格权）、财产权造成损害或有造成损害之虞，依法应当承担民事责任的行为[306]。生态侵权是指行为人在开发、利用自然环境的过程中造成生态损害（生态系统的物理、化学或生物等方面功能的严重退化或破坏）而应承担民事责任的行为[307]。无论是环境损害，还是生态损害，都强调是对社会利益和个人利益的双重侵害、对环境资源多元价值的侵害、是一种社会风险或者必要代价、一种复杂性侵害[308]。从这个角度讲，生态文明建设救济制度体系至少应该包括民事救济和行政救济两大内容。

第一，生态文明建设民事救济制度。它是指受害人的人身权、财产权通过环境介质或生态功能丧失而受到环境侵害或生态侵权时，直接由侵权人承担民事责任，以排除侵害或赔偿损失的行为或措施。例如，2009 年我国公布的《侵权责任法》第六十五条明确规定："因污染环境造成损害的，污染者应当承担侵权责任"；再如，2014 年我国修订的《环境保护法》第六十四条也规定："因污染环境和破坏生态造成损害的，应当依照《中华人民共和国侵权责任法》的有关规定承担侵权责任"。两法相比，后者虽然增加了破坏生态侵权责任，但对破坏生态侵权责任的具体制度并没有明确规定。

第二，生态文明建设行政救济制度。它是指公民、法人或他组织认为行政机关的具体行政行为侵害了自己的人身权、财产权，请求有关国家机关给予补救的一种救济，包括对违法或者不当的行政行为加以纠正，以及对于因行政行为遭受的财产损失予以国家赔偿或行政补偿等多项内容[309]。其中，国家赔偿是指国家对于国家机关及其工作人员执行职务、行使公共权力损害公民、法人和其他组织的权益依法承担的赔偿责任[310]；行政赔偿是其重要组成部分，指的是国家对行政主体因行使职权的行为侵犯公民、法人或其他组织的合法权益所造成的损害，依法给予赔偿的法律制度[311]；行政补偿制度，也称公共补偿制度[312]，具体是指根据有关法律规定，由政府通过征收环境税、环境费等税费作为筹资方式而设立损害补偿基金，并设立相应的救济条件，以该基金补偿环境侵权受害人，保障环境侵权损害赔偿获得迅速、确实、妥善的实现[313]。

生态文明建设的国家赔偿或行政补偿本质上是生态文明建设风险治理机制由"私域之治"向"公域之治"的转变。也就是说，基于生态文明建设风险转移这一风险治理逻辑，通过建立科学合理、系统可行，且能够有效发挥环境损害或生态损害救济功能的法律规则，从根本上解决生态文明建设风险治理中存在的"判决执行不能"等问题。

5.2 生态文明建设制度体系的审计诉求

生态文明建设制度是推进生态文明建设的基石。建立和完善生态文明建设制度体系是生态文明建设的分内之事和题中之意。生态文明建设归根到底是一种独特的制度形式或一种制度性的权力和资源配置运作系统。优良的生态文明建设制度必然会极大地推动生态文明建设，反之，必然会导致生态文明建设中途流弊，甚至最终瓦解。生态文明审计作为一项治理活动，在生态文明建设及其治理过程中独立发挥综合性、专业性审计监督和审计评价作用，其主要目标之一就是通过专门的审计监督和评价，及时发现问题、弥补缺陷、纠正偏差，帮助和促进生态文明建设各主体或各单位建立健全有效的生态文明建设制度体系。有鉴于此，生态文明建设制度体系的审计诉求至少应该包括完备性、适应性、遵守性和效益性等几个方面。

5.2.1 生态文明建设制度体系完备性审计

生态文明建设制度及其体系的完备性审计是指审计机关或审计组织透过生态文明审计职能，评价推进生态文明建设的一系列法律、法规、标准和政策等制度及其体系和实施机制是否系统、全面、完整、健全，是否前后一致、逻辑一贯、浑然一体，是否在生态文明建设过程中发挥了应有的促进或约束作用。

生态文明建设制度体系完备性是一个“静态”和“动态”相结合的概念。它不仅描述制度“静态”方面的实质和结果特征，而且更加描述制度“动态”方面的程序或过程特征，也就是更加强调制度设计与权力配置之间的关系，重点关注制度由谁来设计，以什么方式、通过什么途径设计等问题。

在现实世界里，生态文明建设制度体系是很难达到“完备”或“完美”的最优化目标的，也就是说，是很难满足制度结果的实质理性要求的，一般需要退而求其次，通过“理性”的过程或者程序，寻求或发现生态文明建设制度及其体系的“满意”解。

生态文明建设制度体系完备性审计是开展生态文明审计的基础性环节。通过完备性审计，可以追根溯源，及时发现生态文明建设制度及其体系可能存在的不足或缺陷，并根据其重要程度，确定生态文明审计的风险容忍度，进而制订合理的生态文明审计计划与方案，从源头上促进生态文明建设制度及其体系的改进和完善。可以这样讲，生态文明建设制度体系的完备性审计是要在有限理性的基础上，着重评价生态文明建设制度及其体系的实质理性、过程理性以及两者之间的辩证关系。也就是：一方面要关注生态文明建设制度及其体系的严密程度和细致程度，评价其内容完整性和架构体系性；另一方面要评价生态文明建设制度及其体系的过程合理性和程序科学性。

5.2.2 生态文明建设制度体系适应性审计

生态文明建设制度及其体系的适应性审计是指审计机关或审计组织透过生态文明审计职能，评价生态文明建设特定责任主体制定的制度和执行的政策是否充分考虑了自身的生态或环境和经济社会特征，是否符合当前生态文明建设的总体布局和时代要求，是否有利于当地生态文明建设的推进、生态环境的改善和生态效益的提升。

生态文明建设制度及其体系适应性的一个重要前提或主要方面是制度本身的科学性。科学性不是指制度越多越好、越细越好、越复杂越好，而是指生态文明建设制度及其体系应该反映并尊重自然规律、生态规律、经济规律、社会规律和文明进步规律，应该既包括公平、正义、伦理、美德、成本、效益、效率等价值取向和价值目标，也具备充分的理论依据和实践基础，体现出原则性、确定性、指导性和开放性的制度特征。

生态文明建设制度体系适应性审计是开展生态文明审计的关键性内容。通过生态文明建设制度体系适应性审计，不仅可以及时发现生态文明建设制度及其体系在执行过程中表现出的“自洽不够”“水土不服”“能力不足”等不适症状，而且可以促成生态文明建设不同主体之间的对话协商，建立跨区域、跨地域、跨部门和跨层级的信任互动机制，从源头上防止生态文明建设的制度冲突。

生态文明建设制度体系适应性审计是发现生态文明建设制度及其体系缺陷或问题线索，尤其是揭示其生态价值体现度和保证其生态价值合理性的重要途径。唯有通过生态文明建设制度体系适应性审计，才能判断生态文明建设制度及其体系是否与制度环境的现实和变迁相适应，才能发现生态文明建设责任主体的首创活动和有益经验，进而才能建立生态文明建设制度执行者的自激励、自约束和自协同机制。

5.2.3 生态文明建设制度体系遵守性审计

生态文明建设制度及其体系的遵守性审计是指审计机关或审计组织透过生态文明审计职能，监督和评价特定责任主体的生态文明建设行为或活动，遵守生态文明建设及生态环境相应法规，满足生态文明建设制度要求的总体和具体情况，尤其是监督和评价生态文明建设制度及其体系的执行落地情况。

生态文明建设制度及其体系遵守性，也可以理解为制度执行性。制度的生命在于遵守、在于执行、在于落实。正所谓“三分制定七分落实”。生态文明建设制度及其体系的遵守、执行和落实，既是一个主观见之于客观、理论检验于实践的过程，也是一种树立制度权威性，引导人们行为判断和巩固人们制度信仰的过程。

生态文明建设是众多利益相关者共同参与的宏大事业。目前我国制度建设的决策结构尽管依然是“一元主导型”的，但是却表现出了不同利益群体的多方博弈特征。试想，如果没有健全、规范的生态文明建设制度及其体系，不去坚定地遵守、执行和落实这些制度，就不可能有效阻止或防止那些以追求经济利益最大化为目的的社会资本和市场主体过度地消耗自然资源、破坏生态环境和牺牲社会责任，就不可能提高它们对生态文明建设的重视程度。

生态文明建设制度体系遵守性审计是开展生态文明审计的基础性和前提性工作。它不仅是判断生态文明审计风险、确定生态文明审计主题重要性的基本前提，而且也是选择生态文明审计方法、配置生态文明审计资源的主要依据。通过生态文明建设制度体系遵守性审计，不仅能够揭示可能存在的生态文明建设制度遵守不及时、执行不到位、落实不彻底等问题，而且可以在兼顾制度“形式合理”和“实质合理”的基础上，侧重评价生态文明建设制度中纪律性规定的执行力度、管理性规范的执行效果和指导性条款的创新程度，借以最大限度地抵消资本和市场的单纯逐利性，进而促进生态文明建设制度及其体系的科学化、民主化和法治化。

5.2.4　生态文明建设制度体系效益性审计

生态文明建设制度及其体系的效益性审计是指审计机关或审计组织透过生态文明审计职能，评价生态文明建设特定责任主体在制度建设和制度执行方面的实际投入与最终产出关系，评判是否能够满足生态文明建设制度及其体系的经济性和效果性目标要求。

大家知道，制度成本是客观存在的。从制度的形成、执行、监督到变迁，即在一个完整的制度周期的每一个阶段都要付出相应的代价或牺牲，具体表现为制度的形成成本、执行成本、监督成本和变迁成本。同时，制度产生的最终目的是取得相应的制度效益，也就是说，要使制度收益远远大于制度成本。生态文明建设制度及其体系也不例外，也需要消耗一定的人力、物力、财力等相关社会资源，也会存在诸如经济成本、政治成本、社会成本和心理成本等各种各样的制度成本，也就是说，也需要遵守这种成本收益原则，即制度收益要大于相应的制度成本，在经济上要合算。

从本质上说，生态文明建设制度及其体系的形成是一个利益博弈过程——一个不同利益主体通过不断讨价还价、逐步达成共识、最终走向均衡的过程。生态文明建设制度成本的高低，不仅受有限理性、机会主义、资产专用性等因素影响，而且也受经济发展水平、社会法治程度、风俗习惯约束、文明进化层次，也就是全社会经济发展和文明进步程度的深刻影响。

生态文明建设制度体系效益性审计是开展生态文明审计的必要内容。在开展生态文明建设制度体系效益性审计时，不能简单地以制度成本的高低为标准，而是要充分地考虑生态文明建设制度的合乎规律性、合法性、可操作性和完整性，考虑制度的定量效益、定性效益和比较优势效益。唯有如此，才能有助于形成生态文明建设制度的成本意识和效益思维，有助于在成本效益约束下最大限度地发挥生态文明建设制度及其体系的规范和促进作用，保持生态文明建设的活力，促进生态环境问题的有效治理。

5.3 生态文明建设制度体系审计创新路径及内容

从环境审计实践来看，我国生态文明审计实践可以追溯到审计署 1985 年、1993 年两次对兰州、重庆、广州等二十个城市开展的以审计排污费征缴为内容的环境合规性审计[314]。经过三十多年的发展，外延不断拓展、内容不断丰富，先后出现了以节能减排和资源环境、自然资源资产和生态环境保护为主题的新型审计业务类型。尽管如此，相对于生态文明建设尤其是生态文明建设制度体系审计诉求而言，生态文明建设制度体系审计还存在审计依据不充分、审计形式不丰富、审计程序和方法偏陈旧、审计报告质量待提高等问题和不足，需要进行路径创新和内容拓展。

5.3.1 生态文明建设制度体系审计存在的主要问题

1. 生态文明建设制度体系审计依据不够充分

目前，我国开展生态文明建设制度体系审计的主要依据散见于党和国家的相关规划、方案、报告和文件中，缺乏明确的法律规定和政策要求。例如，与此极为相近的《环境保护法》，也主要是为国家生态环境部门监测生态环境变化、挖掘其成因以及提供环保执法依据服务的，侧重的是环境监督和监察，而不是审计监督和审计评价；再如，现行《审计法》中也没有明确规范生态文明审计服务生态文明建设的相关条款。类似问题都将导致生态文明审计服务生态文明建设的法理依据缺失、法律依据不充分、操守指南不具体，都将导致生态文明建设制度体系审计实践无法可循、无规可依、无据可凭，最终就是各地审计机关或审计组织往往会根据各自的理解，创造性地开展生态文明建设制度体系审计工作。

2. 生态文明建设制度体系审计形式不够丰富

以往，生态文明审计，也就是一定意义上的环境审计是以生态环境保护和建设的投入与产出的相关资料为基础进行经济监督的[315]，多以价值为基础、以会计核算为前提，侧重的是财务性的生态文明审计。显然，这是不能满足生态文明建设制度遵守性审计和执行性审计要求的，尤其是不能满足生态文明建设制度执行行为审计和执行效果审计要求的。生态文明建设制度体系审计应该具有更多的审计类型、更为灵活的审计形式，不仅包括财务审计、合规性审计和绩效审计，而且还有对所管辖范围内单位的审核稽查、环境咨询服务、对场所的评价乃至对有关活动实际和潜在的环境影响进行衡量[316]等内容。基于此，为了更好地满足生态文明建设制度体系审计要求，生态文明审计必须丰富审计类型、创新审计形式，尽快实现由关注生态文明建设资金使用的真实与合法审计向关注体制、机制、政策等制度遵守和执行审计转变。

3. 生态文明建设制度体系审计程序与方法过于陈旧

从具体内容看，生态文明审计程序除了包括具体的审计工作过程外，还应包括对审计主体及审计对象的程序权利和义务以及相关保障原则、制度等内容。也就是说，生态文明审计程序除了具有保证审计结论或审计决定内容正确的工具价值外，还具有体现审计对象及社会公众基本权利的独立价值。但是，由于现阶段的生态文明建设尚处于委托者缺位的现实状态，导致服务生态文明建设制度体系审计的生态文明审计程序，尤其在生态文明审计项目选择及项目确定后实施等方面的程序与方法过于陈旧，没有很好地与现代信息技术有机地结合起来，没有建立及时掌握和处理利益争端与突发事件的生态文明建设制度体系审计信息沟通交流平台。

4. 生态文明建设制度体系审计报告质量有待提高

生态文明建设制度体系审计报告是生态文明审计服务生态文明建设制度体系建设的书面总结，是审计机关或审计组织形成审计意见和审计决定的基础资料。高质量的生态文明建设制度体系审计报告直接关乎审计结论和审计决定的客观性和正确性。目前，我国并没有对生态文明建设制度体系审计报告作出规范性要求，高质量的生态文明建设制度体系审计报告应该达到什么样的目标要求、具备什么样的质量特征，即报告内容是否全面、连续，报告格式是否规范、统一，报告方式是否先进、科学，等等，都没有相应的制度规范和规定，尚存在制度漏洞和缺陷。

5.3.2　生态文明建设制度体系审计的路径创新

1. 明确和健全生态文明建设制度体系审计的依据或标准

按照我国现行法律体系和制度规范要求，借鉴国际上成功审计制度建设经验，建立健全与国际准则趋同、与中国实际相符的生态文明建设制度体系审计法律体系和标准规范，是生态文明建设制度体系审计路径创新所面临的首要任务。没有明确的法律依据和工作标准，就会降低生态文明建设制度体系审计的权威性；没有法律制度支持的权威性，就难以保证生态文明建设制度体系审计的独立性和专业性。如此一来，生态文明建设制度体系审计工作就过于局限、随意和片面，就不可能扎实有效地推行开来。

2. 丰富和完善生态文明建设制度体系审计的类型和形式

生态文明建设制度体系审计的类型是多种多样的、形式是丰富多彩的。从审计内容上看，这些类型既可以是常规审计和绩效审计，也可以是责任审计和专项审计；这些形式既可以是项目审计和综合审计，也可以是联合审计和平行审计。当然，生态文明建设制度体系审计可以单独采用某种审计类型或审计形式，也可以整合、交叉、协同使用。由于生态文明建设是一项政策性很强的项目管理工作，所以生态文明建设制度体系审计要特别注重政策审计和项目审计，其中政策审计往往是项目审计的先导。由于生态文明建设是一项涉及领域十分广泛的综合性工作，所以生态文明建设制度体系审计要特别注重跟踪审计和联合审计，加强各部门间的协调和审计机关间的协作，从更广泛的范围考虑和评价生态文明建设制度及其体系和整改问题。

3. 改进和创新生态文明建设制度体系审计的程序与方法

生态文明建设制度体系审计所触及的空间是极为广阔的、所运用的手段是更加先进的，传统审计程序与方法在服务生态文明建设制度体系审计方面存在相当的局限性。尤其是随着以“人工智能、量子信息技术和物联网”为代表的第四次科技浪潮的到来，地理信息技术和“大智移云”得到广泛应用，各种数据在呈现出快速化、海量化、多样化和非结构化的同时，数据去“虚”、去“伪”、去“噪”任务激增，生态文明建设制度体系审计的程序和方法受到巨大、严峻的挑战，审计层级扁平化、审计环节缩减化、审计程序简单化、审计方法技术化和审计工作虚拟化态势凸显，网络化审计、可视化审计和大数据审计成为生态文明建设制度体系审计的优选方法。

4. 优化和提高生态文明建设制度体系审计报告的质量和水平

生态文明建设制度体系审计报告的质量一般包括信息质量和格式质量两个方面。前者包括可靠性、及时性、重要性和可比性等质量特征；后者是指审计报告形式和内容的全面性和规范性。除此之外，生态文明建设制度体系审计报告还应特别注意审计评价的专业性、精确性或准确性和前瞻性，利用审计大数据的预测功能，加大数据综合利用力度，提高运用信息化技术核查、判断、评价和分析问题能力，确保生态文明建设制度体系审计报告的如实反映和决策有用。

5.3.3 生态文明建设制度体系审计的拓展内容

实践证明，近年来，我国是非常重视环境政策制定和执行方面的生态文明审计的，尤其是政策执行审计在促进生态文明管理体制改革和防范系统性生态环境风险等方面发挥了十分明显的作用。但是，面对生态文明建设制度体系审计这一新生事物，在审计内容和范围尚有待进一步拓展。

1. 基于生态文明建设制度体系审计诉求拓展相关审计内容和范围

在生态文明建设的某个领域、阶段、层面和项目上，生态文明建设制度及其体系对生态文明审计的具体诉求是有所不同的。生态文明建设制度体系审计应该针对这些不同的生态文明建设制度，提炼重点内容，把握关键环节，关注重要问题，防范重大风险，集中审计资源，开展审计工作。

第一，基于制度完备性审计诉求拓展审计内容和范围。当前生态文明建设制度的设计和制定尚处在起步阶段，生态文明建设制度及其体系的完备性审计就显得非常重要。所谓完备性审计，就是要对生态文明建设制度的科学性、正当性、合理性和系统性作出客观公证的审计监督和审计评价，其重点是全面梳理生态文明建设的制度和政策，关注生态发展、环境改善、经济增长和社会进步的制度布局和政策导向，关注生态文明建设各主体的“权、责、利”诉求和提升生态文明建设绩效以及预防生态文明建设风险的制度安排和政策措施。

需要指出，生态文明建设制度体系完备性审计应特别关注生态文明建设制度影响因素的预警指标、预警机制和预警报告和生态文明建设制度的文化基础和环境氛围，尤其是要注重相关制度思维、制度逻辑和制度理念的现实观照。

第二，基于制度适应性审计诉求拓展审计内容和范围。在我国，从中央到地方，生态文明建设已呈现出“井喷式”发展态势。但是，由于我国幅员辽阔、地形复杂、气候各异、环境有别、教育不齐、风俗不同，导致生态文明建设制度需要实事求是、因地制宜、差别对待、分区施策，不能“一刀切”。因此，生态文明建设制度体系审计应着重关注生态文明建设制度的适应性问题，尤其是要重点关注生态文明建设制度与当地自然生态环境、经济发展水平、社会文明程度以及风土人情和乡规民约等的适应性问题，重点揭示生态文明建设的制度性风险和系统性风险。

具体来说，应重点关注：（1）生态文明建设的问责制度及问责机制是否到位或有效，问责主体、问责范围是否清晰明确，问责结果是否得到了及时利用和有效落实；（2）审计机关或审计组织是否及时或实时全程跟进生态文明建设制度的制定和执行，发现、分析、反馈和解决问题的制度或机制是否健全有效；（3）生态文明建设制度的覆盖性、交叉性和特殊性是否得到了应有的关注和重视，是否存在制度打架、南辕北辙、重复或留白等问题，尤其在生态文明建设主体多元、监管多头、内容多重的情况下，应该特别重视此类问题。

第三，基于制度遵守性审计诉求拓展审计内容和范围。从生态文明建设制度实施的生态、经济和社会效果或后果来看，生态文明建设制度及其体系的完备性、适应性是前提、是基础，其遵守性、执行性才是关键、才是要害。如果生态文明建设制度得不到广泛认真的遵循、得不到及时有效的执行，生态文明建设制度及其体系就会变成一纸空文，就发挥不出应有的制度效应。当下，生态文明建设制度体系遵守性审计，从宏观层面上应重点关注相关法律、法规和政策的执行情况，从微观层面上应重点关注生态文明建设管理系统的运行和遵守情况，尤其是相关审计标准的设计和遵行情况。

其中，需要重点关注：（1）是否全面了解和掌握了全国性、区域性或地方性的重大生态文明建设项目的立项背景、规划方案和政策举措；（2）在生态文明建设制度执行过程中是否存在法律空白、法规障碍和政策瓶颈；（3）是否掌握了重大生态文明建设项目的方案、进度、质量、效率和风险等情况。

第四，基于制度效益性审计诉求拓展审计内容和范围。生态文明建设制度的制定和实施是需要付出时间和成本的。理论上，在不计成本的前提下，可以塑造完美的生态文明建设制度体系，但是，在现实经济社会生活中这是很难实现的。因此，在制定生态文明建设制度体系和确定生态文明建设制度内容时，应充分考虑制度建设的投入产出和成本效益，要寻求共识、求同存异，甚至需要做出一定程度的利益妥协。当前，生态文明建设制度效益审计不仅要关注制度效果或后果的高低和程度问题，而且更要重点关注生态文明建设制度执行过程中是否存在组织重叠、权责不清、流程冗杂、监管“超载”、效率低下等问题。

具体来说，应特别注意：（1）是否建立了系统有效的资源整合机制，地区和部门间的协调与协作以及外部审计协同和国际间审计合作是否畅通融洽；（2）是否建立了先进有效的环境审计技术方法体系，现代信息技术手段的运用和信息共享平台建设是否及时有效，环境费用效益分析法和环境经济评价法等方法是否得到综合利用，等等。

2. 基于现行和未来生态文明建设制度体系拓展相关审计内容和范围

生态文明建设制度体系审计就是利用审计功能对生态文明建设制度的制定和执行进行全程审计监督和审计评价，也就是对既有生态文明建设制度进行所谓的制度“查漏”，并提出改进意见和建议，并进行所谓的制度“补缺”。前者以查找问题为主，后者以提出建议为要。两者相辅相成，共同促进生态文明建设制度体系的完善、改进和改良。一般包括两个方面：（1）对正在实施的生态文明建设制度，通过制度执行审计，发挥审计的监督与纠偏效用，提高生态文明建设制度的遵守性与适应性；（2）对还未实施的制度，通过制度预先审计，发挥审计的服务与预测功能，提高生态文明建设制度及其体系的完备性和科学性。

第一，应将已经实施的生态文明建设制度纳入生态文明建设制度体系审计的范畴。目前，这些制度主要是资源有偿使用与生态补偿制度、生态违法责任追究制度和生态监督管理制度等。实施资源有偿使用制度和生态补偿制度的政策依据主要是十八届三中全会通过的《中共中央关于全面深化改革若干重大问题的决定》中首次提出的要实行资源有偿使用与生态补偿制度和 2016 年国务院办公厅发布的《关于健全生态保护补偿机制的意见》。前者是运用市场价格机制，配置资源尤其是配置自然资源，促进资源合理利用的重要制度安排。为了提高制度内容的成熟度和价格要素的区分度，生态文明建设制度体系审计应该重点关注资源有偿使用制度的内容成熟性和市场完全性，切实防止资源价格偏离价值轨道，忽高忽低，造成资源浪费和污染加重，影响生态文明建设的进度和效果；后者是国际社会治理环境污染的通用做法，是一种依据"谁受益、谁补偿"的原则形成的受益者付费、保护者得到合理补偿的运行机制。为了提高付费标准的合理性和补偿获益的精准性，生态文明建设制度体系审计应该以生态文明建设资金为线索，侧重补偿资金来源的合法性、合规性和补偿资金使用的效益性、效率性，切实提高生态补偿的精确性—个性化及颗粒度的准确性—确定性及逼近度。

实施生态违法追究责任制度的政策依据主要是党的十八届四中全会通过的《中共中央关于全面推进依法治国若干重大问题的决定》中所强调的要用严格的法律制度保护生态环境，并建立重大决策终身责任追究制度及责任倒查机制和 2015 年党中央、国务院印发的《关于加快推进生态文明建设的意见》中所明确要求的对违背科学发展要求、造成资源环境生态严重破坏的要记录在案，实行终身追责。实施生态违法追究责任制度不仅是借助法律手段推进生态文明建设的基本要求，而且也充分展示了我国构建标本兼治的生态文明建设立法体系的基本构想。为此，生态文明建设制度体系审计应重点关注在生态文明建设制度制定和落实过程中是否存在违纪违法情况、是否存在生态权利和生态责任不对等情况，尤其是对负有领导职责和权力行使的党政干部存在生态违纪违法情形的，是否都实施了问责追责。

实施生态监管制度的政策依据主要是 2015 年国务院办公厅印发的《生态环境监测网络建设方案》中对我国生态环境监测网络建设所做出的全面规划和部署。它要求到 2020 年，初步建成陆海统筹、天地一体、上下协同、信息共享的生态环境监测网络。环境监测是生态文明建设的基础性工作，实施生态监管制度是近年来我国对生态文明建设制度的重要探索。为了使生态环境监测能力与生态文明建设要求相适应，生态文明建设制度体系审计应重点要考察是否充分利用生态环境监测结果来考核问责各级政府生态文明建设责任落实情况，是否依托重点排污单位污染源监测开展监管执法，是否实现生态环境监测与执法同步，是否提升了生态环境风险监测评估与预警能力，以及是否明晰了各级政府和企业生态环境监测事权与责任等。

第二，应将还未实施或不便于以"硬制度"形式实施的生态文明建设制度纳入生态文明建设制度体系审计的范畴。这些制度主要涉及社会公众如何广泛参与生态文明建设等问题，具有广泛性和未来性。一般来说，推行生态文明建设制度审计的预审制是促进生态文明建设制度完备性、健全性的必要途径。对于并未列入生态文明建设现行或正式制度范畴但对生态文明建设至关重要的现实或未来问题，需要通过预审制度加以关注。

例如，追求免受环境污染危害的权利，包括当代人的环境发展权和子孙后代的环境生存权，如何免受环境问题与生态危机的威胁和侵害，并且如何获得这种权利，形成的共识和一致的承诺是：社会公众需要通过积极参与生态文明建设才能降低或遏制这种威胁和侵害，才能获得这种当代人的发展权和子孙后代的生存权。但是，在生态文明建设制度制定和执行过程中，社会公众如何参与、参与度怎样？有没有树立正确的生态文明观？凡此种种，都需要生态文明建设制度审计作出客观的评价。再如，完善生态文明教育和宣传制度始终是我国发动群众、凝聚共识、形成力量全面推进生态文明建设的重要制度法宝，而生态文明建设制度审计恰恰是一个起着积极传播生态文明观念，使之转化为社会共同生态责任意识的桥梁和纽带。

5.4 生态文明建设制度体系审计步骤与方法

生态文明建设制度体系审计的步骤和方法，实际上就是要解决生态文明建设制度及其体系“怎么审”的问题。尽管具体步骤和方法还在继续探索之中，但是鉴于生态文明建设制度体系审计属于制度基础审计的范畴，在设计审计步骤和应用审计方法时，应该符合制度基础审计的原理与方法，遵循制度基础审计的一般规律。制度基础审计，也可称为系统基础审计，是从会计是一个信息系统观点出发，建立在对被审计单位制度体系尤其是内部控制制度进行评价或评估以确定重点审计领域或审计主题基础之上的，一般是将那些控制薄弱或无效以及失去控制的会计或业务系统作为重点内容纳入审计范围。其基本步骤无外乎调查、评价和符合性测试。

5.4.1 生态文明建设制度体系审计的调查方法

要审查和评价生态文明建设制度及其体系，首先需要熟悉被审计单位的生态文明建设制度体系，主要步骤是全面了解和综合描述。也就是通过查阅有关文件、参考有关资料，并借助于现场询问、实地观察等方法，全面掌握被审计单位实施了哪些制度、采取了哪些措施、包括哪些控制点或关键控制点等，然后通过一定的方法把生态文明建设制度及其体系的总体情况和特殊问题描述出来。常用的调查方法主要是书面记述法、调查表法和流程图法。

所谓书面记述法，就是沿着生态文明建设制度的制定和执行轨迹，记述有关制度、系统和活动以及有关部门和人员履职尽责情况的一种审计调查方法。

所谓调查表法，就是通过问答方式，全面了解所掌握的生态文明建设制度的重要领域、薄弱环节和关键控制点来调查和反映生态文明建设制度制定和执行实际情况的一种审计调查方法。其中，提出的问题也就是所要调查的事项。

所谓流程图法，就是用特定的符号和线条绘制而成的全面系统反映生态文明建设制度制定和执行情况的一种审计调查技术。目前运用现代信息技术可以便捷实现流程图的规范和一致。

上述方法各有优缺点，在实际工作中可以综合运用。一般来说，书面记述法是调查表法和流程图法的有益补充。

5.4.2　生态文明建设制度体系审计的评价方法

在对生态文明建设制度全面调查了解的基础上，对所描述的生态文明建设制度及其体系进行初步评价。在评价过程中要重点关注生态文明建设制度及其体系的健全性、合理性和有效性，也就是评价生态文明建设制度及其体系是否涵盖了应有的内容、流程、环节和控制点；评价生态文明建设制度的内容是否恰当、流程是否顺畅、环节是否必要和措施是否得力；评价相关人员素质和能力是否胜任生态文明建设制度制定和执行工作、制度目标能否实现、是否发挥了应有的效果，等等。目前应重点关注生态文明建设制度体系是否存在过载和不适应现象，是否影响到了生态文明建设制度执行的效率和效果。常用的评价方法主要是案例分析法、问题解析法和问题追溯法。

所谓案例分析法，也称管理程序法或作业流程分析法，就是通过对生态文明建设制度体系中的管理程序或作业流程进行全面系统的剖析，评价生态文明建设制度的自洽性、科学性、适应性和可操作性，发现生态文明建设制度执行过程中存在的问题和不足，了解生态文明建设具体制度的各个控制环节尤其是生态文明建设管理系统关键控制环节的有效性。

所谓问题解析法，也就是判断分析法，就是通过对生态文明建设制度及其体系已发现的相对综合和抽象的存在问题进行更为深入的归纳演绎分析和专业价值判断，进一步将这些问题重点化、具象化和简单化，找出关键问题及其产生根源，最终提出解决问题、克服困难、完善制度的针对性措施或建议。

所谓问题追溯法，也就是问题导向法，就是针对已经发现的重大线索和突出问题，从所涉及的生态文明建设制度的起点入手，逐一分析制度流程，查找制度失控或失效环节，最终查实问题、找出原因、落实责任和提出完善或整改意见。一般来说，重大问题线索可以利用数据挖掘与抓取等现代信息技术和互联网信息平台及群众来信、来访、检举或揭发等方式获取。

5.4.3 生态文明建设制度体系审计的符合性测试方法

符合性测试，也就是遵守性测试，主要检查生态文明建设制度及其体系是否得到了遵守以及遵守程度如何，侧重于生态文明建设制度的控制点是否在生态文明建设实践中得到了认真对待和贯彻执行。常用的测试方法是检查相关证据法、实地考察法和重新执行法。

所谓重新执行法，也就是穿行测试法，就是通过选取贯彻落实生态文明建设制度体系过程中的某项重点业务或异常现象进行“重做”，测试生态文明建设制度的相关控制环节是否存在、是否有效、是否发挥了应有的作用，并借此检验审计人员了解和掌握的有关情况是否真实、准确和全面。

通过对生态文明建设制度的调查、描述、初步评价和符合性测试，基本上能够对生态文明建设制度及其体系的健全情况和可信赖度作出较为准确的判断和评价，为决定生态文明建设制度体系审计领域、审计主题和审计策略，尤其是为决定实质性测试的性质、范围和重点提供科学的依据。

第 6 章

生态文明建设项目资金审计研究

6.1 生态文明建设项目资金审计的 SWOT 分析

6.1.1 推行生态文明建设项目资金审计的优势

1. 生态文明建设项目资金审计在本质上属于财务审计范畴

生态文明建设往往是通过一系列的生态文明建设项目来推进和完成的，因此，生态文明建设资金审计归根结底是以项目资金及其运动为主要内容的生态文明建设项目资金审计，也就是以生态文明建设具体项目所形成的会计信息为对象的财务审计。以差错纠弊、监督控制为主要目的的财务审计既是现代审计发展的滥觞，也是现代审计体系中最为成熟的审计类型和形式，当然也是现实审计实践中最为普遍的一种审计实务。完善的财务审计理论与方法体系，丰富的财务审计实操经验，为生态文明建设项目资金审计提供了丰厚的理论支持和实践借鉴。

2. 生态文明建设项目资金审计是环境财务审计的延伸发展

生态文明建设项目资金审计从发展脉络上看是环境财务审计在生态文明时代的延伸和发展。自国际最高审计机关在第二十届国际大会上一致通过《约翰内斯堡共识》并将环境审计作为各国政府间审计合作的对象和内容以来，世界各国都高度重视环境审计问题。最高审计机关国际组织环境工作组颁布的作为环境审计标准的第 5130 号文件——《可持续发展：最高审计机关扮演的角色》和具体规范国家间环境审计合作方式的第 5140 号文件——《最高审计机关如何在国际环境协议审计方面进行合作》，在世界各国得到了普遍应用，尤其是在第二十一届国际大会上公布的《北京宣言》中明确指出的国家进行环境审计是为了不断提高国家治理成效和改善人类生存的自然环境和社会环境的目标，为生态文明建设项目资金审计指明了方向、提供了制度经验。

3. 生态文明建设项目资金审计有坚实的实践基础和丰富的实务经验

各级政府高度重视生态文明建设及其审计工作，为生态文明建设项目资金审计奠定了坚实的实践基础，提供了可示范、可复制、可借鉴的丰富经验。自党的十八大做出“大力推动生态文明建设”战略部署和党的十九大提出“人与自然和谐共生”基本方略以来，从中央到地方，各级政府陆续出台了一系列生态文明建设政策文件。国务院在颁布的《关于加强审计工作的意见》中明确将土地等自然资源以及自然资源被破坏后的治理和修复列入生态文明审计的具体内容。国家审计署在《关于完善审计制度若干重大问题的框架意见》和《关于实行审计全覆盖的实施意见》等文件中又将森林、海洋、土地、草原等自然环境资源和归属国家所有的经营权、管理权等这样的无形资产以及其他归属国家所有的各种自然资源列入生态文明审计的内容范围。

4. 生态文明建设项目资金审计具有广泛的民意基础和扎实的民众支持

随着社会公众环保意识的逐步增强，生态文明建设具有了广泛的民意和民众基础，社会各界充分认可生态文明审计在生态文明建设中所发挥的促进和保障作用。一方面企业愈加重视环境保护和生态文明建设工作，将这项工作上升到企业战略层面，贯穿在企业生产经营活动全过程，严格政策执行，加大资金投入；另一方面社会公众开始关注企业的环保形象和环保公益，注重购买绿色产品，力行绿色消费和绿色出行，高度认同当前处理经济增长与环境保护关系的方针、政策、思路、措施和办法。

总的来看，随着各种政策文件的陆续出台和人们对生态文明审计认知水平的不断提高，生态文明建设项目资金审计实践越来越活跃，审计内容越来越丰富。从面上看，生态文明建设项目资金审计主要集中在资源开发、污染防治、科学开采、水土污染预防等领域，从项目看，则多侧重于对生态文明建设项目资金的过程管理、责任落实、效益形成等方面。

6.1.2 推行生态文明建设项目资金审计的劣势

1. 生态文明建设项目资金审计具有任务艰巨性和工作复杂性

生态文明建设的复杂性、全面性、长期性和战略性，尤其是生态文明建设实施主体的多元性和建设项目的多样性，决定了生态文明建设项目资金及其财务活动的跨主体、跨区划、跨领域和跨要素等特性。具体表现为资金来源多性质、多渠道、多途径和多方式，资金占用多方面、多项目、多阶段和多环节，资金运动规模大、结构杂、频率高和周期长。这就决定了实施生态文明建设项目资金审计全覆盖的任务艰巨和工作复杂。例如，对大气污染防治这样的生态文明建设项目，即使在某一特定时间或时期，对项目资金进行了较为详尽的审计，由于涉及碳排放量、污染排放物以及相关税费计算以及其计量标准和计量依据在不同时期有所差异等原因，也很难保证这种审计结论一定是符合生态文明建设的未来预期的，在未来某个时期就一定是精准合理的。

2. 生态文明建设项目资金审计的制度尚不完善及标准还不统一

生态文明建设项目资金审计制度尚不完善，尤其是生态文明建设项目资金审计标准还没有完全统一，在某项方面甚至还存在制度空白，缺乏全面实施生态文明建设项目资金审计的制度及标准体系。即使目前在全国相关省市或地区开展的环境审计工作，主要是领导干部自然资源资产离任审计工作，也缺乏统一的审计标准，各级审计机关或审计组织往往根据自己对相关政策的理解和对被审计单位的了解来探索性地开展业务，尚未建立起公认一致的审计制度及标准和审计流程，审计程序千差万别，审计方法各有千秋，彼此孤立，缺少连贯性、系统性、体系性和理论性。

3. 生态文明建设项目资金审计人员专业知识单一和技术能力落后

生态文明建设项目资金审计人员知识结构单一、技术能力滞后、队伍整体偏弱，尤其是缺乏自然资源与生态环境、地球物理与地理技术、工程技术和信息技术、数理统计和大数据分析等方面的专门审计人才。生态文明建设项目资金不是简单地运用于经济社会活动和生产生活领域，而是运用于涉及自然资源、国土空间、生态系统、地理环境以及农林草山海河湖和土气水等在内的极为复杂的系统要素。这就对生态文明建设项目资金审计人员的专业知识、胜任能力和综合素质提出了更高的要求，迫切需要全方位地进行提升和改造。

6.1.3　推行生态文明建设项目资金审计的机遇

进入新时代，随着生态文明建设上升为国家战略，中央和各级政府以及社会各界投入生态文明建设的资金越来越多，尤其是用于环境保护的专项资金一直呈逐年上升趋势。例如，中央政府在2004年设立“环境保护专项资金”和“自然保护区建设基金”的基础上，又在2007年、2008年、2010年和2015年分别增设了用于污染物排放、水污染和处理城镇污水排放治理、农业区环保、重金属污染处理和废弃电子产品处理等方面的专项资金。但是，我们也看到，一方面投入生态文明建设的资金规模越来越大、专项资金种类越来越多；另一方面违规使用和非法占用环保专项资金的案件一直呈蔓延趋势。这就要求生态文明建设项目资金审计要及时介入、全程跟进，切实发挥保驾护航作用。

6.1.4 推进生态文明建设项目资金审计的挑战

1. 生态文明建设项目资金审计力量不能适应相对繁重的审计任务

传统财务审计基本上没有涉猎过生态文明建设项目资金审计业务，审计力量、审计资源、审计手段和审计方法落后于生态文明建设项目资金审计任务，不能满足生态文明建设项目资金审计的迫切需求。即使目前已经试点开展的生态文明建设项目资金审计业务，更多的还是侧重资金调配和使用的合规审计和合法审计，关注更多的是生态文明建设项目资金是否存在闲置、挪用、套用等情况，而对生态文明建设项目资金的投入产出效果，尤其是其社会效益、生态效益和公众体验度或满意度则鲜有涉及，对已经建成投入运行的生态文明建设项目的后续审计跟进不够，对相关项目实际能力是否达到设计水平、是否存在空转、闲置和废弃的状况掌握不全面、不及时，对生态文明建设项目资金使用的效率效益缺乏长效监督。

2. 生态文明建设项目资金审计方式不能适应相对繁杂的审计对象

生态文明建设几乎涉及经济社会的全部领域，面广点多，资金归口管理和使用部门繁杂。既涉及自然资源、生态环境等与生态文明建设直接相关的部门，也涉及农林牧副渔等与生态文明建设密切相关的行业；既涉及环保设施建设、环境污染防治，也涉及生态系统修复和濒危动植物保护。这就要求生态文明建设项目资金审计不仅要针对某个单一客体或对象，而且更要通过延伸审计、联合审计、协同审计等多种审计方式扩大到其他主体或单位。

6.2 生态文明建设项目资金审计的相关概念与基本理论

6.2.1 生态文明建设资金内涵及其来源与运用

资金是否充裕关乎生态文明建设的成败。生态文明建设项目资金指的是生态文明建设主体运用于生态文明建设活动或项目的一切财产物资货币表现的总和。从财政财务角度讲，既包括货币资金，也包括其他流动资金和非流动资金，不同属性资金及其结构影响生态文明建设及其项目的进度和质量；从资金性质角度讲，既有公共资金，也有私人和社会资金，不同性质资金及其权重影响生态文明建设的任务担当和成果分享。生态文明建设资金，具体就是项目资金，主要来源于政府预算、企业投入、金融借贷、社会募集和国际合作，也就是来源于中央和地方政府、企事业单位、其他组织或个人为保护自然资源、维护生态环境、治理环境污染、防止生态恶化等所投入或支出的资金。其中，中央和地方各级政府及其他公共部门投入的公共资金是其主要组成部分。

生态文明建设公共资金是指具有共有公用性质的资金。从本源上讲，它是政府通过税收、国债和使用费等方式筹集的用于生态文明建设项目（或活动）的资金，表现为财政预算资金和财政专项资金。前者是指各级财政部门下达的本级预算单位的部门预算中运用于生态文明建设的那部分资金；后者是各级财政部门基于生态文明建设这一“委托性事权”拨付的除正常预算以外的专门用于生态文明建设项目的财政性资金。从广义上看，生态文明建设公共资金还应该包括国有企业，即国有的和国有资产占主导或控股地位的企业运用于生态文明建设项目的资金。

当然，由于公共资金数量有限，需要不断拓宽筹资渠道、积极创新融资方式。其中，金融资金是生态文明建设项目资金的重要组成部分，私人企业和社会公众资金是生态文明建设项目资金的重要社会力量，国际资金是生态文明建设项目资金的必要与有益补充。需要特别指出：生态文明建设领域的国际合作主要是指中国与各类国际机构合作开展的与环境保护、生态修复等生态文明建设相关的一系列活动，包括项目开发、资金技术援助和合作研究等。

在实际运作时，公共资金尤其是政府投入的公共资金，既可以直接投入生态文明建设的某一具体项目，也可以设立种子基金来吸引和撬动社会资金。

目前，生态文明建设项目资金主要运用于环境保护领域，也就是说，环保资金是生态文明建设项目资金最主要的占用方式。广义上讲，环保资金是指运用于环境保护事业的各种资金，不仅包括治理重度污染工矿企业的资金，也包括退耕还林、退牧还草等方面的资金；狭义上讲，则仅指从企业征收排污费而形成的中央环境保护专项资金和地方环境保护专项资金[317]。它一般运用于：（1）治理某个重点工矿企业污染源，对重度污染行业和企业进行整顿改造；（2）治理公众反映强烈的污染源；（3）河流、湿地等处的区域性污染治理；（4）建设环境监测系统，使其能够更好地进行环境监测；（5）完善各地环保监测机构建设；（6）积极开发和引进新型环保技术，提升环保工作效率，促进环保事业水平提高；（7）研发推广环保设备[318]。

6.2.2 生态文明建设项目资金审计的内容和类型

生态文明建设项目资金审计是以生态文明建设单位会计核算资料为主要对象，根据有关生态文明建设的方针、政策、财经法规和会计制度，对被审计单位财务活动及相应资金活动的真实性、合法性、合理性和效益性进行系统审查的经济监督活动。既包括合规审计，也包括绩效审计。前者主要审查和验证负有生态文明建设责任的具体单位和整个组织的财务责任，以及评价其遵守财务法规和规章的情况和相关内部控制制度、内部组织机构的公正性和恰当性；后者主要审查负有生态文明建设责任的单位或组织行政管理制度、办法和政策的经济性，以及审查其人、财、物等资源的利用效率和评价预期目标实现的程度或实际效果。

在市场经济环境下，资金不仅是推进生态文明建设的基础性资源，而且也是维持生态文明建设健康运行的新鲜血液。生态文明建设项目资金到位是否及时、来源是否合法、占用是否合理、运用是否有效、成果是否显著，决定着生态文明建设能否按时完成、能否达到预期目标。生态文明建设涉及面广、内容复杂、建设周期长、资金规模大，在资金筹措、占用和使用过程中时常存在闲置浪费、弄虚作假、寻租腐败、目标偏离和效率低下等现象和风险，面临“援助困境”。在现行监管体制下，切实可行的解决之道就是引入生态文明建设项目资金审计，通过运用其监督、评价和鉴证功能，一是揭露和纠正被审计单位生态文明建设资金运动过程中存在的问题，发挥其防护性或制约性作用；二是监督和促进被审计单位生态文明建设资金运用责任的严格履行和相关利益的正确处理，发挥其建设性或促进性作用。

生态文明建设项目资金审计本质上是因生态文明建设资金管理责任履行而产生的一种全新审计业务。具体就是要重点审查被审计单位生态文明建设的资金运动过程，侧重于经济活动方面。一是审查这些经济活动是否遵循党和国家生态文明建设的有关财经方针和财务政策；二是审查这些经济活动是否存在影响生态文明建设进程或生态文明建设质量的情况。前者基本上属于财务审计和合规审计的范畴，统称为传统审计，也就是对生态文明建设项目资金的筹集、使用和管理的真实性、合理性和合规性所进行的审计；后者属于绩效审计的范畴，主要侧重生态文明建设项目资金筹集、使用和管理的经济性、效率性、效果性也就是效益性所进行的审计。在完善的法治体系和智能化会计核算背景下，生态文明建设项目资金审计中的传统审计业务一般会融入遵纪守法的自觉行动和智能会计核算过程中，在这种情况下绩效审计无疑是生态文明建设项目资金审计最主要或最重要的审计业务或审计类型。

进一步地，在国家审计或政府审计领域，生态文明建设项目资金审计既是在“大审计”背景下，审计机关或审计组织对生态文明建设项目资金中公共资金的筹集、使用和管理所进行的审计监督和审计评价，也是现行经济责任审计范围的扩大和拓展，属于经济责任审计的范畴。经济责任审计是一种具有鲜明中国特色的审计方式和类型，起源于20世纪的厂长经理承包责任制审计，成熟于党和国家行政考核评价中的采纳、运用和融合。党的十九大以来，随着中央审计委员会的组建和成立，国家明确要求对“公共资金、国有资产、国有资源、领导干部经济责任履行情况进行审计，实施审计监督全覆盖”。生态文明建设是各级党委、政府和国有企业主要领导干部经济责任中的重要内容，既涉及公共资金利用、国有资产管理和国有资源开发，也涉及领导干部经济责任的履行，是经济责任审计的自然领域。

6.2.3　生态文明建设项目资金审计的目的与目标

生态文明建设项目资金审计的目的是指审计组织或审计人员的工作意图和期望得到的结果。生态文明建设项目资金审计的目标则是指审计组织或审计人员为达到既定审计目的、得出相应审计结论而需要通过对具体项目的审查来证明或解决的问题。

生态文明建设项目资金中最主要的部分是公共资金，通常包括公共财政资金和其他社会公共资金两部分。如何实现生态文明建设领域公共资金的最优配置，也就是如何优化配置方式、提高配置效率、防止配置失衡，无疑是生态文明建设项目资金审计的最主要目的。从这个角度讲，生态文明建设项目资金审计就是为了实现生态文明建设领域公共资金（当然包括公共资源和公共资产）最优配置而采取的一系列审计监督、审计评价、审计鉴证和审计监察措施。

审查和关注生态文明建设项目资金配置和使用的真实性、合规性及合理性始终是生态文明建设项目资金审计这一财务审计的永恒主题。所谓真实性，就是指涉及生态文明建设资金运动的财务活动及其相关业务和会计处理是真实的、如实反映的，无论是在计算上、时间上，还是在业务活动性质与内容上；所谓合规性，就是指生态文明建设资金运动所涉及的一切财务活动是符合国家财经法纪、制度和规定的，同时相应的会计处理是符合会计准则、会计标准和会计制度的；所谓合理性，就是指生态文明建设资金的配置和使用是符合经济规律、经济常识和经济有效原则的。一句话，生态文明建设项目资金是否得到合法、合理的配置与使用，是否得到如实、可靠的反映和核算，是生态文明建设项目资金审计的基本目标。

除此之外，生态文明建设项目资金审计还应重点考察和评价生态文明建设资金配置和使用的绩效，也就是“业绩、功效、成绩”和“效率、效益、效果”，这是生态文明建设项目资金审计的衍生目标。随着法治中国建设和依法治国方略推行以及法治意识的增强、法律规范的完善和法律执行的强化，生态文明建设资金的真实性、合规性审计目标逐渐融入了人们的法治思维和法治行动中，成为常态化的自觉行动和价值追求，在生态文明建设项目资金审计目标体系中虽不可或缺但重要性有所下降。相反，生态文明建设资金绩效审计，也就是关注和评价生态文明建设项目资金在特定时期，通过筹集、分配、管理、使用和结存等特定途径或方式所取得的成绩、成效和成果成为审计重点，即生态文明建设项目资金审计目标由财务审计目标转变为绩效审计目标，也就是全绩效目标。它不仅包括生态文明建设项目资金收支及其经济活动的经济性、效率性和效果性绩效，而且也包括其公平性、公正性、社会性和环境性绩效。

所谓经济性是指在一定期间内投入一定量的生态文明建设资金所获得的生态文明建设绩效是最大或最优的。也就是说，或者耗费成本最少，或者节约水平最高，或者经济效益最好。也可以从比较分析的角度看，或者资金收益大于成本耗费，或者资金使用对经济社会发展所作出的直接和间接贡献最大。

所谓效率性是指生态文明建设资金的投入产出比最高，主要从成本角度关注效益的最大化，或者说用最小最低的资金投入获得最大最好的工作业绩，反映的是资金所费与所得的对比关系。

所谓效果性是指生态文明建设资金既定目标的实现程度及其影响状况，主要是关注风险预警和防控，反映的是资金实际与预期成果的对比关系。也就是说，生态文明建设资金实际所占比实际所得是否有利。

所谓公平性是指要出于平等的待遇来安排和使用生态文明建设资金。公平偏向于“平衡”，强调生态文明建设资金使用成果是否为不同主体或个体平等地拥有并分享，也就是说是否惠及自然界和人类社会的每一个构成部分。

所谓公正性是指要出于平等的考虑来安排和使用生态文明建设资金，要突出生态的公正性、经济的公正性和区域的公正性，强调事实与价值的统一、责任与义务的统一和利益与权利的统一。

所谓社会性是指生态文明建设资金安排和使用是否有利于促进人与人、人与社会的文明，促进和谐社会建设。其中，人与社会的文明归根结底是人与人的文明，最终指向是人与自然的文明。

所谓环境性是指生态文明建设资金活动对生态环境的影响和自然资源利用的有效性。具体是指：第一，政府及其公营部门在资金安排和使用过程中是否符合国家规定的各项环境绩效审计标准；第二，资金的投入能否促进生态和环境改善，政府及其公营部门的运营、发展是否能够与生态环境共生；第三，资金的使用是否符合与环境相关的法律法规的要求，是否严格按照国家的相关政策进行管理。

当然，生态文明建设项目资金审计目标是一个具有层次性、关联性的结构体系。考核生态文明建设项目资金利用是否真实、是否符合法律法规之规定，这只是生态文明建设项目资金审计工作最基本要求。只有对生态文明建设资金使用的效果效益做出如实描述和评价，才是生态文明建设项目资金审计工作的本质目标。

也就是说，生态文明建设项目资金审计首先要考核相关资金是否具有生态文明建设的特征以及是否具有一定的公众生态环境满意度。就环保资金而言，就是要把具有环保特征和体现社会资源分配的公平性作为资金绩效审计的两个主要目标[319]；同时要求整个审计工作过程，都要具有环保特征，并且能够体现一定的经济性和效果性[320]。换句话说，审计机关或审计组织要根据审计结果，对被审计单位的管理体制等内容提出意见，促使相关单位能够合理使用环保资金，保证环境保护资金在生态文明建设事业中体现其存在价值[321]，而不是仅仅强调公共财政资金的合规性，忽视环境保护资金的效率和效果[322]。

6.2.4　生态文明建设项目资金审计的客体和范围

生态文明建设项目资金审计的客体和内容也就是生态文明建设项目资金审计的对象。它产生于审计基本关系（亦称三方关系）中的被审计单位或个人，即在履行生态文明建设项目资金使用和管理责任时所发生的财务活动及其相关经济活动，具体指向的是生态文明建设项目资金审计所要监督、审查和评价的内容。通过对这些财务活动或经济活动的真实性、合规性、合理性和效益性，以及导致和规范这些活动的管理制度的审查，来评价被审计单位或个人践履生态文明建设项目资金管理责任是生态文明建设项目资金审计的主要工作职责。

明确生态文明建设项目资金审计客体和范围，对生态文明建设项目资金审计工作的开展和审计目标的达成具有十分重要的意义。根据我国生态文明建设的实际，考虑到生态文明建设的现实性和前瞻性，在借鉴国际经验的基础上，我们认为：生态文明建设项目资金审计应该涵盖政府、企业和其他社会组织等运用各种筹资方式所募集的用于生态文明建设的全部资金，涉及生态文明建设项目资金的筹集、使用和管理等各环节和全过程，具体包括被审计单位或组织用于生态文明建设项目的资金来源、资金占用、成本费用和效益效果等方面。鉴于生态文明建设正处在启动和推进的起步阶段以及中央和地方政府在推进生态文明建设过程中的主体责任和主导地位，目前生态文明建设项目资金审计对象涉及的主要内容是被审计单位或组织接受的中央和地方各级政府投入生态文明建设的财政性资金，考虑到中国特色社会主义经济体制的特殊性，也应包括国有的和国有资本占主导或控股地位的国有企业用于生态文明建设的那部分资金。

基于上述分析，生态文明建设项目资金审计应审查被审计单位或组织的自有资金、借入资金、财政资金和筹集资金的存量规模、增加变动、结构变化、重大风险以及资金安排使用的合法性、合理性、适当性、及时性、可行性和有效性。其中，对于财政资金中的预算资金要重点审查预算编制是否科学、合理和有效，预算编制方法是否科学、适应和可行，预算收入与预算支出是否匹配、合理和恰当，尤其是要审查预算支出是否遵循了计划性与灵活性的统一，是否在遵循了预算制度刚性原则的同时又考虑到了预算执行的例外原则；对于财政资金中的专项资金要重点审查生态文明建设项目入库数量、质量、规模和结构，也就是说专项资金滚动项目库是否按照“优化结构、确保重点、集中使用、突出效益”原则确定项目立项，重点审查是否按照“公平、公正、公开、规范”原则安排专项资金，是否体现了生态文明建设资金的公益性、公共性、公开性、公平性、规范性和绩效性等原则，重点审查生态文明建设专项资金使用的严肃性、真实性和精准性，避免“散、乱、小”“雨过地皮湿”和没有发挥实质性作用等问题。以环保资金为例，生态文明建设项目资金审计应重点关注以下内容：

第一，环保资金来源审计。目前我国的环保资金主要来源包括：（1）行政性收费中纳入单位财政预算支出、可用于环境治理和监控的专项资金；（2）本单位财政安排用于环境保护项目的专项资金；（3）上级主管部门安排的环境保护专项资金；（4）其他资金。其中，行政性收费是环保资金的主要来源。因此，生态文明建设项目资金审计应重点关注征管部门管理职能发挥的有效性和预算收入目标的实现程度。具体就是：征管基础是否扎实，征管职能是否到位，日常征管是否合法，欠费管理是否严格，部门自收汇缴收入缴库是否合规，以及财政资金拨付是否及时，是否符合政策规定等问题。

第二，环保资金使用审计。需要特别关注资金支出的合法性，也就是：（1）环保资金预算执行是否合法、合理，是否全面、严肃；（2）环保资金支出是否真实、有效，是否符合政策和纪律要求；（3）财务管理是否恰当、规范，是否与预定目标相一致。

第三，环保资金管理审计。应着重关注环保项目管理控制系统的科学性和实操性，着重关注相关制度尤其是内部控制制度的健全性和有效性，着重评价、报告和监督环保项目的环保性和效果性，以及管理控制系统优化的具体措施和办法。

第四，环保资金效果审计。通过分析环保资金在推动经济发展、社会效益和生态改善等方面所取得的成绩，揭示环保资金使用过程中存在的问题和不足，提出具体的改进意见和建议。为全面、客观地反映环保资金的绩效性，在进行项目资金绩效审查和评价时，应综合考量当期直接绩效和长远未来绩效，尤其是对环保资金绩效的滞后性应开展后续审计或跟踪审计。

6.3　生态文明建设项目资金审计的范式、程序和方法

6.3.1　生态文明建设项目资金审计的经典范式

实施生态文明建设项目资金审计，应根据审计项目要求和审计组织力量以及被审计单位或组织的具体情况，确定适当的审计范式。生态文明建设项目资金审计属于财务审计或财政财务审计范畴，也就是属于传统审计范畴，源于审核经管责任的需要。因此，其审计范式可以借鉴或参考传统审计的主流范式。

根据审计目标和审计基础或导向的不同，从审计演变的历史轨迹来看，传统审计的主流范式一般包括账项基础审计、制度基础审计和风险导向审计。所谓账项基础审计，又称详细审计，就是以差错纠弊为目标，以会计核算资料为基础，对被审计单位或组织的所有会计事项来龙去脉进行审查的审计，它本质上是一种站在所有者立场，为所有者服务的批判性、监察性审计[323]。所谓制度基础审计，也称程序审计，就是以评价会计报告及报表的公允性为主要目标，以内部控制制度健全性和有效性为基础，对被审计单位或组织可能存在重大错报、漏报、差错或舞弊的会计事项进行证实或证伪及鉴证的审计，其根本特点是在确定审计范围、内容和时间时，必须以内部控制制度的健全性、有效性和实际运用状况为依据[324]。所谓风险导向审计，就是立足对审计风险进行系统的分析与评价，并以此为出发点，制定审计战略，制订与企业状况相适应的多样化审计计划，使审计工作适应社会发展的需要[325]，也就是从企业的战略分析入手，通过战略分析——经营环节分析——财务报表剩余风险分析，来决定实质性审计程序的性质、时间和范围[326]，体现的内在思想是任何审计业务都必须将审计风险控制在可接受的风险水平内[327]。

以此推论，生态文明建设项目资金审计也包括以账项、制度和风险为基础或导向的这三种基本范式。其中，以账项为基础或导向的生态文明建设项目资金审计，主要是通过详细检查会计凭证、会计账簿和会计报表，来发现和防止错误或纠正舞弊，满足生态文明建设利益相关者（主要是资金投入

者或所有者）对生态文明建设资金运动反映和核算独立检查的需求；以制度为基础或导向的生态文明建设项目资金审计，主要是在对被审计单位或组织内部控制制度进行可信赖度测试的基础上，通过财务报告及报表的横向对比分析，发现生态文明建设资金管理的薄弱环节和异常现象，并进一步审查相关具体业务或事项，最后汇总审计内容，编写完成审计报告；以风险为导向的生态文明建设项目资金审计，主要基于审计风险模型，即审计风险 = 固有风险 × 控制风险 × 检查风险，或者审计风险 = 重大错报风险 × 检查风险，来分配审计资源、确定实质性审计程序、防止审计抽样的随意性和出现重大审计风险。

诚然，生态文明建设项目资金审计的这三种范式不是彼此割裂、相互孤立的，而是赓续传承、密切联系的。在具体审计实务中不应单独采用、机械对待，而应彼此关照、交叉融合。尤其是以风险为基础或导向的生态文明建设项目资金审计，在更多情况下是一种审计思维、审计观念和审计战略，是对审计环境、审计目标、审计期望、审计效率和审计风险等诸多审计要素的综合考量，绝对不是对生态文明建设项目资金账项基础审计和制度基础审计的否定或舍弃，它也要时刻关注查错、纠弊、防弊，也须臾离不开对内部控制制度的健全性、遵循性和有效性审计。

6.3.2 生态文明建设项目资金审计的基本程序

生态文明建设项目资金审计程序，也就是审计过程，是指审计工作从开始筹备到最终结束的全部步骤、环节及其先后次序。其基本程序无外乎：（1）制订审计工作计划；（2）确定审计对象和拟订审计工作方案；（3）确定审计方式；（4）发出审计通知书；（5）组织实施审计；（6）提出和审定审计报告；（7）作出审计决定和进行必要复审；等等。这些基本程序可以简单地概括为以下三个审计阶段：

第一，生态文明建设项目资金审计准备阶段。围绕审计目标和审计任务，做好审计准备，是这一阶段的主要工作内容。一要通过学习党和国家有关生态文明建设的方针、政策和文件，尤其是当地党委政府有关生态文明建设的规划、方案和项目，把握相关内容，吃透相关精神；二要通过收集被审计单位或组织的有关资料，了解基本情况，熟悉重点业务；三要制定生态文明建设项目资金审计的具体工作方案和实施意见。

第二，生态文明建设项目资金审计实施阶段。根据工作方案和实施意见，具体组织和开展实施工作，形成工作底稿，是这一阶段的主要工作内容。一要通过召开动员大会、座谈会、会面会见、查阅或调阅材料等方式，对被审计单位或组织的重大战略部署、内部财务制度、内部控制制度、重要或重大业务进行了解、测试、调查和核实，并记入审计工作底稿，以备总结和报告；二要严格政治规矩和工作纪律，健全资料管理和使用制度，规范审计组织和审计人员的工作和生活行为。

第三，生态文明建设项目资金审计报告阶段。根据审计工作底稿，论证审计结论，形成审计报告，是这一阶段的主要工作内容。一要通过问题整理归类、性质确定、分析原因、形成结论、提出意见和建议，最终做出审计决定；二要为了检查审计决定的执行情况，维护审计的严肃性和权威性，或者为了考察审计效果，检验审计质量和成效，或者为了进一步解决遗留审计问题，总结审计工作经验，形成经典审计案例，应该选择适当时机实施生态文明建设项目资金的后续审计。

6.3.3　生态文明建设项目资金审计的主要方法

生态文明建设资金审计一般是采用抽查或抽样方法，在大量审计资料中选择适当的样本，然后综合运用查账、盘点、调查和分析等手段来进行的。在审计时，要充分利用生态文明建设制度体系审计的成果或结论，也就是说，要在生态文明建设制度体系遵守性审计基础上，基于审计风险考量，遵循重要性原则，有目的、有针对性地选取审计样本，避免一般性地应用随机抽样。在确定审计内容时，首先运用判断抽样法确定审计重点，然后再结合运用随机抽样具体确定审查内容。也就是说既要照顾全面，又要兼顾重点，以此来确保审计结果尽可能地接近实际，不致遗漏重大错弊，减少审计风险。

需要强调的是，生态文明建设项目资金审计应该充分利用人工智能等新技术，一要通过大数据分析和系统研究，发现疑点问题，进行面审计；二要通过限定项目和分散核查，发现和锁定证据，进行点审计；三要运用数据采集技术和工具，查实审计证据，进行综合审计分析。

前已提及，在法治社会，生态文明建设项目资金审计的重点应该是评价生态文明建设项目资金使用的效率和效果，也就是重点开展生态文明建设项目资金的绩效审计。鉴于环境保护项目起步较早，受到世界各国的普遍重视，致使目前的生态文明建设项目资金绩效审计以及开发利用的相关审计工具与方法也主要集中在该领域。其中，最具代表性的是项目分级评估工具、逻辑框架法、平衡计分卡、费用效益分析法和压力—状态—响应模型等。

所谓项目分级评估工具（Program Assessment Rating Tool，PART）最早是由美国总统预算与管理办公室（OMB），根据所有联邦预算项目资金绩效都是可测度的，也是可改善的理念设计，并引入预算绩效管理和评价领域[328]，主要从项目的目标、计划、管理和结果四个维度，通过问卷调查形式对环境保护项目资金绩效进行定量与定性分析评价的一种方法。目前，国际上已应用于许多领域，特别是关系到合作的环保领域、经济领域和发展领域[329]。

所谓逻辑框架法（Logical Framework Approach，LFA）是美国国际开发署（AID）基于事物之间的因果关系，也就是重置逻辑关系、水平逻辑关系和反馈关系等研发的环境保护项目的设计、计划和评价工具，主要评价项目实施的效果、过程、效益、影响和持续性等内容。由于该方法具有很强的科学性和灵活性，尽管产生较早，但始终是一种比较有效的项目资金绩效评估工具[330]。

所谓平衡计分卡（Balance Score Card，BSC）最早是由美国著名管理会计学家卡普兰（Robert. S. Kaplan）和诺顿（David. P. Norton）提出的，立足企业战略规划，通过对创造企业未来良好业绩驱动因素的分析与衡量，从财务、客户、内部流程以及创新与学习四个维度衡量和评价企业经营业绩的一种财务绩效综合评价方法[331]。该方法不仅在美国环境保护署（EPA）的绩效考评中得到长期应用，而且美国联邦会计总署（GAO）也应用其基本原理，从环保项目的投资、过程管理、社会资源利用与保护等方面，构建了一个全新的环保资金审计评价指标体系。

所谓费用效益分析法是19世纪以来作为评价公共事业投资的一种方法而逐渐发展起来的[332]。具体就是：通过对环境费用和环境效益的界定，使环境损益由外部化转变为内部化，通过财务报告的形式加以反映和对外披露，借此提高环境信息的决策有用性和对环境质量变化情况进行审计评价。该方法已经成为环境绩效审计领域中应用最为广泛、最为有效的审计分析方法[333]。

所谓压力—状态—响应模型（Pressure - State - Response，PSR）是环境质量评价的常用模型之一。20世纪八九十年代联合国经济合作与发展组织（OECD）和联合国环境规划署（UNEP）将其发展为一个研究环境问题的框架体系。基本思路和工作机理是：一方面人类发展过程中消耗了大量自然资源，并向环境排放废弃物，对生态环境构成了压力，进而改变了自然资源储量和环境质量状况；另一方面自然环境的改变又反作用于人类，为了应对这一反作用，实现社会的可持续发展，人类需要通过有意识的行为对其做出相应的反应[334]。

需要特别指出：在我国，应重点研究和应用生态文明建设项目财政资金绩效审计评价。具体就是基于结果和公众满意导向，运用科学方法、规范流程和统一标准与指标，对生态文明建设项目财政资金的投入、过程、产出与效果进行综合性测量与分析。重点关注的是生态文明建设项目财政资金收支决策的科学性和民主性，旨在追求生态文明建设公共资金执行的公信力，凸显生态文明建设公共资金绩效审计评价的价值理性和技术理性。其中，关键在于审计评价项目的立项和审计评价方法的确定。

关于生态文明建设财政资金绩效审计项目的立项可以由人大、政府及其部门委托或交办，可以是上级审计机关下达的审计任务，也可以是各级审计机关确定的审计事项等。在选择审计评价项目时，应重点考虑党和国家在生态文明建设方面的政策方针和工作重点、社会关注程度和水平、在资金规模及项目性质等方面的重要性、审计评价标准的公认性以及审计评价环境的适宜度等。具体可以通过初步确定备选项目、建立项目库、收集备选项目的相关信息、进行量化分析、征求意见和反馈、进行可行性分析和正式立项等步骤，来确定生态文明建设资金绩效审计评价项目。

关于生态文明建设财政资金绩效审计评价方法的确立可以借鉴公共资金绩效审计评价指标体系的通用模型。具体做法是：宏观上设定支出必要性、目标科学性、管理办法可行性、资金公共属性、总体目标实现程度等审计评价指标；中观上设定监督职责、监督办法、监督措施、资金支付、资金下达、违规问责等审计评价指标；微观上针对公共资金管理过程，采用资金投入、过程监管、目标实现与社会满意为一级指标，以立项论证、目标设置、保障机制、资金管理、项目管理、经济性、效率性、效果性、公平性为二级指标。同时，再设计体现“社会经济效益”和“可持续发展”的三级指标。以此为基础构成一种“嵌套”式的多层次、综合性审计评价指标体系[335]。

6.4 生态文明建设项目资金审计的准则、标准或根据

6.4.1 生态文明建设项目资金审计的基本准则

审计准则是审计组织或审计人员应当遵守的工作规范。它贯穿于整个审计过程。生态文明建设项目资金审计准则是指审计组织或审计人员从事生态文明建设项目资金审计业务时应该遵守的行为规范，包括对审计人员应具备条件的规范和对执行审计业务、编制审计报告的规范，作用在于指导如何进行审计、便于社会公众监督以及作为衡量审计工作质量的依据。审计准则是审计原则的具体化，生态文明建设项目资金审计准则是一个由一般准则、实施准则和报告准则所构成的相对完整的审计准则体系。

1. 生态文明建设项目资金审计的一般准则

一般准则主要是对生态文明建设项目资金审计组织机构、人员素质和技能条件的基本规定和约束。一是强调审计机构在职能和组织上的独立性；二是强调审计队伍专业知识结构和能力框架体系的目标可达成性或可实现性；

三是强调审计人员道德品质和职业操守的修养性或坚守性。概而言之，一般准则突出强调审计组织和审计人员在执行生态文明建设项目资金审计时，应具有独立性、专业胜任能力和应有的职业谨慎。

2. 生态文明建设项目资金审计的实施准则

实施准则，也就是外勤准则，主要是指审计人员在执行生态文明建设项目资金审计任务时应遵循的工作规范和行为准则。一是强调现场工作必须周密规划、充分准备；二是强调内部控制制度的可信赖程度，合理确定审计程度和抽查范围；三是强调审计对象和审计内容的重要性以及审计证据的可信度和说服力。概而言之，实施准则就是从制订工作计划、监督和检查、内部控制、符合法律和规定、审计证据和报表分析等方面对生态文明建设项目资金审计所作出的具体要求。

3. 生态文明建设项目资金审计的报告准则

报告准则主要是指提出或出具生态文明建设项目资金审计报告时应注意的事项和应遵循的规则。一是强调审计报告全面反映审计工作概况，充分表达对被审计事项的意见；二是强调贯彻财经法纪法规情况，说明财务政策是前后一致；三是强调“负面清单”性，只要没有特别说明，就应视财务报表已作合理和适当表达；四是强调重大审计事项的补充和追踪审计，对决算日后发生的重大财务事项，应作为补充说明事项记入审计报告。概而言之，报告准则就是对生态文明建设项目资金审计报告的具体形式和主要内容所作出的规范要求。

6.4.2 生态文明建设项目资金审计的主要标准

审计标准是依据审计证据，对被审计单位经济活动提出审计意见，作出审计结论的客观根据和衡量准绳。生态文明建设项目资金审计标准是对生态文明建设资金及其运动进行监督和评价的客观根据和重要参照系，是生态文明建设项目资金审计过程中判断是非、衡量效率和效益、作出审计结论时，据以检查、考核和评价的准绳。具体是指与生态文明建设项目资金运动有关的法律、法规、规章制度，业务和技术指标，会计准则，以及有关规划、计划、合同等。

审计机关和被审计对象在标准确定上达成一致，这是审计取得不断成功所必需的[336]。如果没有明确、统一、完整的审计标准，生态文明建设资金审计项目就无法确立，审计工作就无法入手，是非优劣就无法取舍，审计结论就无法形成。也就是说，如果没有明确的审计标准，就无法监督和评价生态文明建设资金及其运动，即财务收支及其经济活动的真实性、合法性、合规性和合理性。一般意义上，生态文明建设项目资金审计标准包括法定标准和合理标准。其中，前者主要是指国家标准、部委和地方标准及单位内部标准。

在实际运用这些审计标准时，一要注意和掌握相关性，即确定的审计标准一定要与作出的审计结论紧密相关，具有针对性；二要注意和掌握时效性，即既不能用失效过时的标准约束当前的财务和经济活动，也不能用已经改变了的现行标准去否定过去的财务和经济活动；三要注意和掌握地域性，即既要关注被审计单位所在地相关标准的地方性，也要关注地方标准与中央标准的一致性；四要注意和掌握客观性，即这些可以比较的标准必须是实际的客观存在，必须为社会公众所认可和接受；五要注意和掌握可比性，即这些标准必须是与被审计事项是可比的，否则即使据以作出审计结论，也会出现偏差或发生争议，也难以为公众所接受。

具体到生态文明建设项目资金审计领域，到目前为止尚未形成一致、公认、可比的生态文明建设项目资金审计标准体系。参照环境审计尤其是环境绩效审计标准的一般规律和习惯做法，生态文明建设项目资金审计标准可以从以下几个方面去思考和架构。

1. 生态文明建设项目资金管理的政策标准

与生态文明建设有关的法律、法规和制度性、政策性文件无疑是生态文明建设项目资金审计的指导性标准。所谓指导性标准是指权威机构对某些领域的工作标准和规则所做出的统一性要求。生态文明建设项目资金审计工作必须在党和国家发布的指导性标准的指导下进行。这些标准主要包括：

一是相关法律法规。一般由国家立法部门制定并颁布，是最高层级的生态文明建设项目资金审计标准。这类标准形成周期长，程序复杂，要有充分的民意基础和公众利益表达。

二是各种政策性文件。一般由各级党委和政府制定并发布，是针对性很强的生态文明建设项目资金审计标准。这类标准往往带有一定的特殊性、针对性和实操性，地方和区域特点明显，多是各级党委、政府或部门根据国家法律法规和中央相关文件精神，结合本地区或本部门实际制定的政策性文件，包括各种制度、计划、规划、方案、措施和办法等。

2. 生态文明建设项目资金审计的技术标准

生态文明建设项目资金审计，尤其是项目资金绩效审计，往往涉及许多非价值性和专业性问题，对技术性标准要求比较高。技术标准具有较强的科学性和通用性，在选用技术标准时，不易过分强调其国家或地域特色，应尽量采用社会公认和专业认可的技术标准，尤其是那些行业领域内通用的标准，如 ISO14000 环境系列标准、GB8978－1996《污水综合排放标准》、GB12348－2008《工业企业厂界环境噪声排放标准》、GB16297－1996《大气污染物综合排放标准》和 GB3095－1996《环境空气质量标准》等。当然，在确定和使用生态文明建设项目资金审计技术性标准时，应遵循国际标准优先于国家标准和法律法规优先于技术标准的原则。

3. 生态文明建设项目资金审计的替代标准

由于生态文明建设项目资金审计是一个全新审计问题，其指导性标准和技术性标准缺位是非常正常的现象，在这种情况下，可以选用以下替代标准：

一是先进标准。是指已经达到同行业先进水平的标准。这些标准可以是地区性的、全国性的、国际性的。在选用此类标准时，应注意考虑地方情况，应当在各地相一致的基础上制定标准，以便对地区之间的工作实绩进行有意义的比较。

二是前期或同期标准。是指被审计单位以前或同期年度的项目资金绩效水平。这类标准有一个不足之处，就是它只代表过去所达到的效率水平，未必意味着现在或将来所应当达到的水平。况且，审计人员也无法确定被审计单位以前或同期年度项目资金绩效水平的优劣。

三是部门和单位自行制定的计划或预算标准。在进行生态文明建设项目资金审计时，应综合利用部门和单位自行制定的计划、预算以及项目可行性报告等。在特殊情况下，对某些专业性比较强的审计内容，可以聘请专业人士，根据生态文明建设项目资金审计工作的需要来制定特殊性标准。

4. 生态文明建设项目资金审计的协商标准

较之于财务审计，生态文明建设项目资金审计有些内容往往无法直接量化评价，且估算的标准和方法会随着项目资金绩效审计对象的不同而有所差异。尤其是在面对全新的生态文明建设项目时，由于缺乏统一的或经验性的衡量标准，不同的审计人员会有不同的理解和判断，即使对同样的生态文明建设项目也会产生不同的衡量标准。针对此类情况，审计人员必须在现场审计开始前，与被审计单位进行充分沟通协商，就生态文明建设相关项目的审计评价标准达成一致。否则，生态文明建设项目资金审计结论就不可能被审计单位所接受，所提出的审计管理建议也就不会得到采纳和落实，生态文明建设项目资金审计也就失去了意义。

6.5 生态文明建设项目资金审计中的全过程审计

6.5.1 生态文明建设项目资金全过程审计中的事前审计

全过程审计是生态文明建设项目资金审计的重中之重，一般分为事前审计、事中审计和事后审计。

所谓事前审计是指在生态文明建设资金运动的上游阶段，也就是建设活动、管理活动和财务活动开始之前对生态文明建设项目的计划、预算进行的审计。目的在于判明生态文明建设项目计划、预算、设计等的可行性及其风险，以及在生态效益、社会效益、经济效益受到损害以前，判明是否有足够的管控或咨询来预防、制止事件的发生。

由于生态文明建设项目资金涉及面广，来源渠道多，支出项目杂，占用周期长，具备“点多、面广、线长”等特点，尤其是其中的公共财政资金部分，政策要求高、审批程序多，更应开展生态文明建设项目资金事前审计，发挥其防患于未然的预防作用。“事前审计足以防患于未然，其效用当较既往之事后审计远为显著”[337]。因为，（1）生态文明建设项目资金主要来源于公共财政资金，其预算分配应该体现国家的意志和全体公民的利益。既要遵循“公平、公正、公开”的社会正义原则，也要确保生态文明建设资金最大限度地发挥生态效应；（2）生态文明建设项目资金的立项科学性和拨付合理性，是生态文明建设工作能否顺利推进、取得实效的前提和根源；（3）生态文明建设项目资金配置和使用是一项系统、严密的科学工程，配置者和使用者知识和能力的有限性，决定了借用生态文明建设项目资金审计这一极具专业性、独立性和综合性的外脑和外力，来确保生态文明建设项目资金决策科学、使用合理的必要性。生态文明建设项目资金事前审计应着重关注：

一是生态文明建设项目资金的投向是否符合国家的总体布局和规划，是否契合国家法律法规和政策要求，是否与生态文明建设制度模式相一致，是否因地制宜与当地经济社会发展程度和水平相适应。一句话，生态文明建设立项是否科学、恰当；

二是生态文明建设项目资金的额度是否与项目规划、方案和进度相匹配，有无不足、浪费和错位等情况；

三是生态文明建设项目资金的配置制度是否健全有效，也就是组织是否恰当、运作是否规范、程序是否严密、内控是否科学，是否存在上级“条块分割，多头管理”、下级“上有政策，下有对策”等不良现象。

6.5.2　生态文明建设项目资金全过程审计中的事中审计

所谓事中审计是指在生态文明建设资金运动的中游阶段，也就是会计期中，或建设项目抑或业务执行过程中对生态文明建设项目的进展情况和存在问题进行的审计。目的在于判明生态文明建设项目的计划和预算的执行情况，以及可能存在的例外事项等。

为了规范生态文明建设资金的使用，发挥其最大效能，避免“机会主义行为”，预防“道德风险”，防止失误和偏差，必须对生态文明建设项目资金进行监督和控制，开展事中审计工作。一方面，通过对生态文明建设项目资金使用决策活动进行面对面的监督，有助于及时发现决策失误或不当，及时采取措施予以纠正；另一方面，通过对生态文明建设项目资金使用执行活动进行跟踪监督，有助于及时了解计划或预算执行情况，及时回馈相关信息，纠正执行偏差，修正原有不当决策或行为。生态文明建设项目资金事中审计应着重关注：

一是生态文明建设项目资金是否足额、及时到位，做到专款专用，有无挤占、挪用和贪污等行为；

二是生态文明建设项目各种配套资金是否落实，有无套取、套用和错位等现象；

三是生态文明建设项目资金管理的既定原则和程序是否严格执行，资金使用是否合理，有无拖欠、滞留、虚列、扩大或缩小开支范围等情况；

四是生态文明建设项目资金相关财务管理制度是否健全，资料是否齐全，数据是否真实；

五是生态文明建设目标达成度是否真实，是否满足项目计划执行进度的资金需求。

6.5.3 生态文明建设项目资金全过程审计中的事后审计

所谓事后审计是指在生态文明建设资金运动的下游阶段，也就是会计期末，或建设项目完成时对生态文明建设项目完成情况进行的审计。目的在于鉴定和评价生态文明建设项目的目标达成度。

除对生态文明建设项目资金的真实性、合法性和合规性作出鉴证外，更重要的是要建立起一种能够向政府和人民提供一个能够明确提供生态文明建设项目资金使用效果且兼顾效率与公平的责任导向用款机制。生态文明建设项目资金事后审计应着重关注：

一是生态文明建设项目资金使用活动是否符合相关法律法规的规定；

二是生态文明建设项目资金相关财务制度和业务流程是否科学、健全、有效；

三是反映生态文明建设的相关财务信息是否真实、完整、可靠；

四是生态文明建设主体履职尽责是否勤勉诚实、合规合纪和效果显著。

另外，我们必须看到：当前在生态文明建设项目资金审计方面依然存在重事后审计、轻事前咨询，重法纪审计、轻绩效审计等问题。事实上，即使在事后审计和法纪审计方面，也存在审计“盲区”，未能做到应审尽审。在生态文明建设项目资金分配、使用和管理等方面还时常出现立项不科学、资金到位率低、违规违纪使用等问题。这就迫切需要对生态文明建设项目资金实施全过程审计，也就是对生态文明建设项目或业务实施事前、事中、事后并重的全过程跟踪审计，尤其是要加强事前咨询审计、事中监督审计和事后评价审计。

6.6　生态文明建设项目资金绩效的审计评价

6.6.1　逻辑框架法是生态文明建设项目资金绩效审计的有效方法

逻辑框架法本质上是一种将生态文明建设项目各个要素放在一起进行系统、综合分析的思维范式。逻辑框架法一般按照投入、活动、产出和结果四部分来设计。具体内容如图 6－1 所示。

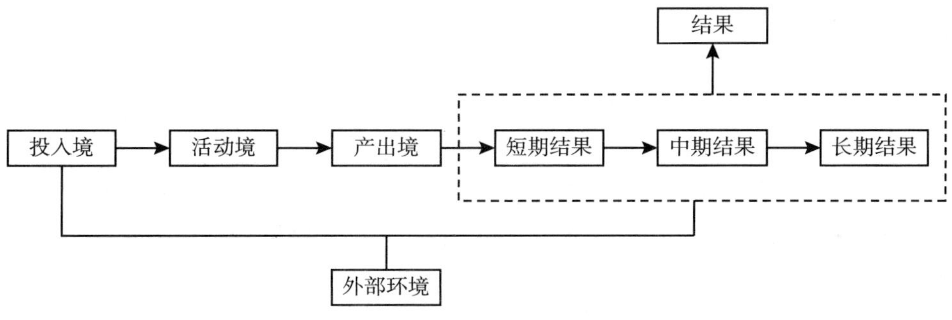

图 6－1　逻辑框架法示意

其中，投入是指生态文明建设项目开发所使用的各种资源，包括显性或隐性、直接或间接的人、财、物、时间和精力等资源；活动是指生态文明建设项目在建设和完成过程中为了达到预期产出而采取的有步骤的具体行动；产出是指生态文明建设项目完成以后能够为人类提供包括工作内容、制度改进和效益效果等的各种产品或服务；结果则是生态文明建设项目活动和产出对外部环境所产生的短期、中期和长期直接影响。当然，一方面短期、中期、长期三个阶段的结果不是孤立的单一存在，而是按照从短期到中期、再到长期的顺序依次发生的；另一方面外部环境是指生态文明建设项目所在的政治、经济、社会、文化和自然等多重意义的环境。

逻辑框架法是依据生态文明建设项目资金投入、活动、产出与结果之间存在的逻辑关系，也就是“如果提供某类条件，那么就得到某类结果”，而开展项目资金绩效审计评价工作的。这些条件既包括内部因素，也包括环境因素。在运用逻辑框架法进行生态文明建设项目资金绩效审计评价时，不同层面要素之间彼此存在垂直和水平两类逻辑关系。前者是指从投入到产出、到具体目的、再到宏观目标的层级递进因果关系；后者是指运用衡量指标和方法对各层次目标能否实现进行横向分析和验证的因果关系。这里的宏观目标指的是生态文明建设项目计划、规划、方针、政策所要达到的整体性目的，通常是相对国家、地区、行业或部门来说的；这里的具体目的指的是生态文明建设项目具体利益群体所获得的效益，主要包括生态、社会和经济方面的效益、成果与影响或作用等。

通过逻辑框架法梳理清楚生态文明建设项目目标层次的各种逻辑关系，对其效率、效果、影响和可持续性进行更为深层次的分析。也就是对生态文明建设项目投入、产出及其相互联系的效率、项目产出对目标和目的所贡献的效果、项目目标和目的彼此联系的影响，以及对项目产出、效果、影响及关键因素的可持续性等进行全面、深入和细致的剖析。

6.6.2 逻辑框架法在生态文明建设项目资金绩效审计中的具体应用

众所周知，“项目”是生态文明建设的重要抓手，是推进和实施生态文明建设的主要方式，而逻辑框架法在项目管理、分析与评价方面得到了非常广泛的应用，发挥着非常重要的作用，是一种与生态文明建设项目高度契合的管理方法。它实际上是一种通过对生态文明建设项目的目标、受益人群、参与规划及项目实施等情况展开全面跟踪监测，从而保证生态文明建设项目实施综合效果的概念化分析或论述方式。

1. 四个步骤

运用逻辑框架法进行生态文明建设项目资金绩效审计评价时一般涉及以下四个分析步骤：

第一，进行利益相关者分析，即找出生态文明建设项目的影响者或被影响者。这些个体或群体在生态文明建设项目实施过程中发挥作用或者受到直接或间接、正面或负面等的影响。在进行利益相关者分析时，应将不同个体或群体的意见、利益彼此协调、折中，达成共识，并以此为基础明确生态文明建设项目的愿景、目标和战略，进而最终确定该项目的最高目标和受益个人或群体。

第二，进行问题分析，形成“问题树”，即在利益相关者分析基础上，及时发现生态文明建设项目目标群体的关键问题，并具体分析产生问题的原因，形成问题树。

第三，进行目标分析，得出“目标树”，即以问题为根基找出其中的核心和关键问题，进而明确生态文明建设项目所要达到的目标。具体包括宏观目标和具体目标。

第四，进行策略分析，即对拟解决的问题和所要达到的目标进行对策方案探究。也就是运用一定的项目决策方法，通过对策方案的对比选择，最终确定项目策略。

2. 四个要素

运用逻辑框架法进行生态文明建设项目资金绩效审计评价时一般涉及以下四个要素：

第一，宏观目标。这是生态文明建设项目最高层次的目标，目前来看，就是建成美丽中国，实现人类社会由工业文明向生态文明的转型。

第二，具体目标。这是进行生态文明建设项目落实的目的，指的是生态文明建设项目过程中：（1）政策、法规和制度的适当性、遵循性，即是否满足生态文明建设工作的需要以及实际执行的情况；（2）经济活动的合规性，即是否遵守生态文明建设的有关法律、法规；（3）项目生态文明建设管理系统的有效性，即组织、措施是否发挥了应有的作用；（4）生态文明建设的财政、财务收支的经济性、效率性、效果性、公平性和环境性。

第三，产出。这是生态文明建设项目所获得的直接产出物，指的是生态文明建设项目所完成的工作内容、制度改进和效益效果。一般来说，一定量的高质量产出是生态文明建设项目目标或目的达成的集中体现和具体保证。

第四，投入。这是落实生态文明建设项目时所投入的人力、物力、财力以及精力和时间。

3. 两种关系

运用逻辑框架法进行生态文明建设项目资金绩效审计评价时一般涉及以下两种逻辑关系：

第一，垂直逻辑。即生态文明建设项目从投入到产出、到具体目标、再到宏观目标逐层递进的因果关系。在这种重置逻辑关系中，内部要素主要是指项目内部的管理活动，外部条件则是指外部的各种社会条件。为了有效地推进生态文明建设项目资金绩效审计评价，必须理清生态文明建设项目的内外部关系或因素，明确相关职责与任务。

第二，水平逻辑。即运用衡量指标和方法对生态文明建设项目各层次目标能否实现进行横向分析、验证的因果关系。一般由实际指标、验证方法、假设条件及结果说明等内容构成。

4. 实际应用

通过逻辑框架法对生态文明建设项目进行应用分析，可以更清晰地认识生态文明建设项目的计划流程，为编制项目预算做好充分准备；可以有助于不断完善生态文明建设项目计划，提高项目成果认识度；可以尽快把握完成生态文明建设项目的关键步骤，提高项目实施效率；可以及时发现生态文明建设项目立项和实施过程中存在的缺陷或不足，为项目实施提供最优建议方案。具体可以通过以下几个步骤来构建生态文明建设项目资金绩效审计评价体系：

第一，在投入部分，根据生态文明建设及其资金管理的有关规定和要求设计相应的评价指标，反映资金的到位和使用情况，借此对生态文明建设项目资金的投入情况进行审计评价。

第二，在活动部分，设置反映生态文明建设项目资金使用情况的指标，着重于资金使用的经济性、效率性和风险性，借此对生态文明建设项目资金使用过程及其相应的管理情况进行审计评价。

第三，在产出部分，根据生态文明建设有关考评制度设计相应的产出指标，从产出的数量、质量、结构和效益或价值等方面，反映生态文明建设资金运动的整体效果，借以对生态文明建设项目资金绩效进行审计评价。

第四，在结果部分，设置反映生态文明建设项目短期、中期和长期结果的影响指标，对生态文明建设项目现在和未来影响进行审计评价。需要说明，生态文明建设项目的影响和效益在实际工作中很难区分，单纯的影响分析也很难找到客观标准，因此我们统一称之为“影响”，包括生态文明建设项目实施和完成后所产生的生态影响、环境影响、经济影响、社会影响和可持续发展影响等。

综上分析，在利用逻辑框架法进行生态文明建设项目资金审计评价时，需要依次从投入、活动、产出、结果四个方面，设计投入类、管理类、产出类和影响类审计评价指标，开展对生态文明建设项目资金的经济性、效率性和效果性审计。具体内容如图 6－2 所示。

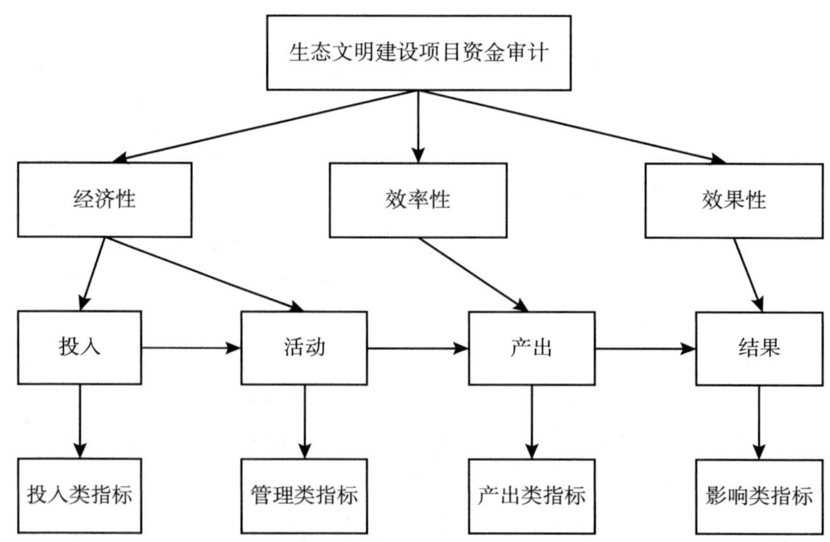

图 6－2　基于逻辑框架法的生态文明建设项目资金审计评价流程

6.6.3　生态文明建设项目资金绩效审计评价指标的选定

根据逻辑框架法原理，将生态文明建设项目资金的投入、活动、产出和结果四个因素构成一个四维框架，并在此基础上构建生态文明建设项目资金绩效审计评价指标体系。具体内容如表 6－1 所示。

表 6－1　　生态文明建设项目资金绩效审计评价指标体系

目标层	准则层	指标层	说明
资金绩效	投入类指标	专项资金到位率	正指标
		专项资金到位时效	逆指标
		自筹资金到位率	正指标
		自筹资金到位时效	逆指标
		专项资金使用率	正指标
		专项资金投入乘数	正指标
		专项资金安排充足率	正指标
	管理类指标	资金管理费用率	逆指标
		资金浪费损失率	逆指标
		资金成本费用率	逆指标
		项目财务核算合规性	正指标
		项目资金和预算相符性	正指标
		管理制度执行性	正指标
		管理措施健全性	正指标
		监管有效性	正指标
	产出类指标	产出数量合格率	正指标
		产出质量合格率	正指标
		项目实用性	正指标
		项目制度改进程度	正指标
		环保专利数	正指标

续表

目标层	准则层	指标层	说明
资金绩效	影响类指标	污染物安全处置率	正指标
		污染减排率	正指标
		工业废水达标率	正指标
		节能降耗收益	正指标
		项目持续运行率	正指标
		资源产出率	正指标
		单位人均能耗量	逆指标
		公众满意度	正指标
		项目示范性	正指标
		环保支出增长率	正指标

其中：

第一，投入类指标反映和衡量的是生态文明建设项目资金投入阶段各项工作完成的情况。例如，资金是否到位、是否及时，资金使用是否规范、是否恰当等。具体包括专项资金到位率、到位时效；自筹或配套资金到位率、到位时效；专项资金使用率、投入乘数、安排充足率等具体指标。

第二，管理类指标反映和衡量的是生态文明建设项目资金管理及其使用情况。例如，资金管理制度是否具有执行性、管理措施是否具有健全性、监督控制是否具有有效性、资金使用是否与预算相符等。具体包括资金管理费用率、资金浪费损失率、资金成本费用率等指标。

第三，产出类指标反映和衡量的是生态文明建设资金项目完成数量、质量和预期目标实现情况。具体包括产出数量合格率、产出质量合格率、项目实用性等指标。

第四，影响类指标反映和衡量的是生态文明建设项目实施后对环境、社会、经济等各方面产生的影响情况，尤其是对自然环境的改善情况。具体来说，环境效果方面的指标包括污染物安全处置率、污染减排率、工业废水达标率等；经济效益方面的指标包括节能降耗收益、项目持续运行率、资源产出率等；社会效益方面的指标包括公众满意度、项目示范性、单位人均能耗率、环保支出增长率等。

6.6.4 生态文明建设资金绩效审计评价指标评分标准的确定

上述四类指标既有定量指标，也有定性指标。其中，定量指标中的比率类指标，如专项资金到位率、自筹资金到位率等，其评分标准可以根据实际数据尤其是结构性数据直接计算确定；时效类指标，也就是专项或自筹资金的到位时效，可以根据资金到账的实际时间计算得出。定性指标中的管理类指标，也就是项目进程中有关管理工作评价的指标、项目产出指标中的质量类指标、效果类指标、示范性指标等可以根据相关文献和工程实际情况制定评分标准。各评价指标评分标准具体内容如表 6－2 所示。

表 6－2　　各评价指标评分标准

序号	评价指标	评价		
		0～60 分	61～80 分	81～100 分
1	专项资金到位率	75% 以下	75%～88%	89%～100%
2	专项资金到位时效	验收两个月以上	验收 1～2 个月	验收 1 个月以内
3	自筹资金到位率	75% 以下	75%～88%	89%～100%
4	自筹资金到位时效	严重影响进度	轻微影响	没有影响
5	专项资金使用率	75% 以下	75%～88%	89%～100%
6	专项资金投入乘数	小于 25 倍	25～35 倍	35 倍以上
7	项目财务核算合规性	核算不准确	核算基本准确	核算准确
8	支出和预算相符程度	大部分不符	小部分不符	相符
9	项目管理制度执行性	不能执行相关规定	基本履行规定	严格履行规定
10	项目管理措施健全性	管理措施不健全	管理措施基本健全	管理措施健全
11	项目监管到位性	监管不到位	监管基本到位	监管到位
12	项目产出数量合规性	不符合规定	基本符合规定	符合规定
13	项目产出质量符合性	不符合规定	基本符合规定	符合规定
14	进度符合性	不符合规定	基本符合规定	符合规定
15	主要污染物减排	未达标	基本达标	达标
16	废物综合利用收益	未达标	基本达标	达标
17	节能降耗收益	未达标	基本达标	达标
18	公众满意度	不满意	基本满意	满意
19	项目示范性	未达到效果	基本达到效果	达到效果
20	持续运行率	95% 以下	95%～98%	98%～100%

第7章

生态文明建设行为作业审计研究

7.1 生态文明建设行为作业审计的理论依据和基本要义

7.1.1 行为审计是行为科学在审计领域的新透视

行为科学是生态文明建设行为作业审计需要特别关注的方面。在欧盟委员会发布的《行为透视运用到政策领域：2016年欧洲报告》[338]和经济与合作组织2017年发布的《行为透视与公共政策：全球经验》[339]中，都把“环境”列为行为科学透视的重要领域。一般来说，强制人们按照一定方式来行动的立法、规则等所谓的“硬”工具，是推动生态文明建设行为作业最有效的政策工具。但是，根据行为科学的感知导向理论，那些建立在对人们心理和行为日常生活经验认知基础上的宣传、激励、沟通等所谓的“软”工具，更有利于促进生态文明建设行为作业的成本减少、效益提高和有效性提升。换句话说，通过默认、情感、承诺及社交网络等方式对生态文明建设行为“轻轻一推”，就可能会达到预期效果，就可能诱发建设者的竞争意识，以及由此产生的努力程度的大幅度提高。

行为科学渗透审计领域最直接的体现是运用行为科学中的“透视模型理论”来捕捉审计人员的判断政策及评估他们的判断品质[340]。例如，以薪资循环内部控制判断为主题，从共识、稳定性和自我洞察度等角度评定审计人员对内部控制的判断绩效，并通过二次判别考察审计人员前后判断的一致性和稳定性[341]；再如，以财务比率为自变量、银行授信人员的破产预测为因变量，应用透视模型分析银行放款人员基于财务会计信息的破产预测行为[342]。发展到今天，行为审计已经由传统审计对象以“物”（包括账项、资金、制度等）拓展到“人本中心”，以对被审计人“行为”的评价作为审计工作的核心[343]，也就是说，行为审计是以行为作为审计主题，从众多的行为中查找经管责任中的缺陷行为，并将结果传达给利益相关者的制度安排[344]。

7.1.2 生态文明建设行为作业审计是行为审计的新发展

生态文明建设行为作业是行为审计拓展与发展的重要领域和主要方向。一分部署，九分落实。生态文明建设是一项浩繁的系统工程，从建设主体考察，需要动员全社会力量主动参与、积极行动和共同建设；从建设内容分析，必然涉及政治、经济、社会、文化、法律和教育等各个领域；从建设主题思考，至少要涉及法规、规划、政策、投入和考核等内容，其中最主要的是生态文明建设体制改革与制度建设。

鉴于此，以财务信息、业务信息、经济行为和经济制度为审计主题的传统审计，尤其是以舞弊审计、财务收支审计、合规审计和内部控制审计或管理审计为主要业务类型的行为审计[345]，已经不能涵盖全部或主要的生态文明建设行为作业，需要进一步拓展其业务范围、创新其方式方法。这种新型的行为审计，实际上就是生态文明审计中的生态文明建设行为作业审计。

生态文明建设行为作业审计的主题是“行为”，具体一点就是“作业”，是生态文明建设主体为达到生态文明建设目的而采取的有计划的行动。这类行为作业有些是不增加生态文明建设价值的，且往往是主观的、有目的性和社会性的，客观存在故意或过失、作为或不作为等问题。生态文明建设行为作业审计就是要从众多的生态文明建设行为作业中找出不增加价值行为作业或缺陷行为作业，并对生态文明建设行为作业发表审计意见或提出咨询建议。

进一步地，生态文明建设行为作业审计中的所谓行为作业主体，既可能是自然人个体，也可能是某个社会组织，只要其行为作业对社会、自然界、生态环境等产生了负面影响，尤其是危害了生态文明建设行为作业主体所承担的主体责任，或者给生态文明建设造成了重大负面影响，就应该纳入生态文明建设行为作业审计的范畴。也就是说，判断行为作业是否列入生态文明建设行为作业审计内容的唯一标准是“特定的自然人或组织对其经管责任履行具有重要影响的作为或不作为”[346]。反过来说，凡是与生态文明建设责任履行没有直接关系的行为作业，都不能纳入生态文明建设行为作业审计的业务范围。当然，生态文明建设行为作业审计重点关注的应该是那些不能有效履行生态文明建设受托责任的违规和瑕疵行为。

7.2 生态文明建设行为作业审计的矩阵体系及主要内容

7.2.1 生态文明建设行为作业审计的动因和目标

审计矩阵是呈现审计计划及其关键要素信息的有效方式。通过审计矩阵可以非常直观地展示出生态文明建设行为作业审计的动因、目标、主体、客体和方式方法等基本审计问题。一般可以由左到右线性地延展开来，借此不仅可以全面体现行为作业审计工作从计划、到实施、再到回馈的工作全过程，而且可以总括地揭示行为作业审计的综合信息价值。

生态文明建设行为作业审计产生的原因，即审计动因，也是源于委托代理关系以及由此带来的机会主义倾向和监管中的问责需求。针对生态文明建设行为作业审计而言，代理人的机会主义倾向主要表现为违背委托人的意志、愿望、期望和约定来实施特定的行为作业。如果委托人对代理人的这种机会主义行为有所介意，或者超过了代理人的预期值或容忍度，就会产生问责冲动和诉求，就需要搞清楚代理人行为作业的真实情况，也就是通过生态文明建设行为作业审计对代理人行为作业及过程进行审计鉴证和审计评价。

动因和目标是紧密相连的。生态文明建设行为作业审计的目标就是要对委托人所关注的审计事项或审计主题发表专业和权威意见，就是要鉴证和评价代理人在生态文明建设过程中是否存在违背或偏离委托人期望价值的机会主义倾向。具体就是，要对生态文明建设行为作业的合法性、合规性、合理性以及吻合度或偏离度进行鉴证与评价，也就是鉴证和评价生态文明建设行为作业是否符合国家的有关法律、法规、制度和政策，是否符合经济发展、社会进步和生态优化的常识和规律，是否符合生态文明建设总体布局、方案规划，以及具体建设项目的资金、时间和进度安排。

7.2.2 生态文明建设行为作业审计的主体与客体

审计主体关注的是谁来审，也就是由谁审计的问题。在学术界有单一主体论、即审计活动的实施者[347]和多元主体论、即除审计活动的实施者以外，还包括提出审计监督要求的主体[348]。也就是存在狭义的和广义的两种观点。

在现实审计实践中，审计主体因其所代表的所有权不同而分为国家审计、民间审计（亦指“社会审计”，引者注）和内部审计（亦指“管理审计”，引者注）[349]。由于生态文明建设是一项国家工程、全民行动，不仅涉及公共部门，也涉及私人领域，不仅是一个宏观、中观、微观问题，也是一个内部、外部和内外结合问题。因此，理论上目前的三种审计主体都可以根据自身特质或侧重领域在生态文明建设行为作业审计中承担责任和发挥作用。换句话说，通过调动内部审计和民间审计的力量来增强国家审计力量，最终形成现代审计监督体系合力。

需要指出的是，鉴于生态文明建设的公益性、艰巨性以及建设资金的公共性，中央及地方各级政府无疑是生态文明建设这项伟大工程的主要推动者、建设者和其他建设主体最坚强的引导者和支持者，因此，国家审计理所当然的是生态文明建设行为作业审计最主要的实施者。虽然内部审计也会随着企事业单位对生态文明建设重视和投入力度的加大，以及生态文明建设在提升价值创造过程中作用的逐步显现，而介入和关注内部生态文明建设行为作业审计问题，但是它侧重的主要还是审查和评价企事业单位内部的生态文明建设活动及其内部控制、风险管理的合法性、适当性和有效性。民间审计发挥职能的主要领域在于企业财务报告和内部控制审计，尽管随着可持续发展和社会责任问题凸显而对生态文明建设行为作业审计有所关注，但是通过独立、客观、权威的财务信息和内部控制鉴证活动，增强资本市场整体的信息透明度，推动市场精准、合理、有效地配置和使用社会资源，始终是其主要职责。

审计客体关注的是审计谁，也就是对谁审计的问题。一般来说审计客体可以是某一组织，也可以是某一个体，或者说是承担某一组织责任的某个人。当审计客体是某一组织时，生态文明建设行为作业审计仅限于该组织在特定时间或时期内所从事的生态文明建设行为或活动；当是特定个体时，则仅指与特定个人有关的生态文明建设行为或活动。问题是，在一个组织内部，将生态文明建设的组织行为和个人行为非常清晰地区分开来是有一定难度的，这就导致了以个体为审计客体的生态文明建设行为作业审计存在范围模糊和边界不清的问题。鉴于此，生态文明建设行为作业审计更多的应以个人，也就是主要责任人的行为作业作为审计主题。

7.2.3　生态文明建设行为作业审计的内容和依据

审计内容注重的是审什么，也就是审计什么主题和命题的问题。审计主题是审计人员发表意见的直接对象；审计命题则是对这些审计主题的进一步分解，是审计主题的具体化。只有审查、评价、鉴证了各个具体的审计命题，才能对与之相关的特定审计主题发表审计意见。

生态文明建设行为作业审计的内容就是生态文明建设过程中的特定行为或作业，主要是指生态文明建设政策执行行为、生态文明建设资金使用行为和重大生态文明建设项目实施行为，也就是政策执行行为、财务收支行为和内部控制行为。这些行为或作业可以按照发生的地点、时间、环节和方式等进一步地分解为若干具体的审计命题。诚然，生态文明建设行为作业在分解为审计命题时，不同的审计人员会有不同的分类、分解，其本身具有多样性和非穷尽性。

依纪、依法、依规审计是现代审计尤其是国家审计的首要特征。审计依据可以是人们从事审计工作的党纪、法律、法规等制度规定，也可以是审计人员对审计客体及其内容进行审查、监督、鉴证和评价的标准或尺度。生态文明建设行为作业审计的依据就是判断某一组织或个体生态文明建设行为作业是否适当、合规的既定标准，表现为一系列的明确规定。对生态文明建设的特定行为或作业而言，判断行为作业是否合规的审计依据相对具体、相对明确，但是判断行为作业是否适当的审计依据往往缺乏共识，相对模糊。我们经常说，审计依据的确定是行为审计的一个困难之处[350]，多是指这部分内容。

进一步地，生态文明建设行为作业审计的依据或标准可以根据组织或个体行为动机区分为无意行为作业和有意或故意行为作业。倘若生态文明建设的决策及执行过程中出现难以预料的错误，可以认定为无意的，属于错误行为范畴；相反，如果因未能避免可预见、可预防的错误且导致严重生态后果的，可以认定为故意的，属于过失或舞弊行为范畴。无意的和不重要的技术性甚至原理上的差错，似乎不具有特别的意义，而故意引起财务报表阅读者误解的重要的舞弊和差错，才是应该予以发现和揭露的[351]。

据此，我们可以把生态文明建设行为作业分为两大类：一类是推动生态文明建设的正向行为作业；另一类是不利于生态文明建设的负向行为作业。前者是指被审计单位在生态文明建设中不论是事前的决策还是具体建设过程及其建成后的效果，都符合国家生态文明建设总体布局和具体要求的行为作业；后者是指被审计单位的生态文明建设行为作业对宏观或区域生态环境产生了不利影响或损害的行为作业，也包括生态文明建设不作为行为或作业，即在生态文明建设过程中，由于不作为或其无效行为作业而产生的资源浪费行为或作业。

众所周知，生态文明建设主要是通过一系列的项目来实施的。项目立项、预算批复、组织实施和绩效评价是项目管理的核心环节。具体到生态文明建设行为作业审计至少要涉及项目的规划、申请、批复、资金、内控、绩效和项目负责人履职尽责等具体环节。基于此，生态文明建设行为作业审计依据或标准可以从合法性、规范性、效益性和生态性等几个维度来确立和制定。

所谓合法性是指被审计单位或个人生态文明建设的具体行为是否符合相关法律、法规和制度。主要有两层含义：一是审查和评价被审计单位或个人是否贯彻落实了国家有关生态文明建设的总体布局、战略规划和实施方案，相关生态文明建设行为是否符合国家法律、法规和政策要求；二是检查和评判被审计单位或个人是否认真执行了单位内部有关生态文明建设的部署、安排和项目计划，相关生态文明建设行为是否符合单位制度、规章和办法要求。其中，重点应该审计被审计单位或个人在生态文明建设过程中的违法、违规和违纪行为。

所谓规范性是指被审计单位与生态文明建设相关内部制度的制定和执行是否符合国家规范。一是关注是否建立健全；二是侧重是否合理有效。凡是单位生态文明建设制度不科学、不合理、不到位、不及时等问题，都属于生态文明建设行为作业失范范畴。

所谓效益性是指被审计单位或个人是否能够充分及时配置生态文明建设资源，实现生态文明建设效率效果的最大化或最优化。一是生态文明建设项目立项是否符合生态规律、环境要求和经济社会发展需求；二是生态文明建设项目资金是否得到有效利用，达到经济性、效率性和效果性要求；三是生态文明建设项目建成后的效果是否实现了经济效益、社会效益和生态效益的有机统一。其中，重点应该审查被审计单位或个人在生态文明建设中的不科学、不适当、不经济、低效率和无效果行为或作业。

所谓生态性是指被审计单位或个人在具体的生态文明建设决策和实施过程中，是否具有生态意识，兼顾经济发展和生态发展，也就是绿色发展。一定意义上，生态性也就是可持续性，目的在于保证生态资源的最优化和可持续性配置及利用。其中，重点应该审查被审计单位或个人在生态文明建设过程中的短期或短视、不可持续等行为或作业。

7.2.4　生态文明建设行为作业审计的工具与方法

审计工具或审计方法注重的是怎么审的问题。“怎么审”取决于审计对象和审计目标，应该从总体或宏观目标和具体或微观目标两个层面来选择和构建审计方法体系。严格来说，审计工具和审计方法是有差异的。前者是从技术意义上讲的，主要指物理性工具；后者是从知识意义上讲的，既指物理性工具也强调知识性工具，或者称知识性方法。

毫无疑问，如何获取可靠、有效、全面的审计证据，是审计方法应该回答或解决的首要问题。从这个意义上讲，审计方法就是获取证据以判断审计主题及其分解形成的审计标的（亦指“审计命题”，引者注）是否遵守了审计标准的系统过程[352]。常用的、比较成熟的审计方法是检查法、观察法、询问法、外部调查法、重新计算法、重新操作法和分析法以及获取专家意见法等。这些方法的使用主要是侧重财务信息的，属于财政财务审计或信息审计的范畴。具体到生态文明建设行为作业审计，由于生态文明建设的复杂性和综合性以及所涉及资料或信息的非财务性，所采用的审计方法在技术性和知识性上要求会更高、更复合和更全面。常见的审计方法如下：

第一，排查法。在重大线索、突出问题基础上，通过逐一排查可能出现问题的关键环节，查找制度性漏洞和体制或机制性障碍。这是揭示体制、机制和制度重大缺陷和重大风险的主要行为审计方法。

第二，归纳法。在考察大量具体问题和项目实施效果基础上，通过分析问题产生的体制、机制和制度性原因，归纳其共性特征，提出改进或完善建议。这是实现从具体到抽象、从微观到宏观、从个性到共性的最常用行为审计方法。

第三，案例研究法，也称程序或作业流程分析法。通过对制度的制定与执行程序的分析，找出可能存在问题的作业或活动疑点，了解制度控制环节的有效性，为进一步审查或询证提供问题线索。

第四，流程图法。通过对制度运行关键环节起始时间的统计分析，查找影响效率的主要节点。

第五，穿行测试法，也称重新执行法。通过对怀疑行为或作业的“重做”，测试相关行为环节是否存在以及是否发挥作用，以此检验审计人员所了解的程序或行为是否真实和准确。

第六，问卷调查法。通过制定、发放和收回调查问卷，从众多调查对象中，有针对性地获得答案和有效信息。在使用该方法时要时刻注意跳过问题、输入错误、答案不清等影响问卷结论质量等问题。

第七，座谈会法。通过召开分组座谈会而获取审计证据的一种行为审计方法。可以采用面对面、信函、网络、视频、电话等方式。座谈对象的选取和座谈提纲的拟定是确保大量而有效信息的重要前提。

第八，专门鉴定法。生态文明建设行为审计涉及工程、环保、地质等许多专业领域，对工程质量、污染效果、地质环境等的认定，已超出审计人员的专业知识和主观判断范围，需要大量借助和使用专门鉴定结论。

第九，专业技术法。随着新科技的蓬勃发展，生态文明建设行为审计越来越倚重计算机、视频监控、图像分析、GPS 测量等设备和工具，需要及时更新审计技术方法，探索新技术、新设备环境下的专业技术方法。

第十，大数据分析法。利用网络爬虫、数据库摘取等数据采集技术和 Apple、Linkedin 等数据采集工具获取动态及非结构化数据；利用分布式与传统数据存储系统的结合建立源数据库，并通过数据的抽取、清洗、转换和加载建立审计主题数据库；利用 R 语言、PYTHON、云计算、机器学习算法和数据挖掘技术等实现审计大数据分析；基于计算机辅助设计、图像及信号处理、图形学和计算机视觉等知识，运用计算机图形图像处理技术，将审计大数据信息转换为图形或图像并加以实施。

需要说明的是：上述各种审计方法各有所长、各有所短，在生态文明建设行为作业审计实践中是交叉融合、互为补充的。有些方法应用领域宽、涉及业务多、使用频率高，属于基本方法范畴；有些方法只涉及某些特殊领域或业务，发展历史比较短，属于特殊方法范畴。当然，这种划分不是绝对的，不是非此即彼的关系。

综上所述，生态文明建设行为作业审计矩阵体系及主要内容可如表7－1所示。

表7－1　　生态文明建设行为作业审计矩阵体系及主要内容

	审计动因	审计主体	审计客体	审计标准	审计方法
政策执行行为	对企业、政府部门以及非营利组织的政策执行行为进行审计鉴证和评价	国家审计和内部审计	企业、政府部门以及非营利组织的政策执行行为	合法性、规范性	排查法、归纳法、案例研究法、问卷调查法、座谈会法、专门鉴定法、专业技术法、大数据分析法
财务收支行为	对企业、政府部门以及非营利组织的财务收支行为进行审计鉴证和评价	国家审计、社会审计和内部审计	企业、政府部门以及非营利组织的财务收支行为	合法性、规范性、效益性和生态性	案例研究法、问卷调查法、穿行测试法
内部控制行为	对企业、政府部门以及非营利组织的内部控制行为进行审计鉴证和评价	国家审计、社会审计和内部审计	企业、政府部门以及非营利组织的内部控制行为	合法性、规范性、效益性和生态性	排查法、归纳法、案例研究法、流程图法、穿行测试法、问卷调查法、座谈会法、专门鉴定法、专业技术法、大数据分析法

7.3　生态文明建设行为作业审计的业务分类和工作流程

7.3.1　生态文明建设行为作业审计业务的分析与类型

生态文明建设行为作业审计是以生态文明建设具体行为为导向的各种审

计方法和审计程序相互结合及作用所形成的有机整体。其切入点是被审计单位或个人，也就是被审计对象的行为分析。

行为分析一般包括行为目标确定、行为动机考察、行为数据收集、行为过程测试、行为结果评价五个环节或五大要点。也就是说，根据生态文明建设行为作业审计计划或任务，通过对被审计单位和相关责任人员的访谈或座谈，来确定被审计对象的具体目标，进一步了解被审计对象的行为动机，并收集与其行为相关的数据。同时，根据被审计对象的行为动机及行为数据对其行为进行测试，判断其行为动机、行为方式的匹配程度，形成作为重要审计依据的行为测试评价结果。

需要特别指出的是：在进行行为分析尤其是行为测试时，要注意预测被审计单位或个人行为对生态文明建设的影响程度，识别可能存在的审计风险，确定重点审计领域，为后续审计计划及审计实施和审计资源配置及审计力量安排提供重要遵循和参照。

按照行为科学和行为经济学原理，从行为动机角度分析，生态文明建设行为作业审计应重点关注舞弊行为、违规行为和瑕疵行为等。舞弊是一种故意行为，是心理因素与外部因素综合作用下的经济行为[353]，强调利用欺骗手段获取不正当或非法利益；违规也是一种故意行为，是因没有遵守或履行双方既有约定或标准的经济行为或其他行为，强调共同认可和事先约定；违法可能是故意的，也可能是过失的，归根结底是因漠视国家法律法规而给社会造成一定危害的行为；瑕疵则未必是故意行为，更多情况下是由于有限理性所导致的次优问题，也就是没有采取合适或合宜方案的作为或不作为行为。无论哪种类型的行为，从生态文明建设行为作业审计角度来看都属于缺陷行为，也就是不合规或不合理行为。判断是否为缺陷行为以及是何种缺陷行为的过程，也就是行为审计的定性过程。

按照项目管理理论，从行为管理角度分析，生态文明建设行为作业审计应重点关注决策行为、作业行为和监督行为等。鉴于生态文明建设一般是通过一系列项目实施的基本事实，我们把生态文明建设行为作业审计业务区分为事前决策行为审计、事中作业行为审计和事后监督行为审计三大类。

1. 生态文明建设的事前决策行为审计

决策就是下决定，即在各种备选对象或方案中进行评估和作出选择的过程，这个过程与人们的价值取向、有限理性、心理偏好、损失规避和社会因素（如公平、公正等）及禀赋效应密切相关。

生态文明建设事前决策行为审计，就是针对生态文明建设相关决策的信息搜集与分析、目标形成与制定、方案设计与实施以及信息沟通与公开的总体性、科学性、合规性和高质量性等要素特征进行审查和评价。尤其要关注生态文明建设重大决策的公众参与度和社会透明度，也就是着力注重促进和保障公众深度、有效参与决策的政策、策略、动力和方式，对重大决策的启动、调研、方案拟订、征求意见、评价审议等过程信息应重点关注其公开广度和深度。具体应重点审查和评价生态文明建设行为的总体性、科学性、合规性和高质量性。所谓总体性是指生态文明建设及其项目应该符合国家生态文明建设规划布局和总体要求，应该符合经济社会发展和生态文明进步的基本规律和未来趋势。在实施生态文明建设事前决策行为审计时，应时刻牢记生态文明建设的复杂性、区域性、系统性和前瞻性等基本规律特征，用发展眼光和治理思维开展生态文明建设决策的总体性审计；所谓科学性是指生态文明建设及其项目决策过程应该是科学的，科学决策是推进生态文明建设的关键性工作。在实施生态文明建设事前决策行为审计时，要着重审查和评价决策机制与程序的先进性、信息与智力支持系统的有效性、问责与纠错制度的健全性以及决策信息公开渠道与方式的完备性；所谓合规性是指生态文明建设及其项目决策过程应该是符合相关法律法规的。目前来看，生态文明建设所依据的法律法规具有多元性和发展性，具有行政性、决策性和审议性。在实施生态文明建设事前决策行为审计时，要着重审查和评价其决策过程的合规性和合理性。现阶段，由于生态文明建设的相关法律法规正在建设和完善之中，因此应十分注意其合理性；所谓高质量性是指生态文明建设要追求高质量性，也就是追求高质量发展。从生态文明建设行为审计角度讲，一是要评价这种发展是依赖哪些要素、借助什么手段、通过哪些途径，也就是怎样实现发展的，回答的是要素增加和效率提升的问题；二要评价这种发展是不是创新驱动型发展、高效集约型发展、充分平衡型发展和绿色生态型发展，回答的是驱动类型和增长方式等问题。

2. 生态文明建设的事中作业行为审计

在决策或决定做出、计划和方案出台、制度和政策颁布以后，生态文明建设行为目标的实现和行为效果达成在相当意义上取决于执行力，也就是人们在执行决策、计划、方案、制度和政策时落实落地的力量、规模、速度和效果等。其中，核心问题是提高生态文明建设行为作业的效率和效果。

作业就是活动，是以价值创造为核心的实施、改进和优化活动。生态文明建设事中作业行为审计的目的就是追求卓越、杜绝浪费、减少或拒绝不增加价值的作业或活动。具体就是在生态文明建设行为审计过程中，一要回答被审计单位或个人是如何作业的？类似或先进单位是如何执行的？被审计单位或个人怎样做才能做得更好；二要审查和评价哪些作业是有效的，是增加生态价值的，哪些作业是无效的，是无助于生态价值增加的；三要提出减少或消除不增加生态价值作业和改进或优化增加生态价值作业的意见和建议。

3. 生态文明建设的事后监督行为审计

监督就是监视、督促和管理，通过对行为过程或现场的监督，使行为结果达到预期的目标。监督已经成为推动生态文明建设的一项内生性工作。就审计监督而言，主要是事后的、追踪式的，强调评价、回馈和建议。

生态文明建设事后监督行为审计本质上讲是一种再监督行为，主要是对生态文明建设的主体监督责任和外部监管责任的再监督、再审计。就前者而言，是在生态文明建设项目结束之后的跟踪审计，项目的结束并不意味着审计监督工作的完成。生态文明建设项目完成以后对现实生态环境的具体影响是否在合理范围之内、专项资金的使用是否取得了预期的效果，都是生态文明建设事后监督行为审计的重要内容。就后者而言，主要是对政府生态环境监管部分的生态环境监管责任，也就是生态环境监测责任、生态环境监督责任和生态环境管理责任的审核和评价。

7.3.2　生态文明建设行为作业审计工作的流程与程序

生态文明建设行为作业审计工作的一般流程指的是从审计目标或审计任务的确立到形成审计结论和出具审计报告的整个过程，也就是针对具体审计主题、依据审计标准和资料、界定审计范围及方法、提出审计意见、形成审计结论和出具审计报告的闭环过程。一般包括审计准备、审计实施、审计终结和后续审计四个阶段，具体来说，应该包括目标确定、信息收集、方案选取、计划编制、进点调查、形成结论、出具报告和追踪审计等若干环节。

生态文明建设行为作业审计工作的基本程序指的是在生态文明建设行为作业审计工作过程中所实施或执行的审计程序。它既具有为作出内容正确的审计结论的工具价值，也具有体现尊重被审计单位或个人及公众基本权利的独立价值。审计程序是审计流程的具体化。例如，在审计计划阶段可以细化为编制审计项目计划、制定审计工作方案等；在审计实施阶段可以细化为成立审计组、编制与审定实施方案、了解被审计单位或个人情况、记录和编制工作底稿等；在审计报告阶段可以细化为形成初步审计意见和出具、复核、报送审计报告等。通过审计工作程序，可以科学地规范生态文明建设行为作业审计活动，有助于审计主体按照统一程序开展行为审计工作，从程序上保证审计结论的客观、公正、允当和中立。当然，具体到不同类型的生态文明建设行为作业审计，其审计流程和审计程序并不完全一致，而是有所侧重。例如，在进行生态文明建设舞弊行为审计时，应特别注意对被审计单位或个人的深度访谈和了解、形成合理审计预期、全面评价内部控制制度、了解其舞弊环境、评估其舞弊方向等。生态文明建设行为作业审计工作的流程和程序及其关键内容可概括如下：

第一，审计准备阶段。是指审计人员通过访谈、调研等方式对被审计单位或个人进行全面和深度了解，并据此形成合理的审计预期，明确审计目标和审计主题，形成科学有效的审计计划，配置和整合相应的审计力量，选取切实可行的审计方法和审计模式，为进点审计做好充分准备。关键工作点是：（1）了解基本情况，汇集信息资料，即全面了解被审计单位或个人的基本情况，收集和汇总被审计单位或个人与生态文明建设行为作业有关的资料和数据，包括有关推动生态文明建设的文件、规定、会议纪要和内控制度及其落实情况，有关生态文明建设项目的技术标准、生态环境影响参数、专项资金筹措及使用情况，有关同类地区或同类项目的经验做法和参照指标，等等；（2）明确审计目标，确定审计主题，即通过对被审计单位或个人有关情况的初步了解及深度访谈，结合生态文明建设行为作业审计任务的具体要求，修正和确定审计预期及目标，厘清和明确审计内容及审计主题；（3）确定审计重点，制订审计计划，即通过确定生态文明建设行为领域、作业活动和影响因子来确定生态文明建设行为作业审计的工作重点，其中，影响因子主要是指水、大气、土壤、动植物和其他生态环境要素，并在此基础上按照审计工作的地点、时间、范围、步骤和方法等编制总体计划和分类计划以及行为审计实施方案；（4）其他准备，主要涉及“外脑”借用和其他技术手段与方法的利用。

第二，实地调研阶段。这是行为审计实施的重要环节。生态文明建设行为作业审计的审计主题具有特殊性，需要对被审计单位或个人进行深度实地调研，以此评判其生态文明建设管理系统的健全性和有效性，测试生态文明建设行为数据收集过程的真实性和及时性。关键工作点是：（1）测试生态文明建设管理系统的有效性，即通过观察、访谈、资料查阅、专家咨询等方式，对被审计单位的生态文明建设管理系统的健全性和有效性进行全面了解和测试。如果偏离了容忍度，应分析对生态文明建设行为的影响程度，并识别可能存在的系统性风险。必要时，对生态文明建设行为作业审计的相关目标、计划及方案作出适当修正。（2）测试生态文明建设行为作业的“留痕度”，即生态文明建设行为作业审计的主题是与生态文明建设相关的作业或活动，由此产生的行为数据是否得到系统、完整、如实、及时地记录，形成有效的审计证据，是确保生态文明建设行为作业审计目标实现或审计任务完成的基础性工作。通过对生态文明建设行为数据记录系统的测试，有助于提高行为审计判断的精准性。（3）确定生态文明建设行为作业的责任人，即通过查阅文件、分析资料等，评价生态文明建设行为作业的具体组织者和实际控制者，分析谁在推动和实施生态文明建设过程中起到了组织、领导或关键作用，确定履行生态文明建设行为的责任主体或个体。

第三，行为影响评价阶段。在上述行为审计阶段工作取得成效的基础上，借助生态环境管理工具及方法，系统评估被审计单位或个人生态文明建设行为作业的进展、效果和对生态环境及生态文明的影响情况。关键工作点：（1）理清评价思路，明确评价方法，即评价是手段，不是目的，评价的目的在于促进生态文明建设行为的健康、规范和有序，在于提高生态文明建设的效率和效果。在行为影响评价方法选择上，应该结合生态学、行为学、地理学、社会学和统计学等相关学科方法，按照科学性、成熟性、简便性原则，选择行之有效的评价方法，避免生僻方法的使用。（2）开展评价工作，获得影响结论，即结论是建立在证据基础上的，通过对被审计单位或个人生态文明建设行为作业如生态文明建设管理系统是否有效、数据记录是否真实、专项资金使用和管理是否规范、项目建设是否生态等的取证分析，从而对生态文明建设的行为或作业类型、偏离程度、影响性质和程度等方面做出恰当的审计判断，并形成初步审计结论。

第四，出具审计报告阶段。出具审计报告是一项十分严肃的工作，必须根据组织程序、纪律程序和工作程序来办理，要充分正确地使用沟通、协商、请示、汇报等方式方法，全面反映被审计单位或个人生态文明建设行为作业的真实情况，使之方式得当、结论有据、认识一致。审计报告的呈现形式可以灵活多样，但是至少应该包括生态文明建设行为作业审计的目标、方法、重点，被审计单位的制度规范性、运行有效性、记录完整真实性，生态文明建设行为作业对生态环境和经济社会的影响内容、影响程度及影响方向，生态文明建设过程中可能存在的潜在风险以及建议采取的改进措施等内容。

第五，结果反馈或追踪审计阶段。将审计结果及时反馈给被审计单位或个人不仅可以打消其工作疑虑或顾虑，而且有利于其及时改进和优化生态文明建设行为或者作业，在适当的情况下，可以通过追踪审计督促和检查改进意见、建议或方案的落实情况，全过程提升生态文明建设行为作业的生态绩效、社会绩效和经济绩效。

7.4 生态文明建设行为作业审计的制度供给、方式方法和人才聚集

7.4.1 完善生态文明建设行为作业审计的制度供给

生态文明建设行为作业审计能否依法依规、有根有据的有序开展，关键在于制度供给、在于是否有相对完备科学的制度体系。生态文明建设多元主体复杂利益关系、多领域多行业交叉融合、有形和无形资源整合配置、软硬文化相互渗透以及各种方式方法创新发展，都迫切需要通过有效的制度供

给，为生态文明建设行为作业审计的深入开展“保驾护航”。这些制度供给，既可以是法律、法规、规章和政策等形式的，也可以是准则、标准、指南和指标等形式的。其中，法律、准则和标准是生态文明建设行为作业审计最主要的制度供给形式。

1. **法律制度体系**

法律是一切行为的基础。狭义的法律是指全国人民代表大会及其常务委员会制定颁布的规范性法律文件；广义的法律还包括国务院及其各部委、地方权力机构和行政机关制定公布的法令、条例、规则、章程等法定文件。“依照法律”行政和行事是法治社会的最基本要求。作为生态文明建设背景下所产生的一种新型社会行为，生态文明建设行为作业审计需要有与之配套的法律保障和支撑体系。唯有如此，才能审之有理、审之有据、审之有度。否则，生态文明建设行为作业审计就很难得到被审计单位或个人的理解、认可、支持和配合，最终就很难全面而有效地开展开来。因此，对待生态文明建设行为作业审计这个新生事物，国家和政府应该有明确的态度，应该直面生态文明建设行为作业审计对当前法律内容和体系所提出的新要求和新挑战。

就目前来看，需要迫切修订的与生态文明建设行为作业审计有关的法律是《审计法》和《环境保护法》。一要在《审计法》中增加实施生态文明建设行为作业审计的条款或内容，将生态文明建设行为作业审计纳入国家审计的职责范畴，从根本上解决生态文明建设行为作业审计无法可依、无规可循的被动局面；二要在《环境保护法》中增加国家审计机关在环境保护以及生态文明建设中发挥作用的权责规定，将生态文明建设行为作业审计作为环境监督、环境管理和环境治理等工作的重要组成部分。在制定或修订相关法律时，应注意以下两个问题：

第一，明确国家法律、政府规制与生态文明建设三者之间的逻辑关系。国家法律明确了生态文明建设行为作业审计的法理依据，明晰了违法违规行为的惩罚细则，为生态文明建设行为作业审计提供了基本遵循和约束规范；政府规制是为生态文明建设及其行为作业审计所确立的清晰制度框架体系，它不仅明确了政府和社会对生态文明建设行为作业审计的态度，而且也明确了生态文明建设行为作业审计的工作规则和具体要求。国家法律一般是国家层面的制度供给，侧重于全局、宏观和战略层面；政府规制则既可能是国家层面的制度供给，也可能是省级或地方层面的制度供给，侧重局部、区域和战术层面。

第二，建立和完善生态文明建设行为的数据收集和信息披露制度。审计的重要基础是系统性信息。如果没有完整、科学的信息收集、生成和披露系统，就很难保证审计质量。生态文明建设行为作业审计也不例外。

信息系统的建立有两种基本思路：一是另起炉灶，建立包括生态文明建设决策优化、技术服务和安全保障等模块内容的人机交换和云计算或云服务的独立信息系统，形成相对完整的与生态文明建设行为作业相匹配的、具备数据、功能、流程和输出等功能要素的管理信息系统；二是嵌入现有会计系统，优化现行会计核算体系，增加与生态文明建设行为作业有关的要素内容、确认标准、计量模式、记录准则和披露方式，提高生态文明建设行为作业信息形成与披露的完整性、可靠性、一致性和及时性。

2. 准则制定体系

准则是审计活动的基本原则和行为规则。审计准则是审计组织或审计人员在生态文明建设行为作业审计实践中必须恪守的行为规范，关乎生态文明建设行为作业审计的成败和质量。它一方面为规范生态文明建设行为作业审计工作提供技术指导；另一方面是衡量审计工作是否规范、审计行为是否适当的主要依据。

目前，已颁布的《国家审计基本准则》《审计机关审计项目质量控制办法（试行）》和一系列通用或专业准则，都没有对生态文明建设行为作业审计作出明确规定和要求，这就迫切需要将其纳入现行准则体系，或者按照现行准则体例和要求单独制定相应的准则制度体系。唯有如此，才能明确生态文明建设行为作业审计的工作和质量要求，构建生态文明建设行为作业审计与社会、当然也包括与国际社会沟通的话语平台，才能有助于生态文明建设行为作业审计在与社会各界互动过程中提高自身地位、保持可持续发展和确立国际话语权。在生态文明建设行为作业审计准则的完善或建设中，应注意以下几个问题：

第一，要充分体现生态文明建设行为作业审计的特殊性，突出全面了解被审计单位或个人情况的重要性。生态文明建设的首创性，决定了在生态文明建设行为作业审计过程中，必然会遇到许多新情况、新问题，需要及时、准确、全面地了解这些情况，并将这项工作贯穿于生态文明建设行为作业审计的全过程。

第二，要充分体现生态文明建设行为作业审计的国际性，突出国际合作和国际协调的重要性。生态文明建设是构建人类命运共同体的关键抓手，生态文明建设成果是惠及全世界人民的。这就决定了生态文明建设行为作业审计注定是一种兼顾国际审计准则的共同行动，需要吸取国际经验、借鉴国际惯例，并且力争形成国际共识。

第三，要充分体现生态文明建设行为作业审计的整合性，突出兼顾或整合其他审计力量的重要性。生态文明建设主体的多元性，决定了生态文明建设行为作业审计客体和对象的复杂性，不仅涉及公共领域，而且涉及市场和私人领域。在生态文明建设行为作业审计中，包括国家审计、内部审计和社会审计在内的各种审计力量都发挥着十分重要的作用。但是，这些审计力量彼此独立、自成一体，需要整合、协同和衔接，发挥整体治理效能和监督效应。

第四，要充分体现生态文明建设行为作业审计的主观性，突出审计职业判断与胜任能力的重要性。生态文明建设的前瞻性和未来性，决定了生态文明建设行为作业审计主题和内容的创新性和发展性，这就要求生态文明建设行为作业审计更加依赖合理的职业判断和复合的胜任能力。

第五，要充分体现生态文明建设行为作业审计的技术性，突出现代信息技术和数据分析技术运用的重要性。实施生态文明建设行为作业审计迫切需要联网审计和在线审计，需要将审计对象和审计内容数据化、网络化和智能化，这就要求被审计单位或个人应当记录电子数据的采集和处理过程，应当规范数据分析技术方法的使用。

3. 标准制度体系

标准是审计活动的工作依据和评价准绳。审计标准是审计组织或审计人员判断和评价生态文明建设行为恰当或者优劣的准绳，是提出审计意见、形成审计结论、出具审计报告的依据。审计标准应该能够反映待检查事项所应具备的规范化控制模式，代表良好的实践行为，即一个理性、有知识的人所认为的“应当是什么”[354]。审计标准可以是成文的法律法规，也可以是单位的预算、合同和业务标准。根据生态文明建设行为作业审计的未来发展趋势，我们这里主要讨论的是与生态文明建设行为作业审计业务密切相关的信息技术审计标准。

目前，公认的、比较成熟的信息技术管理和审计标准主要有信息技术基础架构库（ITIL）、信息安全管理体系（ISMS）、信息及相关技术控制目标（COBIT）、受控环境中的项目管理（PRINCE2）和信息系统研究中心（CISR）等。它们各有特点，适用不同情况，具有不同范围。

其中，ITIL 是英国国家计算机和电信局开发的一套旨在提高 IT 资源利用率和服务质量的管理标准。它以流程为导向、以客户为中心，通过整合组织业务与 IT 服务，来提高组织的 IT 服务水平和支持能力[355]；ISMS 是依据英国标准协会发布的 BS7799 标准系列所建立起来的旨在确保信息资产保密性、可用性和完整性的一套应用于信息安全领域的规范和管理体系。它着眼于组织的整体业务风险，通过对业务风险评估来建立、实施、运行、监视、评价、保持和改进信息安全管理[356]；COBIT 是美国信息系统审计与控制协会（ISACA）等为衡量、审计和控制信息系统而制定的一个开放性标准。它由执行摘要、框架、执行工具箱、管理指南、控制目标和审计指南六部分构成，其中，审计指南是为审计组织或审计人员对系统的安全性、可靠性和有效性进行分析、评价和实施审计提供建议和指导，一般由基本标准、具体准则和执业指南三部分构成[357]；PRINCE2 是英国政府计算机和电信中心基于过程的结构化项目管理方法而发展起来的，旨在提高项目管理质量的一种受控环境中的项目管理标准[358]；CISR 是 MIT 斯隆管理学院利用矩阵架构确定不同 IT 决策和 IT 治理原型的结合，并从成本控制、资产使用、增长、业务灵活性四个方面评价 IT 治理绩效的一种工具标准[359]。

需要说明的是，COBIT 是一种以业务为中心、以流程为导向、以控制为基础、以测评为驱动的信息技术审计标准，是目前国际公认的最先进、最权威的安全与信息技术管理和控制的标准，也是 IT 审计的国际通用标准。自 1996 年 COBIT 提出至今已更新到第五个版本，COBIT5.0 是通过对 COBIT4.1 的扩展和与 ISACA Val、ITIL 等其他标准框架的整合，提出的以支持组织实现其 IT 治理和管理目标的一种全面框架体系，具有广泛适应性和信息技术应用性。借鉴 COBIT 原理和架构，在制定生态文明建设行为作业审计信息技术审计标准时，可以按照以下思路和模块来构建：

第一，控制流程标准。即规划生态文明建设行为作业审计的领域和内容，设计控制流程，确立控制目标，明确关键控制点，细化控制活动。

第二，编制审计指南。即对具体控制活动列示详细的审计方法和审计依据，成为审计计划、方案制定和现场实施提供全面指导的审计指南。

第三，构建评价指标。即从计划、建设、运行和监管四个领域，针对生态文明建设行为作业的经济性、效率性、效果性和生态性等，结合审计指南和每个控制活动，遴选评价指标。每个控制活动对应一组定量或定性指标，同时，构建成熟度模型。

7.4.2 创新生态文明建设行为作业审计的方式方法

生态文明建设的具体内容是复杂、丰富的，其中最重要的方面是自然资源的利用及管理和生态环境的保护及修复。

由于我国幅员辽阔，地理地形复杂，不同省份和区域在自然资源禀赋、产业经济发展、城市化程度、受教育情况和生态环境管理水平等方面存在很大差异，所面临的自然资源利用及管理和生态环境保护及修复等问题并不完全一致。因此，生态文明建设行为作业审计的内容会层出不穷、方式会不断创新。

目前来看，生态文明建设行为作业审计所涉及的自然资源利用及管理主要是指土地、矿产、水（江河湖泊等地表水和地下水）、海洋、森林、草地、野生动植物和生态空间等的权属厘定、归口管理、开发监管、集约使用和涵养保护；所涉及的生态环境保护及修复主要是指大气、水（水域和水系）、土壤、噪声、固体废物、温室气体、核与核辐射等污染物的减排、退耕、休牧、降噪、再利用和综合防治。开展这些领域或方面的生态文明建设行为作业审计，极易遇到审计内容新、审计业务多、审计范围广、审计跨度长、审计取证难等问题，迫切需要生态文明建设行为作业审计转变审计方式、整合审计方法和创新审计技术。

所谓转变审计方式，就是要从传统资金监督向履职评价转变；就是要从个体项目目标向局部或整体目标转变；就是要从传统审计向联合审计、交叉审计、联动审计转变。最终实现资金监督与履职评价并重、项目目标与局部或整体目标并重、传统审计与现代审计并重。

所谓整合审计方法，就是要整合基本审计方法和特殊审计方法；就是要整合其他相关学科或领域的先进方法，在赋予资料审阅、实地调查、座谈访谈等传统审计方法新内容的同时，积极引进和借鉴机会成本法、资产价值法、人力资本法等跨学科方法。

所谓创新审计技术，就是要结合“大智移云”等现代信息技术，积极开展网络审计和在线审计。例如，利用卫星遥感、全球定位、地理信息等技术实现在线监测和审计，利用专业评价机构或第三方社会服务实现外包审计，利用大数据、云计算、机器学习算法和人工智能等实现全样本审计和数据化审计，等等。

7.4.3　拓宽生态文明建设行为作业审计的人才途径

人的因素是决定性的因素。要完成生态文明建设行为作业审计工作，离不开建立和造就一支政治素质硬、业务能力强和专业水平高的审计人才队伍。与传统审计队伍主要是由财会知识背景的人员构成相比，生态文明建设行为作业审计队伍的非财务性特征更加突出，对生态、环境、管理、法律、社会和技术等方面知识和能力的要求会更高、更多一些。也就是说，要求生态文明建设行为作业审计人员应具备更加多元、更加复杂和更加开放的知识结构和技能框架。

审计是一种职业、一种组织化的工作样态[360]。选择生态文明建设行为作业审计，也就是选择了一种职业、一种特定的组织身份和权利分配过程。在现代社会，凡是职业人士都应具备一定的专业知识，都应成为具备一定专业知识和技能的专门人才。就生态文明建设行为作业审计而言，从业者至少应该：（1）掌握党和国家与生态文明建设有关的法律、法规和政策；（2）掌握与生态文明建设有关的行业知识、环境知识（包括环境科学和技术）；（3）掌握行为科学知识和审计理论与方法；（4）熟悉管理制度（包括内部控制）和管理实践。但是，目前我国的审计尤其是政府审计从业者，主要来源于财会审计等相关专业的大学生、部队退伍复员军人和党政工群团等系统的转岗人员，专业知识结构不合理，职业胜任能力待强化，需要进行结构改造、能力重塑和专业水平提升。

生态文明建设行为作业审计单靠某个或某类审计人员是很难胜任的，需要依赖审计团队或审计组织的力量，需要动员社会人士和利用社会力量，尤其是通过购买、外包、联盟等创新性方式，充分发挥专家个人或团队参与生态文明建设行为审计活动的智库和顾问作用。换句话说，单凭个人能力独立进行生态文明建设行为作业审计的人员是十分少见的，只有在审计人员个人或所在团队拥有必要的能力组合时，审计人员才能够或才应该进入生态文明建设行为作业审计工作体系。当然，审计团队的规模和组成应该根据生态文明建设行为作业审计的类型、规模和可利用资源的不同而有所差异。

需要指出：一是审计能力是提高生态文明建设行为作业审计质量的首要审计供给因素。审计能力是审计职业完成审计任务、实现审计目标、满足社会需求的能力，是一种审计服务的供给能力，决定了审计能做什么及应承担怎样的责任[361]。审计能力建设存在一定溢出效应，能为生态文明建设等社会责任信息的可靠性提供重要的保障作用[362]。在审计能力体系中，认知能力和行为能力是最重要的审计能力。前者强调的是技术技能、分析设计技能和鉴别技能；后者突出的是个人技能、人际技能和组织技能。二是审计智库是提高生态文明建设行为作业审计质量的重要审计供给因素。在现代社会，智库是社会各界成功人士和知识精英的理想集聚地，是促进经济社会发展尤其是公共政策制定的重要智囊团。生态文明建设行为作业审计需要审计智库的智力支持，可以通过购买服务机制来实现。这种智力支持是中立的、专业的、高质量的和有影响力的。

第 8 章

生态文明建设业绩成效审计研究

8.1 生态文明建设业绩成效审计所涉及的若干理论问题

8.1.1 生态文明建设业绩成效的基本内涵及其审计的理论依据

1. 生态文明建设业绩成效的基本内涵

生态文明建设业绩成效，也就是生态文明建设绩效，是生态文明建设的最终成果，是生态文明建设工作的出发点和归宿，也是整个生态文明建设工作的重心所在。它是一个综合性概念，不同于其他工作绩效。

首先，它是生态效益、社会效益和经济效益的有机统一。实现人与自然、人与人、人与社会的统筹协调发展，是生态文明建设的根本目的。追求生态文明建设业绩成效就要兼顾和统筹生态、社会和经济三大效益，不能抓一漏万，不能有所偏废，而是要实现生态、社会、经济的全面、协调、同步、整体发展。

其次，它是宏观效益、区域效益和微观效益的有机统一。生态文明建设对经济社会整体和全局的绿色发展有效益，可称之为宏观性效益；对经济社会个体和组织的绿色发展有效益，可称之为微观性效益；其余的，也就是对经济社会局部或区域的绿色发展有效益，可称之为区域性效益。三种效益紧密相连，环环相扣，表现为单位（个人）、地区和国家三个层面三种效益的一体化。

最后，它是近期效益、中期效益和长期效益的有机统一。生态文明建设应立足于近期效益，着眼于中、长期效益，中、长期效益统领着近期效益。

生态文明建设业绩成效的显现，具有滞后性和周期性，很难立竿见影。因此，需要端正心态，功成不必在我，一张蓝图绘到底。

2. **生态文明建设业绩成效审计的理论依据**

受托生态环境责任，也就是受托生态文明建设责任，是生态文明建设业绩成效审计产生与发展的元论。从委托代理理论来看，生态文明建设是社会公众在追求自身健康幸福及人类社会可持续发展过程中赋予政府、企业和其他组织或个人的一项受托责任，至少包括公共生态环境受托责任和私人生态环境受托责任。针对生态文明建设这一公共受托责任，多主体共治无疑是解决这种公共受托责任问题的重要方向和举措。在现阶段，中央和地方各级人民政府不仅是生态文明建设的主导者，而且政府间的合作及伙伴关系对推进生态文明建设更具价值。

问题是，中央和地方各级政府及其职能部门是否履行了公共受托责任，也就是说生态文明建设的相关规划、布局、方案和政策是否科学、齐备，执行落实是否到位，实施效果是否真实，信息披露是否及时，改进措施是否有效，凡此种种，都需要对社会公众有个明确的交代，这就需要生态文明建设业绩成效审计的专业支持。开展生态文明建设业绩成效审计，既是维护生态文明建设秩序、保障经济社会绿色发展的基本需要，也是目前已经广泛开展的绩效审计、经济责任审计和领导干部自然资源资产离任审计等专项审计工作的发展方向。

8.1.2 生态文明建设业绩成效审计与环境绩效审计的联系和区别

大家知道，环境绩效审计是环境审计的三大业务类型之一。自20世纪60年代末开始，环境审计经过近60年的发展，逐渐呈现出由过去的财务审计、合规审计向目前的绩效审计转向的发展态势。从投入产出角度，遵循成果控制原则和成本节约原则，针对能源、建筑、环境等领域尤其是高碳行业，综合考量环保资金投入与产出效果的匹配性、合理性，一直是环境绩效审计的重要内容。在环境绩效审计实践层面，美国、加拿大、澳大利亚和欧盟等西方发达国家积累了丰富的经验，采取了一系列行之有效的做法。主要表现在：

第一，重视对企业环境管理系统的健全性、有效性和遵守性审计；

第二，重视为企业开展欧盟生态管理与审计计划（EMAS）或国际标准化组织环境管理体系（ISO14000及ISO14001）提供财税和金融政策支持；

第三，重视对能源、海洋、生物多样性和气候温暖化等专题问题的审计；

第四，重视理论与实践的结合，将可持续发展委员会等智库研究报告作为重要的审计主题遴选依据；

第五，重视审计方式或方法的创新，广泛采用项目审计、横向审计、区域审计和联合审计。

环境绩效审计之于生态文明建设，实际上就是生态文明建设业绩成效审计中的重要组成部分。生态文明建设业绩成效审计可以视为环境绩效审计在人类社会由工业文明时代向生态文明时代迈进过程中的新发展。从源头上遏制生态环境恶化、重拳扭转生态环境污染现状、调整能源结构及提高能源利用效率，无疑是当前生态文明建设的重中之重，这自然也是环境绩效审计的重点。可见，生态文明建设业绩成效审计与环境绩效审计在审计内容上是高度重合的。

诚然，我们也应该看到，环境绩效审计与生态文明建设业绩成效审计也有所不同。前者侧重对环境治理效率效果的事后监督和评价，后者不仅关注环境治理而且更加关注生态系统以及经济、社会、科技和文化等的生态化的绩效监督与评价，更加注重对生态文明建设全方面、全过程的业绩衡量、绩效评价与考核。生态文明建设业绩成效审计是一种开放式的、全方位的和多维度的绩效审计。它不仅关注生态文明建设的财务性和经济性，而且更加关注其环境性、生态性和社会性。

8.1.3　生态文明建设业绩成效审计与环境绩效评价的联系和区别

生态文明建设可认为是更大范围的环境治理问题。从宏观层面，或者说从公共管理角度看，环境治理是环境规制在公共行政范式演进过程中的概念更新，其目的是社会的可持续发展，关注的是经济增长、环境优化、社会和谐；从微观层面，或者说从企业管理角度看，环境治理是环境保护在环境管理范式演进背景下的概念发展，其目的是企业的绿色发展，关注的是能源效率、低碳生产、生态效益。概而言之，环境治理包括对环境与经济两个方面的关注，即环境不仅要可持续地服务于经济增长，而且是经济增长可持续的基础。也就是说，在环境治理语系下解决环境与经济的持续互动和协同发展问题。它至少要求：（1）政府、市场和社会的共同参与；（2）各层各级、各行各业的紧密合作；（3）环境绩效的持续互动和改进。

生态文明建设自不例外。只不过，生态文明建设更加关注生态、环境、经济、社会等发展之间的协同融合和协调平衡，更加追求人与自然、人与人、人与社会的和谐共生，更加推进人类社会由工业文明向生态文明的形态跃进。

从绩效管理角度分析，环境绩效评价关注的多为相对单一的环境问题，主要是那些后果直观、价值清晰、原因明确的环境破坏事件。但是，生态文明建设业绩成效审计不仅关注个别环境问题，而且更加关注自然系统与社会系统之间的交互环境问题，尤其是那些价值冲突集中、制度安排滞后、积累效应明显、隐性矛盾突出的社会系统中的结构性环境问题。

从评价客体与对象角度分析，环境绩效评价关注的主要是企业尤其是重污染企业等微观领域的环境问题。生态文明建设业绩成效审计不仅关注微观领域的环境问题，而且更加侧重政府及相关部门的环境管理问题，更加关注公共价值或社会价值，集中回答在生态文明建设过程中政府及其职能部门应该“做什么”“怎样做”“做的如何”以及“如何改进”等问题。

当然，从审计治理视角分析，生态文明建设业绩成效审计不仅包括对环境及其管理问题的价值判断和后果分析，而且也包括对环境问题产生及其管理过程的全面检查和督促。既有评价的成分，也有监督的意蕴。从这个意义上讲，环境绩效评价是生态文明建设业绩成效审计的基础，可以运用环境绩效评价的结果来提高审计工作效率和审计工作质量。

8.1.4 生态文明建设业绩成效审计所要达到的主要目的

概括地讲，实施生态文明建设业绩成效审计的目的在于通过审计这一特殊的检查、监督和评价手段，达到规范生态文明建设行为、知晓生态文明建设绩效和提高生态文明建设水平的目的，进而全面推进生态文明建设工作，促进美丽中国建设。具体就是要对生态文明建设工作的经济性、效率性、效果性、公平性和环境性作出客观而公正的评价，也就是对生态文明建设业绩成效有一个全面的了解和科学的评价，为考核、问责和改进等提供可靠依据和重要参考。

1. 经济性

所谓经济性是指在生态文明建设过程中是否以最低的资源消耗达到预期的建设效果，也就是说，是否符合成本效益原则。

追求经济效益，注重经济性，是一切经济工作必须遵守的基本原则。成本是有积极意义的，没有投入就没有产出，相应的，没有高质量的投入也不会有高质量的产出。因此，要做好经济工作，就必须讲求投入成本的产出效果以及资金约束和支出控制。生态文明建设是一项经济工作，具有经济性，涉及投入、产出、成本、费用、效益和效率等问题，需要审查和评价其合规性、合法性、合理性和效益性。当然，生态文明建设的经济性不仅表现为货币性和财务性，而且也表现为非货币性和非财务性的其他数量特征。

2. 效率性

所谓效率性是指在生态文明建设过程中是否最有效地利用资源以达到建

设愿望和要求，也就是说，是否符合投入产出原则。

讲求投入产出，注重效率性，是项目投资管理应遵循的基本原则。协调项目内外关系、挖掘项目资源价值、提高资源利用效率、最大限度地实现预期目标，是生态文明建设项目管理的核心内容。换句话说，评价生态文明建设资源是否得到了充分利用、发挥了最大效能、创造了预期价值，即是否以最少或合适的投入达到了最大或预期的产出，这是生态文明建设业绩成效审计应该重点关注的内容。

3. 效果性

所谓效果性是指在生态文明建设过程中所产出的结果是否与计划、预期、愿望相一致，也就是说是否符合动机与效果匹配原则。

讲究主观愿望与客观后果的统一，注重效果性，是一切社会实践的行为准则。生态文明建设行为动机无疑是有价值、有意义的，但是能否收到预期的“善”的效果，需要审计鉴证或评价。换句话说，只有经过生态文明建设业绩成效审计鉴证或评价了的生态文明建设成果才是令人信服的。具体应该关注生态文明建设政策是否得到贯彻实施，相关建设项目是否取得实际效果，各种计划或方案的实际成果是否与预期成果相一致，以及是否有效地减少或杜绝了相关行为或项目的负外部性，等等。

4. 公平性

所谓公平性是指在生态文明建设过程中相关的制度安排、资源配置、利益获得是否是公正的、不偏不倚的，也就是说是否符合生态正义原则。

强调生态正义，注重公平性，是生态文明建设的根本遵循，也是生态文明建设正当性的根本保证。也就是说，我们应该强调各行为主体参与生态文明建设活动的机会公平、过程公平和结果分配公平，强调各主体的生态文明建设行为应符合生态平衡原理、生物多样性原则、子孙后代的可持续发展和环境保护的全球愿望和全球意识。具体就是，涉及生态文明建设的制度、政策、资源、项目、服务等是否惠及所有地区或个人，是否是合情合理、公正而不偏袒的，并且是否让社会公众等利益相关者感受到这种获得感和公平度。

5. 环境性

所谓环境性是指生态文明建设是否有助于促进自然资源的节约和合理、有效利用，是否有助于修复或改善生态系统和生态环境，是否有助于形成或提升生态意识和生态文明，也就是说经济社会是否符合绿色发展理念。

遵循绿色发展，注重环境性，是生态文明建设得以深入开展的前提和真谛。减少或遏制经济社会发展对生态环境的负外部性，始终是生态文明建设不懈追求的工作目标。这种负外部表现在不同领域，体现在不同方面，需要生态文明建设业绩成效审计逐一对待、综合考量和整体分析。

8.1.5 生态文明建设业绩成效审计所涉及的重要方面

生态文明建设业绩成效审计所涉及的领域是多方面的，几乎涵盖了人类发展和社会进步的方方面面，如经济、政治、社会、文化、科技、法律、制度等，取其要者而论，主要包括自然资源、生态环境、生态经济、生态社会、生态科技、生态文化和生态制度七个方面，侧重生态环境质量、资源能源利用、气候变化、生态系统脆弱性、环境承载力、人体健康、生态安全、生态教育、科学执政等具体内容。

1. 自然资源

自然资源是连接人类社会最重要的两大物质循环和能量交换系统，即经济社会系统和自然生态系统的物质基础。大家知道，自然资源一开始是独立于经济社会系统而存在于自然生态系统的，表现出来的是没有附着任何人类劳动的自然存在物。这时的自然资源只有生态价值，一般可分为两大类：一类是在自然生态系统可持续状况下可以不断产生的，即可再生的自然资源；另一类是在人类现有的认知时空范围内不会再生的，即不可再生的自然资源。然而，自然资源一旦以某种生产要素或环境要素进入经济社会系统以后，就会不断地通过人类劳动来变换其存在形态和价值方式，所表征现出来的则是附着了一定人类劳动的社会存在物。这时的自然资源就不仅具有生态价值，而且也被赋予了经济价值和社会价值，并在经济社会系统被反复使用和损耗，逐渐丧失其使用价值或效用价值，最终以废水、废气、废渣或固体废弃物即“三废”等方式退出经济社会系统而重返自然生态系统。周而复始，循环往复，支撑着人类社会的健康发展和文明进步。

但是，当自然资源消耗及其产生的环境负外部性达到或超过自然生态系统的消纳和自净能力时，自然生态系统的良性循环就会被打破，倘若不加控制、修复和保护，长此以往不仅自然生态系统将难以为继，而且建立其上的经济社会系统也将难以可持续发展。开展生态文明建设业绩成效审计，从一定意义上就是要摸清自然资源的“家底”“底数”，掌握自然资源的来龙去脉，熟知经济社会系统对自然生态系统的权责关系，提高自然资源利用效率和效果。

2. 生态环境

生态环境是人类生存和经济社会发展的自然条件。人的一切自然活动和人类的一切社会活动须臾离不开生态环境，生态环境的优劣直接影响着人的生活质量和人类社会的文明程度。生态文明建设首先是要保护、修复、改善生态环境。保护生态环境就是保护生产力，修复生态系统就是培育生产力，改善生态环境就是发展生产力。

生态环境的发展程度可以直观地反映生态文明建设水平。从审计角度要重点评价气候变暖是否得到有效遏制，生物多样性是否得到有效保护，生态系统承载力是否得到明显增强，山林湖田草和水土气是否得到明显优化。具体就是：（1）以二氧化碳、二氧化硫为主要内容的温室气体排放量是否得到有效控制；（2）以自然资源保护区、国家公园为主要表现形式的生物多样性区域是否得到有效管理；（3）以工业废水排放、生活污水处理和空气质量优良天数为主要内容的达标率是否得到有效提升；（4）上述指标是否呈逐年增长或上升趋势。

3. 生态经济

生态经济是人类社会可持续发展的物质保障。经济基础决定上层建筑。没有成规模的、高质量的经济基础，也就没有发达的、高品位的社会文明。生态文明建设就是要改变传统的经济增长方式和经济发展模式，通过供给侧结构性改革，达到“经济、能源、环境”“生产、生活、生态”的协同发展和有机统一，实现国民经济的绿色发展和可持续发展。

生态经济体现了经济效益与生态效益的权衡发展，生态文明建设的重点就是要统筹好经济增长与生态发展的关系，在追求经济发展的同时兼顾自然资源承受能力与生态环境容量。从审计角度主要就是评价以单位 GDP 能耗、单位 GDP 水耗、工业固体废物综合利用率、第三产业产值占 GDP 的比重、工业污染治理投资等为主要内容的经济指标是否实现了绿色化以及其程度和趋势如何。

4. 生态社会

生态社会是人类社会可持续发展的基本形态。“善”是生态社会的最基本特征。善待自然资源、善待生态环境、善待包括人在内的一切生命体，也就是共建全球命运共同体是生态文明建设的价值旨归。

生态社会注定是一个和谐、健康、有序的，充满大善、大爱的社会，是一个资源节约、环境友好、协同共生、幼有所教、少有所依、老有所养的社会。目前，审计评价需要优先关注空气质量优良天数达标率、生活垃圾无害化处理率、人均公园绿地面积与社会保障支出占 GDP 比重等。

5. 生态科技

生态科技是人类社会发展与进步生态化的根本途径。科学技术是第一生产力，没有科技进步，就不会有人类社会的演替和发展，也就谈不上生态文明时代的到来。

生态科技就是要以生态学整体性的观点来对待科学技术发展。科学研究和技术应用应该纳入保护自然、修复生态、治理环境，推动绿色生产和绿色消费的可持续发展轨道上来；应该以协调人与自然之间的关系为准则、以化解人类社会进步与自然资源节约和生态环境保护之间的矛盾为宗旨，追求经济效益、社会效益和生态效益的有机统一；应该修正传统科技观，树立生态科技思想，在生态文明建设进程中推动科学技术的生态化发展和应用。当下，生态文明建设业绩成效审计需要重点从绿色科技投入、绿色科技研究成果数、高新技术产业产值占 GDP 比重、环保专利数以及环境管理体系认证等方面来重点关注生态科技的评价问题。

6. 生态文化

生态文化是人类社会生态化文明化的直接表现。从广义上来说，它是一种生态价值观，代表了人类社会的一种新的生存方式；从狭义上来理解，它是一种以生态价值观为指导的社会意识形态，人类文明的创新与发展应顺应这种生态化趋势。生态文化作为生态文明建设的灵魂，引领着和支撑着生态文明的建设与实践。

生态文化素养和生态文化意识可以通过宣传教育等方式育化、熏陶、浸染而成。从审计评价角度分析可以从教育经费占 GDP 比重、版权合同登记数、公众对生态文明知识知晓度、人均拥有公共图书馆藏量以及每万人拥有公共交通车辆等方面反映市民生态文明素养及公共文化服务的状况。

7. 生态制度

生态制度是推动和促进生态文明建设所依靠的制度体系。它是对生态文明建设的制度性规范，生态制度是否完善，执行落实是否到位，都与生态文明建设业绩成效紧密相关。

从审计角度讲，可以从科学执政和资金保障这两个方面来考察和评价生态制度在生态文明建设过程中所发挥的作用，具体又包括环境信息公开率、国家生态文明建设示范乡镇占比与环保投资占 GDP 比重。

8.1.6 生态文明建设业绩成效审计所运用的基本方法

生态文明建设业绩成效审计涉及面广、内容复杂，这就决定了审计方法的多样性、复杂性和交叉性。根据不同审计领域和内容，选择不同审计方法，尤其是整合使用环境工程学、统计学、社会学等非经济和管理领域以外的方法，是生态文明建设业绩成效审计在方法论上的突出特点。

众所周知，生态文明建设业绩成效最终表现的往往是以数字为主要内容的数据。数据背后是价值。数据反映的是经济、体现的是政策、承载的是责任、影响的是决策。数据是否充分、可靠、有效，决定着生态文明建设业绩成效审计的质量和效果。因此，如何收集数据和分析数据自然就成为生态文明建设业绩成效审计最重要的基础性工作。

1. 数据的收集方法

数据完整可靠是保证生态文明建设业绩成效审计质量的重要环节。为了保证和提高生态文明建设业绩成效审计相关数据和信息的有效性，需要选择科学而有效的审计方法。传统的审计方法主要是文件审阅法、直接观察法、统计抽样法和被试访谈法等。但是，在大数据背景下，这些传统审计方法暴露出了越来越明显的不足和缺陷，主要表现在：

一方面生态文明建设所产生的数据一般是海量、复杂、动态的大数据，如果再采用审阅、观察、调查等传统的审计方法，已很难保证审计数据的充分性、可靠性和有效性。因此，需要利用现代信息技术手段来智能化的挖掘和收集数据。所谓数据挖掘，简单地讲，就是从大量的、不完全的、有噪声的、模糊的、随机的数据中提取隐含在其中的、人们事先不知道、但又是潜在有用的信息和知识的过程，是一种能够自动化或智能化地把数据转换成有用信息和知识的技术或工具[363]。

另一方面专家访谈法和问卷调查法是被试访谈法中最常用的形式。但是，前者无法克服专家在接受访谈时趋于完美化自己的问题，存在“内省性”和“回顾性”缺陷，也就是存在“归因偏见”；后者由于“社会称许性”问题的存在，无法解决参与者在填写问卷时的投其所好问题，存在“反应偏差”缺陷。为此，可以采用有声思维法来有效地收集数据和信息。所谓有声思维法是指要求被访谈者针对典型问题进行出声思考的一种口头报告形式。也就是说，被访谈者在针对典型问题进行思考的同时，要大声地说出自己正在思考的内容，通过记录、分析这些话语来发现其真实的想法、思路和认知，为审计人员提供直接审视被访谈者认知过程“黑箱”的可能。

2. 数据的分析方法

传统数据分析方法一般是围绕问题建立系统，基于系统，大胆假设，小心求证。其中，应用最为广泛的是Saaty为解决具有层次结构的复杂评价问题而提出的层次分析法（AHP）[364]。后来，为解决可能会出现逆序等问题，在AHP原有分布式分析模式基础上，进一步提出了绝对分析模式（ABS－AHP）、理想分析模式（IDE－AHP）和超矩阵分析模式（SUP－AHP）[365]；为解决各层次元素之间的依赖性和反馈性问题，也就是为满足复杂结构的决策与评价，又提出了网络层次分析法（ANP）。我国学者为了克服AHP的内在缺陷则基于摆幅置权（SW）判断模式和多属性价值理论提出了目标导向层次分析法（ToAHP）[366]。这些方法在一定程度上满足了综合评价的需要，对生态文明建设业绩成效审计评价当然也是适应的。因为，AHP归根结底是一种适用于多准则、多目标的分析方法，而生态文明建设业绩成效审计评价本质上属于一个多属性的评价体系，需要从多个绩效层次进行分析，进一步的，利用AHP有助于审计人员将复杂的自然资源、生态环境、社会形态等生态文明建设的内在元素模型化与数量化，有助于综合反映生态文明建设的整体效果和发展趋势。

但是，我们也应该看到：传统数据分析方法是静态的、问题导向的，越来越不能满足大数据背景下生态文明建设业绩成效审计的需求。通过对大数据进行探索来发现问题甚至是结果，然后通过数据验证来证实或证伪，是大数据分析的基本逻辑。大数据分析是一种动态分析、结果导向的分析。生态文明建设所表现出了的业绩成效数据具备大数据的 4V 特点，即数据量大（Volume）、数据类型多（Varity）、数据的价值密度低（Value）以及数据产生和处理的速度快（Velocity）。因此，运用大数据分析法来进行生态文明建设业绩成效审计评价无疑是未来的重要发展方向。

8.2 生态文明建设业绩成效审计评价指标体系的建构

8.2.1 构建生态文明建设业绩成效审计评价指标体系的基本思路

在学界，早在 2009 年就有学者从生态文化、绿色政治制度、又好又快的经济发展模式、社会和谐有序、资源节约和环境友好的生态环境五个方面，设计 34 项指标来建立综合评价生态文明建设的指标体系[367]。近年来，诸多学者从生态文明建设的综合经济发展与结构[368]、社会民生[369]、基础设施[370]、消费模式[371]、资源环境、环保意识、生态文化[372]、经济发展、社会进步、资源环境、国土空间优化[373]和生态制度[3]等某一个或某几个方面，来构建省域[374]或城市[375]的生态文明建设业绩成效评价指标体系。

但是，总体来看，国内学者比较成熟的研究多是从与生态文明建设相关的某项内容来展开的，直接研究生态文明建设业绩成效评价并取得原创性成果的还不多见。有的以区域经济发展程度为视角，通过区域社会总产品占全国社会总产品、地区国民收入增加额占全国国民收入增加额、区域货币投放与回笼量占全国货币投入与回笼量等的比重来衡量区域经济发展效果[376]；有的以城市经济社会发展为视角，设置包括社会结构、人口素质、经济效益、生活质量、社会秩序 5 个子系统、39 项指标的城市经济社会发展评价指标体系[377]；有的以全面建设小康社会为视角，设计了包含经济发展、生活质量、社会结构和社会公平 4 个方面共 10 项指标的全面建设小康社会评价指标体系[378]；有的以和谐社会为视角，构建了覆盖民主法治、公平正义、充满活力、安定有序、人与自然和谐相处 5 个方面，由 29 项指标构成的和谐社会评价指标体系[379]；有的以科学发展观为视角，从经济发展、社会进步和生态良好 3 个方面，构建了 10 个维度、61 项指标，评价社会经济科学发展的指标体系[380]；有的以“五大发展理论”为视角，构建了包括创新、协调、绿色、开放、共享 5 部分、共 37 项指标的经济社会发展评价指标体系[381]；有的以“五位一体”总体布局为视角，将经济建设、政治建设、文化建设、社会建设和生态文明建设设为一级指标，构建了区域综合发展的“五位一体”评价指标体系[382]；有的以高质量发展为视角，构建了由经济活力、创新效率、绿色发展、人民生活、社会和谐 5 个部分共 27 项指标的高质量发展评价指标体系[383]。

除此之外，国家统计局也在不同的时期，站在不同的角度，陆续公布过与生态文明建设有关的统计监测指标体系。例如，构建的涉及民主法治、公平正义、诚信友爱、充满活力、安定有序、人与自然和谐 6 个方面共 25 项指标的和谐社会统计监测指标体系（国家统计局，2006）；构建的由经济发展、和谐社会、生活质量、民主法制、文化教育、资源环境 6 个方面共 23 项指标构成的全面建设小康社会统计监测指标体系（国家统计局，2008）；根据党的十八大精神，将全面建成小康社会统计监测指标体系修改、完善为由经济发展、民主法制、文化建设、人民生活和资源环境 5 个方面共 39 项指标组成的全面建成小康社会统计监测指标体系（国家统计局，2013）；等等。

国际上，一些发达国家或经济体也从新经济、经济社会可持续发展、福利提升和绿色增长等角度来理解经济发展和社会进步，构建了一些非常具有影响力的与生态文明建设有关的评价指标体系。例如，美国发展政策研究所（Progressive Policy Institute，PPI）1999 年发布了包含知识型就业、全球化、活力与竞争、数字化转换和创新基础设施（2002 年更名为创新能力）5 项内容共 17 项指标的美国各州新经济指数，2007 年《美国各州新经济指数报告》调整为由美国信息技术与创新基金会（Information Technology and Innovation Foundation，ITIF）定期发布，尽管指标体系始终围绕知识型就业等 5 个方面，但是具体指标的选择一直在调整和完善之中[384]；再如，欧盟统计局 2007 年编制了衡量欧盟经济繁荣发展、资源有效管理、环境充分保护、社会和谐发展的美好愿景，涵盖社会经济发展、气候变化和能源、全球合作等 10 个主题的可持续发展指数（Sustainable Development Indicators，SDIs），2017 年又进一步拓展为没有贫穷、没有饥饿、健康幸福、优质教育、性别平等、干净的水和卫生设施、可支付的清洁能源、经济增长和工作体面、产业创新和基础设施、减少不平等、可持续发展的城市和社区、负责任的消费和生产、气候行动、水底生命、陆地生命、和平公正和强有力的机制、为达成目标而合作 17 个主题[383]；又如，德国联邦环境、自然保护与核安全部发布了关注社会公平、环境破坏、自然资源损耗对 GDP 影响，包括贫富差距、消费支出、福利增加和降低、环境损害、国家实力 6 大类共 21 项指标的国家福利指数（National Welfare Index，NWI）[385]，2016 年为了突出生态建设的重要性，又剔除了衡量国家经济实力的固定资本净变化和国际地位变动两项指标，增加了核能使用成本指标[386]；比如，荷兰统计局 2012 年发布了包括环境生产率、自然资源基础、生活环境质量、经济机遇和政策回应 4 个方面、共 20 项指标构成的绿色增长评价指标体系，之后又将环境生产率细化为环境生产率和资源生产率，将自然资源基础增加鱼类资源储量、能源储量和生物多样性，将生活环境质量增加地表水生态质、关注程度和支付意愿，将经济机遇和政策回应细化为经济机遇和绿色发展工具等[387]。

在政策层面上，目前与生态文明建设业绩成效考核与评价有关的指标体系，主要是国家发改委、统计局、环保部（原）和中组部于 2016 年 12 月 12 日印发的《绿色发展指标体系》和《生态文明建设考核目标体系》。前者从资源利用、环境治理、环境质量、生态保护、增长质量、绿色生活和公众满意度 7 个方面共设计 56 个二级指标①。这些指标主要来自《国民经济和社会发展第十三个五年规划纲要》和《中共中央、国务院关于加快推进生态文明建设的意见》确定或提出的资源环境约束性指标和主要或重要监测评价指标。除“公众满意程度”通过国家统计局组织的抽样调查来反映公众对生态环境质量满意程度以外，其他 6 个方面 55 个个体指标经过加权平均计算而成绿色发展指数；后者从资源利用、生态环境保护、年度评价结果、公众满意程度

① 56 个二级指标是：资源利用方面包括能源消费总量、单位 GDP 能源消耗降低、单位 GDP 二氧化碳排放降低、非化石能源占一次能源消费比重、用水总量、万元 GDP 用水量下降、单位工业增加值用水量降低率、农田灌溉水有效利用系数、耕地保有量、新增建设用地规模、单位 GDP 建设用地面积降低率、资源产出率、一般工业固体废物综合利用率和农作物秸秆综合利用率 14 个具体指标；环境治理方面包括化学需氧量排放总量减少、氨氮排放总量减少、二氧化硫排放总量减少、氮氧化物排放总量减少、危险废物处置利用率、生活垃圾无害化处理率、污水集中处理率和环境污染治理投资占 GDP 比重 8 个具体指标；环境质量方面包括地级及以上城市空气质量优良天数比率、细颗粒物（PM2.5）未达标地级及以上城市浓度下降、地表水达到或好于Ⅲ类水体比例、地表水劣Ⅴ类水体比例、重要江河湖泊水功能区水质达标率、地级及以上城市集中式饮用水水源水质达到或优于Ⅲ类比例、近岸海域水质优良（一、二类）比例、受污染耕地安全利用率、单位耕地面积化肥使用量和单位耕地面积农药使用量 10 个具体指标；生态保护方面包括森林覆盖率、森林蓄积量、草原综合植被覆盖度、自然岸线保有率、湿地保护率、陆域自然保护区面积、海洋保护区面积、新增水土流失治理面积、可治理沙化土地治理率和新增矿山恢复治理面积 10 个具体指标；增长质量方面包括人均 GDP 增长率、居民人均可支配收入、第三产业增加值占 GDP 比重、战略性新兴产业增加值占 GDP 比重和研究与试验发展经费支出占 GDP 比重 5 个具体指标；绿色生活方面包括公共机构人均能耗降低率、绿色产品市场占有率（高效节能产品市场占有率）、新能源汽车保有量增长率、绿色出行（城镇每万人口公共交通客运量）、城镇绿色建筑占新建建筑比重、城市建成区绿地率、农村自来水普及率和农村卫生厕所普及率 8 个具体指标；公众满意度方面包括公众对生态环境质量满意程度 1 个具体指标。

和生态环境事件 5 个方面共设计 23 个二级指标①。这些指标中的资源环境约束性指标来源于《国民经济和社会发展第十三个五年规划纲要》，其他资源利用和生态环境保护方面的指标采用有关部门组织开展专项考核认定的数据，“年度评价结果”采用“十三五”期间各地区年度绿色发展指数，“公众满意程度”采用国家统计局组织的居民对本地区生态文明建设和生态环境改善满意程度抽样调查。生态文明建设目标考核采用分项赋分法，“生态环境事件”作为扣分项处理。可见，两种指标体系内容既有交叉又有侧重，前者侧重绿色发展，不仅包括经济发展，而且还包括绿色资源、绿色治理、绿色生产和绿色消费，后者则主要是侧重节能降耗、生态发展和环境改善。

很显然，上述两个指标体系无论从内容覆盖面上，还是从综合评价科学性上，都无法满足生态文明建设业绩成效审计的评价需要，达不到对生态文明建设的经济性、效率性、效果性、公平性和环境性即 5E 性作出客观、可靠和公允评价的审计目的要求。因此，在借鉴既有研究和政策成果基础上，需要从生态文明建设业绩成效审计的基本目标出发，以 5E 性为属性层，以自然资源、生态环境、生态经济、生态社会、生态科技、生态文化和生态制度，即生态文明建设绩效审计的主要内容为内容层，遴选和设计具体评价指标，并采用层次分析法进行模糊综合评价。基本构建思路如图 8 - 1 所示。

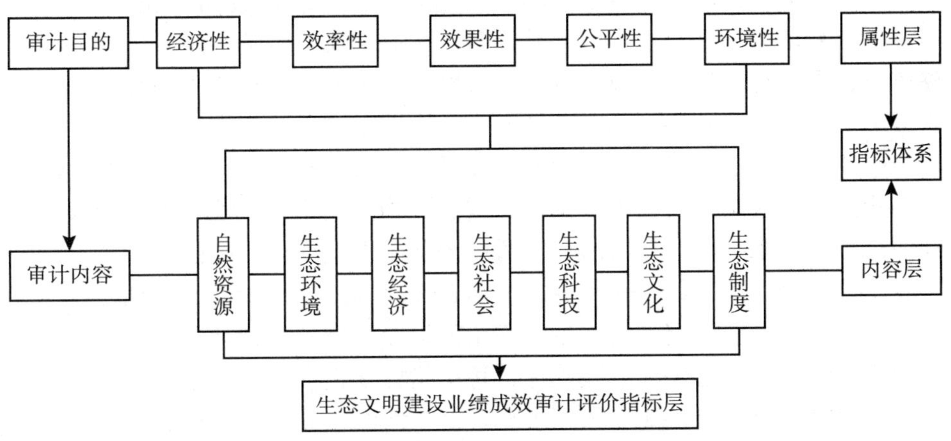

图 8 - 1 生态文明建设业绩成效审计评价指标体系构建思路

① 23 个二级指标除各地区生态文明建设年度评价的综合情况、居民对本地区生态文明建设和生态环境改善的满意程度以及地区重特大突发环境事件、造成恶劣社会影响的其他环境污染责任事件、严重生态破坏责任事件的发生情况以外是：资源利用方面包括单位 GDP 能源消耗降低、单位 GDP 二氧化碳排放降低、非化石能源占一次能源消费比重、能源消费总量、万元 GDP 用水量下降、用水总量、耕地保有量和新增建设用地规模 8 个具体指标；生态环境保护方面包括地级及以上城市空气质量优良天数比率、细颗粒物（PM2. 5）未达标地级及以上城市浓度下降、地表水达到或好于Ⅲ类水体比例、近岸海域水质优良（一、二类）比例、地表水劣Ⅴ类水体比例、化学需氧量排放总量减少、氨氮排放总量减少、二氧化硫排放总量减少、氮氧化物排放总量减少、森林覆盖率、森林蓄积量和草原综合植被覆盖度等具体指标。

8.2.2 生态文明建设业绩成效审计评价指标体系构建的基本原则

作为一个科学术语，体系是相关事物或意识相互联结而成的有机整体。生态文明建设业绩成效审计评价指标体系，是指一定时空或范围内生态文明建设业绩成效审计评价指标的集合，是按照特定秩序和内部联系经过逻辑化、系统化和结构化之后形成的有机整体，应遵循以下基本原则来构建。

第一，关键性原则。生态文明建设业绩成效内容丰富、范围广泛，要想将业绩成效的所有内容和类型纳入评价范围、一一罗列清楚，既不可能、也无必要。因此，在关键性维度和指标确定过程中，要重点把握当前迫切需要解决的生态文明建设中的关键问题或重要方面，同时重点关注未来具有重要战略意义的生态文明建设工作。

第二，系统性原则。作为一个科学、完整的体系，生态文明建设业绩成效审计评价指标体系应注重评价维度、评价准则和评价指标的覆盖面和层次性，以及它们之间的内在逻辑关系，力争做到因果相连、首尾一贯、浑然一体。

第三，动态性原则。生态文明建设总是处在不断推进和发展过程之中，需要从时空动态来反映建设成果。同时，生态文明建设业绩成效审计评价指标体系也不是封闭的、一成不变的，会随着生态文明建设工作的深入推进和新情况、新变化、新成就的不断涌现而动态调整和逐步完善。

第四，适应性原则。生态文明建设是一项战略性、前瞻性和探索性工作，阶段性、应用性特征十分明显。因此，构建的生态文明建设业绩成效审计评价指标体系不能过于超前，要适应当前生态文明建设的阶段性特点和经济发展、社会进步实际，便于生态文明建设业绩成效审计人员采纳使用。

第五，实操性原则。构建生态文明建设业绩成效审计评价指标体系，要有相对成熟的理论指导和实践支撑，每个指标要选取有据、指代有义、出处有见。同时，要通俗易懂、数据可靠、易于获取，具有代表性和典型性。

8.2.3 生态文明建设业绩成效审计评价指标体系的构成和内容

根据生态文明建设的基本目的和主要内容，参照国家生态文明建设的相关规划、方案和意见，借鉴国外可持续发展评价体系的相关指标和内容，结合国内生态文明建设业绩成效审计评价的研究成果和试点经验，最终选取以下 35 个指标作为生态文明建设业绩成效审计评价的关键性指标。具体内容如图 8 –2 所示。

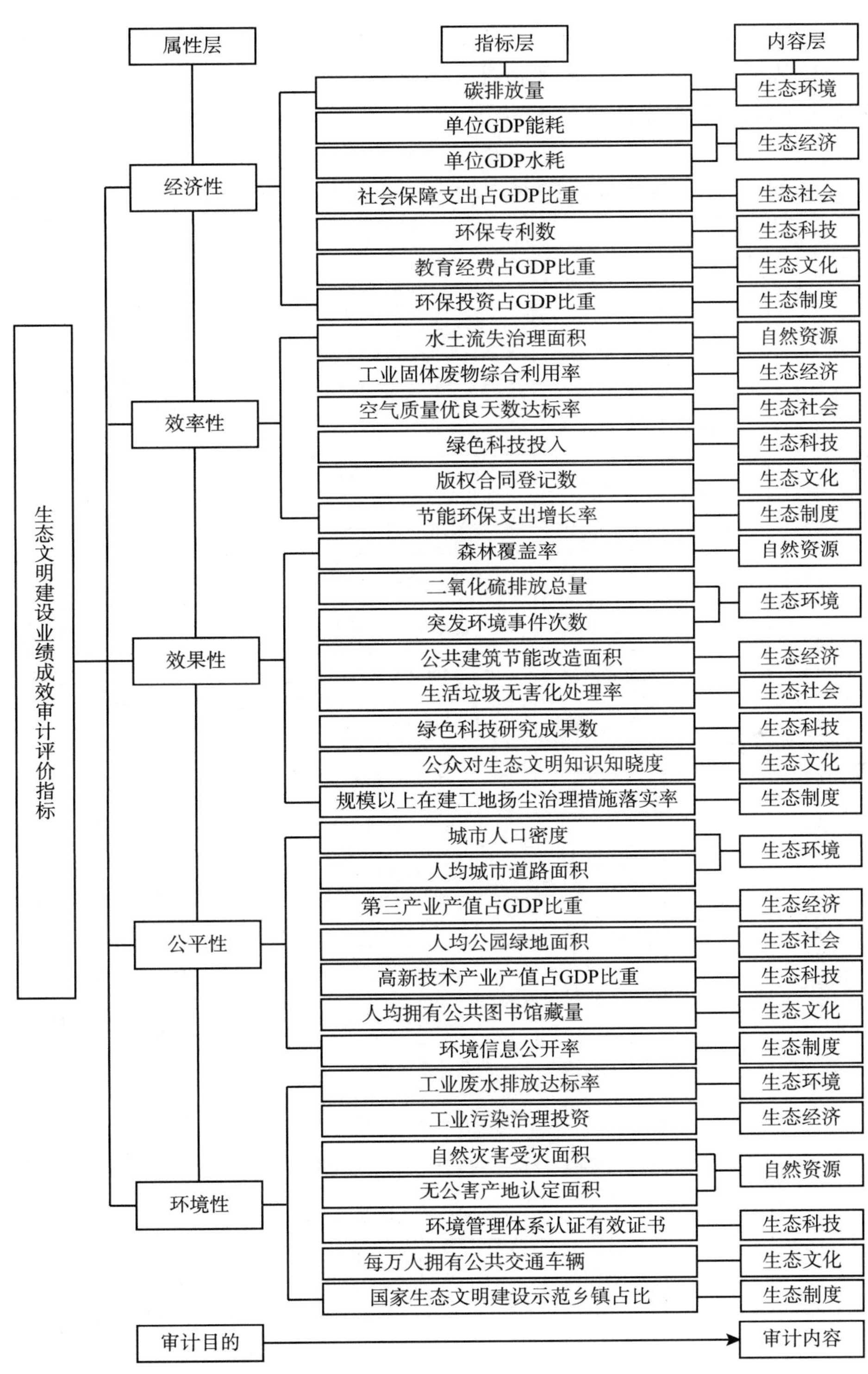

图 8－2　生态文明建设业绩成效审计评价指标

生态文明建设业绩成效审计评价指标按评价作用分为正向和逆向指标，按指标数据性质分为绝对数和相对数指标，需要对各个指标进行无量纲化处理。指标类别和数据性质具体如表 8－1 所示。

表 8－1　　生态文明建设业绩成效审计评价的指标类别和性质

目标层	属性层	内容层	指标层	单位	指标类别
生态文明建设业绩成效审计评价指标	经济性	生态环境	碳排放量	万吨	逆指标
		生态经济	单位 GDP 能耗	吨标准煤/万元	逆指标
			单位 GDP 水耗	立方米/万元	逆指标
		生态社会	社会保障支出占 GDP 比重	%	正指标
		生态科技	环保专利数	项	正指标
		生态文化	教育经费占 GDP 比重	%	正指标
		生态制度	环保投资占 GDP 比重	%	正指标
	效率性	自然资源	水土流失治理面积	万平方千米	正指标
		生态经济	工业固体废物综合利用率	%	正指标
		生态社会	空气质量优良天数达标率	%	正指标
		生态科技	绿色科技投入	万元	正指标
		生态文化	版权合同登记数	份	正指标
		生态制度	节能环保支出增长率	%	正指标
	效果性	自然资源	森林覆盖率	%	正指标
		生态环境	二氧化硫排放总量	万吨	逆指标
			突发环境事件次数	次	逆指标
		生态经济	公共建筑节能改造面积	万平方米	正指标
		生态社会	生活垃圾无害化处理率	%	正指标
		生态科技	绿色科技研究成果数	项	正指标
		生态文化	公众对生态文明知识知晓度	%	正指标
		生态制度	规模以上在建工地扬尘治理措施落实率	%	正指标

续表

目标层	属性层	内容层	指标层	单位	指标类别
生态文明建设业绩成效审计评价指标	公平性	生态环境	城市人口密度	人/平方千米	逆指标
			人均城市道路面积	平方米	正指标
		生态经济	第三产业产值占 GDP 比重	%	正指标
		生态社会	人均公园绿地面积	平方米/人	正指标
		生态科技	高新技术产业产值占 GDP 比重	%	正指标
		生态文化	人均拥有公共图书馆藏量	册/人	正指标
		生态制度	环境信息公开率	%	正指标
	环境性	生态环境	工业废水排放达标率	%	正指标
		生态经济	工业污染治理投资	亿元	正指标
		自然资源	自然灾害受灾面积	千公顷	逆指标
			无公害产地认定面积	万公顷	正指标
		生态科技	环境管理体系认证有效证书	张	正指标
		生态文化	每万人拥有公共交通车辆	标台	正指标
		生态制度	国家生态文明建设示范乡镇占比	%	正指标

其中：

（1）碳排放量。工业化经济发展模式的最突出特点是以石化能源消耗为基础，其直接后果是，在创造价值、增加 GDP 的同时，会产生大量以二氧化碳为主要内容的温室气体，形成温室效应，影响气候变化——主要是气候温暖化。减少或遏制碳排放是防止全球气候变暖的唯一途径和主要措施，也是生态文明建设的重要方面。碳排放量一般是以消耗的标准煤能量来衡量。它是一个逆向指标。

（2）单位 GDP 能耗。国内生产总值（GDP）是衡量一个国家或地区经济状况和综合国力的公认指标，在一定程度上代表了一个国家或地区的经济发展水平。以尽可能小的能源消耗带来最大的经济增长，即减少能源消耗、提高能源效率，是生态文明建设的重中之重。单位 GDP 能耗是一个地区每万元 GDP 所消耗的能源总量，在一定程度上可以代表该地区能源利用的效率和经济增长的永续性。计算公式为：

单位 GDP 能耗 = 能源消耗总量(吨标准煤) ÷ 地区生产总值(万元)

（3）单位 GDP 水耗。水，包括地表水和地下水，尤其是淡水是影响经济社会发展的重要资源之一。随着人口膨胀、气候变暖、环境恶化、生态脆弱和需求增长，水的稀缺性、约束性和不可或缺性越发凸显。涵养水源、统筹水量、提高水能、节约水耗，成为生态文明建设的一项重要工作。单位GDP水耗是一个地区每万元GDP所消耗的水资源总量，在一定程度上可以反映水资源的利用状况。计算公式为：

单位GDP水耗＝水资源消耗总量（立方米）÷地区生产总值（万元）

（4）社会保障支出占GDP比重。改善居民衣食住行，增进公共福利水平，是社会主义制度优越性的基本要求，也是生态文明建设的基本价值取向。社会保障支出是地方政府对当地居民提供公共服务、公共安全、社会保障与就业、医疗卫生、交通运输和住房保障等支出的总称，反映的是当地居民生活的保障与幸福程度。社会保障支出占GDP比重是一个地区每万元GDP中社会保障支出所占比例。计算公式为：

社会保障支出占GDP的比重＝政府社会保障支出总额÷地区生产总值×100%

（5）环保专利数。产业生态化、推动绿色发展是生态文明建设的主攻方向。经济建设既是生态文明建设的有力支撑，也是生态文明建设的重要方面。没有经济快速或适度发展，生态文明社会也很难顺利实现。产业生态化和经济绿色发展要依赖科技生态化，也就是通过科学技术减少或遏制经济增长所带来的生态环境"负外部性"。环保专利数在一定程度上代表了生态科技的创新水平，反映了生态文明建设中的污染治理与环境保护的科技创新成果。由于该指标数据不易获取，暂以发明专利授权数替代。

（6）教育经费占GDP比重。人的因素是最根本的因素，人的素质和能力的提高是推进经济社会发展的根本动力。重视教育，加大教育经费投入，不仅关乎当下而且更关乎未来。教育经费占GDP比重是一个地区每万元GDP中教育经费支出所占比例。比例越高说明政府对教育工作越重视，反映出当地教育水平越高、经济越发展、社会越文明。计算公式为：

教育经费占GDP比重＝地区教育经费支出÷地区生产总值×100%

（7）环保投资占GDP比重。加大环境保护和环境治理投资力度，是扭转和控制环境污染及生态破坏的最直接、最有效举措，也是大力推进生态文明建设的重要途径和方式。环保投资占GDP比重是一个地区每万元GDP中环保投资所占比例。提高环保投资占GDP比重，不仅能够切实改善当地生态环境、改变经济增长方式，而且彰显地方政府着力推进生态文明建设的坚定决心。计算公式为：

环保投资占GDP比重＝地方财政环保支出÷地区生产总值×100%

（8）水土流失治理面积。我国是世界上水土流失最严重的国家之一，治理水土流失是我国生态文明建设长期而艰巨的任务。根据《水土保持法》和《全国水土保持规划（2015—2030年）》，全国各地都有明确的水土治理任务，监管部门可以通过全国水土普查或卫星遥感技术及时了解水土流失治理面积。因此，该指标可以从相关部门直接获得。

（9）工业固体废物综合利用率。工业生产活动中产生的固体废物有的直接排入环境，有的可以再生利用。提高工业固体废物综合利用率，减少直排和消极堆存，是生态文明建设需要关注的重要方面。所谓综合利用就是工业企业利用加工循环等步骤，将固体废物中可以再生利用的部分提取出来，或者使其转化为可以利用的资源、能源和其他原材料。工业固体废物的综合利用量占其总量的比例越大，说明综合利用效率越高。计算公式为：

工业固体废物综合利用率 = 工业固体废物综合利用量 ÷ 工业固体废物产生量

（10）空气质量优良天数达标率。望得见蓝天，看得见星星，是人民对美好生活的最基本向往。因此，打好蓝天保卫战，是生态文明建设的当务之急。空气质量优良天数达标率是一个地区全年空气质量优良或达标天数占全年监测总天数的比例。计算公式：

空气质量优良天数达标率 = 空气质量优良或达标天数 ÷ 全年监测总天数 ×100%

（11）绿色科技投入。绿色科技是有利于人与自然和谐共生的科学技术，高效、节能、环保的绿色科技投入是拉动绿色经济发展的最大动力引擎。绿色科技既包括环保设备、环保技术等硬件，也包括操作方式、运营方法等软件。该指标反映了生态文明建设中生态科技的投入情况，目前不易直接获取，可以研发经费中基础性研究支出替代。

（12）版权合同登记数。文化繁荣是文明进步、社会发展的显著特征之一，是衡量生态文明建设文化成效的一项重要表现。其中，以文字、口述、美术、摄影、影视、录像等文化作品为主要内容的版权合同登记数，在一定程度上可以反映某一地区的文化软实力水平。由于该指标可以从统计部门获得，因此可以替代反映该地区的文化繁荣程度。

（13）节能环保支出增长率。节能减排和环境保护是生态文明建设的两项基础性工作。为了支持和促进全社会的节能环保工作，各地政府都要安排相应的公共财政资金。因此，节能环保支出增长率在一定程度上反映了地方政府支持节能环保工作的政策力度。该指标数值可以从统计部门获得。

（14）森林覆盖率。森林资源是自然资源的重要组成部分。森林覆盖面积越大，说明自然资源保护越好、生态文明建设成效越明显。森林覆盖率是一个地区森林面积占国土总面积的比例。计算公式为：

森林覆盖率 = 森林面积 ÷ 土地总面积 ×100%

（15）二氧化硫排放总量。二氧化硫超排是导致酸雨的主要原因，严格控制二氧化硫排放是生态文明建设的一项十分重要的具体工作，也是包括中国在内的国际社会广泛管控的一项重要指标。二氧化硫排放总量越低，说明生态环境质量越好、生态文明建设越有成效。该指标数值可以从环保部门获得。

（16）突发环境事件次数。突然发生的重大、特大或恶性环境事件，偶发性、特殊性强，威胁性、危害性大。虽不可避免，但应采取有效措施和完备预案严防死守、严加管控。因此，该指标不仅是衡量生态系统脆弱性的重要指标，而且也是衡量生态文明建设绩效优劣的直接扣分或否决项。该指标数值可以从环保部门获得。

（17）公共建筑节能改造面积。提高和完善公共建筑节能面积是地方政府推动生态文明建设的一项重要举措，也是间接促进地区生态经济发展的一项有力抓手。公共建筑节能改造面积越多，说明生态文明建设效果越好。该指标数值可以从统计部门获得。

（18）生活垃圾无害化处理率。生活垃圾是环境污染的重要源头之一，也是影响居民身心健康和生态社会建设的重要因素之一。生活垃圾无害化处理既是生态文明建设的重要方面，也是生态社会防治生活垃圾二次污染的重要举措。生活垃圾无害化处理率是指一个地区生活垃圾无害化处理量占生活垃圾产生总量的比例。计算公式为：

生活垃圾无害化处理率 = 生活垃圾无害化处理量 ÷ 生活垃圾产生量 × 100%

（19）绿色科技研究成果数。绿色科技是推动生态文明建设的不竭动力。与环保专利数类似，绿色科技研究成果反映了生态科技的技术创新成果。鉴于该指标数据不易获取，暂以科技成果登记数替代，主要是指国家级和省部级重要科技成果。该指标数值可以从统计部门获得。

（20）公众对生态文明知识知晓度。生态文明宣传教育普及率反映一个地区开展生态文明宣传教育的程度，也反映社会公众对生态文明知识的了解和掌握情况。生态文明宣传教育的目的是向社会公众普及生态文明理念、提高社会公众生态文明意识、养成绿色生产、绿色消费、绿色出行的生活习惯。该指标可以通过调查问卷形式取得。

（21）规模以上在建工地扬尘治理措施落实率。我国仍处在大规模工业化和城镇化进程中，在建工地扬尘治理是环境治理的一项迫切任务。为了确保生态环境和大气污染防治措施落到实处，地方政府狠抓在建工地扬尘治理工作。规模以上在建工地扬尘治理措施落实率越高，说明各级政府推进在建工地大气污染防治工作越到位，生态制度建设越完善，生态文明建设效果越明显。该指标数值可以从统计部门获得。

（22）城市人口密度。城市是否宜居取决于诸多因素，其中人口与环境是否匹配是一个重要因素。城市人口密度反映某一区域的生态环境所能容纳的人口数量，说明的是该环境区域承受人类各种社会活动的能力，协调的是人类活动与环境容量和生态系统之间的相互关系。该指标可以从统计部门获得。

（23）人均城市道路面积。城市中的道路资源是城市治理最重要的资源之一，其有限性决定了其配置的公平性和合理性。人均城市道路面积是指一个地区的城市居民平均占有的道路面积。该指标数值可以从统计部门获得。

（24）第三产业产值占 GDP 比重。在现代社会，第三产业多是绿色产业，其产值越大、占比越高，表明重消耗、重排放、重污染产业在整个地区经济中发挥的作用越小，对生态环境的负外部性影响越低。从生态文明建设角度讲，该地区产业结构越合理，生态文明建设成效越明显。计算公式为：

第三产业产值占 GDP 比重 = 第三产业产值 ÷ 地区生产总值 ×100%

（25）人均公园绿地面积。城市绿化程度越高，说明居民绿色生活品质越高。人均公园绿色面积是反映一个地区城市的绿化程度、评价生态社会建设成效的重要指标。人均公园绿地面积越大，代表该地区城市空间布局越生态化。计算公式为：

人均公园绿地面积 = 地区公园绿地面积 ÷ 地区人口数量

（26）高新技术产业产值占 GDP 比重。高新技术产业是传统经济生态化的发展方向，是生态文明建设中生态科技产业化的集中体现。高新技术产业产值占 GDP 比重是一个地区高新技术产业生产总值占地区生产总值的比例。计算公式为：

高新技术产业产值占 GDP 比重 = 高技术产业总产值 ÷ 地区生产总值 ×100%

（27）人均拥有公共图书馆藏量。一个地区的生态文明程度在一定意义上可以从人均拥有公共图书馆藏量来体现。社会公众的受教育和文化程度越高，对公共图书馆等服务设施和藏书量的要求就越高。人均拥有公共图书馆藏量可以从一个侧面反映生态文化的建设水平。该指标数值可以从统计部门获得。

（28）环境信息公开率。政府环境信息公开是生态制度建设的重要方面。政府环境信息越公开、越透明，说明政府环境治理水平越高、生态文明建设的制度优势越明显。由于该指标数值不易获取，可由环保部门的环境监测结果公布率替代。

（29）工业废水排放达标率。工业废水排放是环境污染尤其水污染的重要源头，工业废水排放是否达标在一定程度上决定着一个地区生态文明建设的总体水平。工业废水排放达标率是指工业废水中各项污染物指标达到相关排放标准的外排工业废水量占工业废水排放总量的比例。计算公式为：

工业废水排放达标率 = 工业废水排放达标量 ÷ 工业废水排放量 ×100%

（30）工业污染治理投资。工业企业是最大的环境污染源，工业污染治理投资是生态文明建设投资的重要方面。工业污染治理投资越大，表明工业废水外排量越小、污水治理效果越好、生态经济发展越健康。该指标可以从统计部门获得。

（31）自然灾害受灾面积。自然灾害往往与人类改造自然的社会活动有关，而不单纯是一种自然现象。预防自然灾害、减少自然灾害损失、确保社会生态安全是生态文明建设的重要内容。在我国，自然灾害受灾面积一般是指在自然灾害中遭受损失的农作物播种面积。该指标数值可以从环保部门获得。

（32）无公害产地认定面积。土壤污染、地力退化是实现我国农业生态化的最大障碍。无公害产地面积越大，说明生态社会建设成效越高。该指标数值可以从统计部门获得。

（33）环境管理体系认证有效证书。环境管理体系认证是一项企业内部生态环境管理工具，旨在帮助企业实现自身设定的环境表现水平，并不断地改进和优化环境行为。通过环境管理体系审核认证的企业越多，就说明这个地区生态软实力越强。该指标数值可以从统计部门获得。

（34）每万人拥有公共交通车辆。居民绿色出行不仅反映居民的生态意识和生态行动，而且也反映一个地区生态文明习惯养成和生态文化水平。一个地区每万人拥有公共交通车辆的指标能够从一个侧面反映该地区居民出行时选择公交车辆的比例，可以代表居民的绿色出行率。该指标数值可以从统计部门获得。

（35）国家生态文明建设示范乡镇占比。国家生态文明建设示范乡镇是中央政府为了全面推动全国各地生态文明建设工作而特别打造的国家生态县、市的“升级版”，是推进区域生态文明建设的有效载体。国家生态文明建设示范乡镇占比是指一个地区各乡镇经省级以上环境保护部门认定，达到国家生态文明建设示范乡镇标准的乡镇数量占乡镇总数量的比例。计算公式为：

国家生态文明建设示范乡镇占比 = 国家生态文明建设示范乡镇数量 ÷ 行政区乡镇总数 × 100%

8.2.4 生态文明建设业绩成效审计评价指标权重的确定

生态文明建设业绩成效审计评价指标权重表明的是各指标在综合审计评价中的重要程度，也从一个侧面说明了生态文明建设业绩成效审计工作的重点内容。本章选取被广泛应用的层次分析法，也就是通过两两比较来确定各个指标的相对重要性，最终较为科学合理地确定各个指标在总体评价体系中所占权重。

（1）建立层次结构。如表 8－1 所示，已将生态文明建设绩效审计评价指标体系分为目标层、属性层、内容层与指标层，各个层次之间既相对独立又逻辑相关。

（2）构造判断矩阵。运用德菲尔法，将各层次指标进行两两对比权衡，判断其各自的重要性程度，构造两两比较的判断矩阵。

（3）层次单排序并进行一致性检验。计算每一个判断矩阵的最大特征值，并求出其所对应的特征向量，并经过标准化处理得该层次某个指标在上层次中的某个因素中所占权重。然后利用一致性比率 CR = CI/RI 对结果进行一致性检验，其中 $CI = (\lambda max - n)/(n-1)$，n 为判断矩阵的阶数，λmax 为判断矩阵的特征值最大值，RI 为平均随机一致性指标，RI 的值如表 8 - 2 所示。

表 8 - 2　　RI 值

N	1	2	3	4	5	6	7	8	9
RI	0	0	0.58	0.94	1.12	1.24	1.32	1.41	1.45

若计算得出 CI 等于 0，则说明该矩阵具有完全一致性；CR < 0.1，则说明该矩阵一致性良好，则计算得出的特征值最大值所对应的特征向量经标准化之后可以作为该层次指标所对应的权重；若计算结果为 CR≥0.1，则意味着该矩阵不具有满意的一致性，这时需要调整矩阵中的值。各属性层之间相对重要性的判断矩阵如表 8 - 3 所示。

表 8 - 3　　各属性层之间相对重要性的判断矩阵

评价指标	经济性	效率性	效果性	公平性	环境性	权重
经济性	1	0.33	0.25	0.5	0.5	0.157
效率性	3	1	0.33	3	3	0.250
效果性	4	3	1	5	5	0.381
公平性	2	0.33	0.2	1	1	0.106
环境性	2	0.33	0.2	1	1	0.106

（4）确定总权重并进行一致性检验。利用 Matlab 软件计算出每个矩阵的特征值和特征向量，通过标准化得到最终每个指标的权重。

通过一致性检验，计算结果 CR 均小于 1，说明所有矩阵均具有满意的一致性。生态文明建设绩效审计评价指标体系中每个指标最终的权重如表 8 - 4所示。

表 8－4　　生态文明建设业绩成效审计评价指标权重

目标层	属性层	权重	指标层	权重
生态文明建设绩效审计评价指标	经济性	0. 157	碳排放量	0. 052
			单位 GDP 能耗	0. 033
			单位 GDP 水耗	0. 033
			社会保障支出占 GDP 比重	0. 015
			环保专利数	0. 008
			教育经费占 GDP 比重	0. 008
			环保投资占 GDP 比重	0. 008
	效率性	0. 250	水土流失治理面积	0. 057
			工业固体废物综合利用率	0. 033
			空气质量优良天数达标率	0. 091
			绿色科技投入	0. 033
			版权合同登记数	0. 018
			节能环保支出增长率	0. 018
	效果性	0. 381	森林覆盖率	0. 100
			二氧化硫排放总量	0. 100
			突发环境事件次数	0. 028
			公共建筑节能改造面积	0. 017
			生活垃圾无害化处理率	0. 061
			绿色科技研究成果数	0. 027
			公众对生态文明知识知晓度	0. 027
			规模以上在建工地扬尘治理措施落实率	0. 021
	公平性	0. 106	城市人口密度	0. 030
			人均城市道路面积	0. 017
			第三产业产值占 GDP 比重	0. 017
			人均公园绿地面积	0. 017
			高新技术产业产值占 GDP 比重	0. 008
			人均拥有公共图书馆藏量	0. 008
			环境信息公开率	0. 008

续表

目标层	属性层	权重	指标层	权重
生态文明建设绩效审计评价指标	环境性	0.106	工业废水排放达标率	0.031
			工业污染治理投资	0.018
			自然灾害受灾面积	0.018
			无公害产地认定面积	0.006
			环境管理体系认证有效证书	0.006
			每万人拥有公共交通车辆	0.018
			国家生态文明建设示范乡镇占比	0.010

8.3　生态文明建设业绩成效审计评价标准的选定依据和内容体系

8.3.1　生态文明建设业绩成效审计评价标准的选定依据

生态文明建设业绩成效审计评价标准的选择和确定，是有效和顺利开展生态文明建设业绩成效审计工作的关键。当前，由于我国的生态文明建设业绩成效审计工作尚处在探索阶段，工作认识不够到位，制度建设不够健全，审计依据不够明确，操作程序不够规范，方法体系不够完善，导致其评价标准尚未有效地建立起来，直接影响和制约了相关工作的全面推进和深入开展。

生态文明建设业绩成效审计评价标准是用以判断、分析生态文明建设活动的经济性、效率性、效果性、公平性和环境性的业绩标准。这些标准应该是合法的、合理的、可达到和可接受的，且是符合国际惯例和惯常做法的。其选定的依据可以概括为以下几点：

第一，法律性依据。依法依规审计是生态文明建设业绩成效审计的灵魂，是生态文明建设业绩成效审计评价应该坚持的工作底线和基本原则。由于生态文明不同于工业文明和农耕文明，它代表了人类对人与自然关系的重新定位，体现了人类对经济社会发展方式的重新认识[3]，因此导致与之相关的法律保障体系尚在建设中，需要尽快实现对现有法律规范的“绿化”，以及对污染防治、资源利用、生态保护、监督管理等诸多方面的法律体系进行创新和重构。

第二，合适性依据。生态文明建设业绩成效审计在选择评价标准时，必须保持其相关性、合理性和可获得性，只要符合这三个特征，就说明选定的评价标准是合适的、恰当的。所谓相关性，就是要与审计目标相关联。只有围绕审计目标来选择和确定审计标准，才能做到有的放矢，达到预期审计效果；所谓合理性，就是选定的审计标准要恰当、规范、符合规律和常识。判断审计标准是否合理，除坚持真理性外，还可依据思维逻辑性、经验支持性、内容丰富性、解决问题的有效性和发展的进步性等；所谓可获得性，就是选定的审计标准要有来源、出处，可以方便地获得。这些合适性依据可能是：管辖被审计单位运作的法律和规定，立法机构或行政部门采取的决策、政策和程序，与最佳实务的比较，与历史材料的比较，专业标准、经验和价值，独立专家建议和专长，新的或既定的科学知识以及其他可靠信息，以前在类似审计或其他最高审计机关中使用过的标准，开展类似活动或项目的机构，效益准则或者立法机构以前开展的问询活动，关于一般管理和被审计事项的文字等[388]。

第三，可接受依据。生态文明建设业绩成效审计评价标准来源的多渠道性、多元开放性，在一定程度上影响了其科学适应性和权威统一性。因此，求同存异，寻求相关各方的理解和共识，搭建能够为社会各方所理解和接受的生态文明建设业绩成效审计评价标准体系，就显得非常重要和关键。“可接受性”并不仅限于存在审计关系的各方，而且也包括社会公众和社会各界。这是由生态文明建设业绩成效审计为公众的生态利益、环境利益以及社会进步利益服务的本质属性所决定的。在选定生态文明建设业绩成效审计评价标准时，可接受性，也就是共识性依据，应该给予充分足够的重视。

第四，地缘生态依据。地缘环境和地缘因素的差异性及其自然产品的多样性是形成社会分工、促成人类文明多元化的自然基础。中国幅员辽阔，各地地理条件和地缘关系差异很大，生态文明建设受地缘影响非常明显，不仅直接影响当地人的经济生活和风俗习惯，而且间接影响他们的社会组织和思想意识，甚至在一定程度上直接或间接影响政治制度和文明演替。地缘生态可以按照气候、水系、山岳、人文、区划等不同的标准划分为若干单元。例如，以秦岭—淮河为界的南北气候之分；以松花江、辽河、海河、黄河、淮河、长江、珠江为界的 7 大水系之分；和以黑河—腾冲即“胡焕庸线”为界的人口密度和经济水平之分。地理环境和地理生态单元不同，生态文明建设的侧重点就不会一样，生态文明建设业绩成效审计评价指标的选择和确定也会有根本的区别。

第五，国际化依据。人类社会曾来没有像今天这样越来越需要世界各国共同来应对生态危机，建立全球生态命运共同体。作为全球性、国际化和普遍化的难题，包括资源有效利用、污染环境治理和生态系统维护在内的生态文明建设，迫切需要世界各国的共同努力和协同推进。其中，必然要求形成各个国家或地区广泛认同、共同遵守、切实履行的国际性环境公约、条约、宣言等软性法律文件。因此，我们构建的生态文明建设业绩成效审计评价标准体系，不仅要符合中国国情，而且要具有国际视野，符合国际规则和国际共识。

8.3.2　生态文明建设业绩成效审计评价标准的内容体系

为便于生态文明建设业绩成效审计评价工作的顺利开展，生态文明建设业绩成效审计评价标准应该有明确清晰的价值指向。按照上述生态文明建设业绩成效的七大内容具体分析如下：

（1）自然资源可持续性。自然资源保护的一个重要遵循就是自然资源的可持续性，自然资源的可持续性可以从多个方面进行衡量，如森林覆盖率是否达标、水土流失治理面积是否增加、地质灾害发生次数与自然灾害受灾面积有无显著减少等，参考国家生态文明建设示范县、市指标（试行）标准，如果森林覆盖率达到 16% 以上的，就说明森林自然资源保护是达标的，建设绩效就是明显的。

（2）生态环境优良化。简单地讲，就是某一地区或区域的生态环境质量要达到国家或地方规定的环境功能区的环境质量标准，也就是生态环境质量至少要达到规定要求，即“达标”。其中，污染物达标排放是生态环境质量是否优良的关键标准要求。参考国家生态文明建设示范县、市指标（试行）标准，如果工业废水排放达标率以及空气质量优良天数达标率等分别达到 90% 和 85% 以上的，就说明生态环境质量是优良的，建设绩效就是明显的。

（3）生态经济合理化。简言之，就是生态发展应与经济发展相协调、相平衡、相适应。在推进经济的生态化建设时，要统筹和兼顾当地的经济发展水平、发展状况和发展禀赋，不能片面强调生态发展，更不能以牺牲人民对物质生活的基本需求来突出所谓的经济发展生态化。也就是说，经济的生态化或绿色化发展要适度、要适当，要充分考虑发展的阶段性和差异性。参考国家生态文明建设示范县、市指标（试行）标准，如果工业固体废物综合利用率、单位 GDP 能耗与单位 GDP 水耗等分别在 90% 以上和不超过每万元 0.7 吨标准煤与每万元 50 立方米水，就说明能源利用和经济结构是合理的，生态经济发展是符合当地实际的。

（4）生态社会和谐化。保护生态环境、修复生态系统是生态社会一切行为的核心，也就是说，人与自然、人与人以及人与人和人与自然之间的关系是绿色的、和谐化的，具体表现为社会制度、社会结构和社会方式的生态化、和谐化。也就是说，居民生活质量是否普遍提高，生活氛围是否友善和谐，用于保障居民生活水平的社会保障支出是否合理以及社会生态是否稳定安全，人均公园绿地面积是否达到较高水平，等等。参考国家生态文明建设示范县、市指标（试行）标准，城镇人均公园绿地面积和生活垃圾无害化处理率分别需要达到 13 平方米和 95%。

（5）生态科技的文明化。文明观念的转变必然催生科学技术的生态化，实现科学技术生态化转向，坚持科学技术生态化发展，既是关乎生态文明建设成败的关键一环，也是生态文明建设的一种科技价值取向。新工艺、新材料、新能源的开发，环保设备和环保仪器的应用，都离不开生态科技的牵引和推动，离不开环保专利和生态科技成果的转化。因此，检查和评价生态科技是否达到较高的文明水平，可以从环保专利增长速度和绿色科技成果转化程度及发展趋势这两个方面来考察，并且与同行业或全国平均或先进水平进行比较分析。

（6）生态文化的普及化。生态文化是立足自然生态本真的文化，是体现原生态环境至上的文化[389]，生态文明建设的真正自觉来源于生态文化的普及。为建设生态文明，必须普及生态学知识，树立生态价值观，摒弃物质主义、经济主义和消费主义的价值观[390]。对生态文化普及化的评价，主要从生态教育的开展和公众生态意识的提高这两个方面来进行。参考国家生态文明建设示范县、市指标（试行）标准，公众对生态文明知识知晓度、每万人拥有公共交通车辆数量等应分别达到 80% 以上和 12 辆。当然，也可以通过考察人均拥有公共图书馆藏量以及教育经费占 GDP 比重是否逐年提高以及提高幅度来评价。

（7）生态制度规范化。生态稀缺的本质上要求建立一套解决生态外部性的制度。生态制度是以生态环境保护和建设为中心，调整人与生态环境关系的制度规范的总称[391]。建立和规范生态制度既是生态文明建设的重要内容，也是推动生态文明建设有序进行的有力保障，更是解决生态问题、强化生态文明建设的必要政治关注。生态制度是否规范取决于制度的科学性和透明度，参考国家生态文明建设示范县、市指标（试行）标准，国家生态文明建设示范乡镇占比、环境信息公开率分别应超过 20% 和 90%，同时应提供足够的生态文明建设资金保障。

8.4 山东省生态文明建设业绩成效审计评价案例分析

8.4.1 山东省生态文明建设概括及现状

山东省位于我国东部沿海，地处黄河下游，面积近 16 万平方千米，人口数量达 1 亿人，经济总量仅次于广东和江苏。地形多样，地貌复杂，气候适宜，资源富饶，物产丰富，经济发达，社会安定，民风淳朴，文化深厚。但是，该省关键资源相对匮乏，市场化程度有待提高，经济结构不尽合理，经济增长动力不足，新旧动能转换任务繁重，生态环境形势严峻，蓝天保卫压力巨大，教育发展相对滞后等。针对这些问题，该省十届人大一次会议通过的《政府工作报告》中明确提出要“全面启动生态省建设，努力实现经济社会与人口、资源、环境的协调发展”。

早在 2003 年，山东省在省委常委工作要点中就提出“规划生态省建设，突出解决水资源短缺和环境污染问题”，2018 年在全省生态环境保护大会上号召动员全省力量，坚决打好污染防治攻坚战，推进“四减四增”工作，推动生态文明建设迈上新台阶。经过多年努力，山东省在生态文明建设方面取得了一系列重要成果。截至目前，该省创建的国家园林城市为 21 个、国家环保模范城市 20 个，均位居全国第一；国家卫生城市 21 个、全国文明城市 7 个、国家森林城市 7 个、国家生态工业示范园区 7 个，均位居全国第二；国家级生态村 6 个，位居全国第五[①]。总体来看，山东省开展的生态文明建设工作在全国居于领先地位。

8.4.2　山东省生态文明建设业绩成效审计评价的数据来源和处理

根据上述研究，从生态环境、生态经济、生态社会、生态科技、生态文化和生态制度 6 个方面，针对经济性、效率性、效果性、公平性和环境性等五种属性，构建 35 项指标，其中，反映生态环境和生态经济的分别有 6 项指标，反映生态科技、生态文化和生态制度的分别有 5 项指标，反映自然资源和生态社会的分别有 4 项指标，各项指标的权重由层次分析法确定。各项指标的权重由层次分析法确定。

（1）数据来源。各项指标数据主要来源于《中国城市统计年鉴》《中国环境统计年鉴》《山东统计年鉴》《中国水土保持公报》《山东环境状况公报》《山东各市国民经济和社会发展统计公报》《山东各市环境质量报告书》以及国家统计局、山东统计信息网、山东省环境保护厅网站等。具体数据如表 8 –5 所示。

---

① 资料来源：“国家园林城市名单”；卫生部，“国家卫生城市、卫生区名单”；环境保护部，《关于表彰第二批全国绿色社区创建活动先进单位和个人的公示》；环境保护部，“国家生态工业示范园区名单”；“国家级生态市名单”“国家级生态村名单”；《山东环境状况公报》；山东省环境保护厅网站。

表 8－5　　山东省生态文明建设业绩成效指标数据

指标名称	单位	2010	2011	2012	2013	2014
碳排放量	万吨	94379.1	81150.7	84985.4	89010.7	91942.8
单位 GDP 能耗	吨标准煤/万元	1.03	0.86	0.82	0.78	0.74
单位 GDP 水耗	立方米/万元	57	49	44	40	36
社会保障支出占 GDP 比重	%	4.4	4.7	5	5	5.1
环保专利数	项	51490	58843	75522	76976	72818
教育经费占 GDP 比重	%	2.7	3	3.1	3.2	3.5
环保投资占 GDP 比重	%	2.8	3.9	3	2.5	2.8
水土流失治理面积	万平方千米	4.65	4.72	3.34	3.48	3.61
工业固体废物综合利用率	%	95.4	93.7	93.1	94.3	95.7
空气质量优良天数达标率	%	84.4	87.7	88.8	21.6	29.3
绿色科技投入	万元	13.3	18.8	22.4	26.4	24.4
版权合同登记数	份	175	235	209	217	194
节能环保支出增长率	%	46.8	20.3	17.8	14.1	14.2
森林覆盖率	%	16.7	16.7	16.7	16.7	16.7
二氧化硫排放总量	万吨	154	183	175	164	159
突发环境事件次数	次	4	8	3	5	6
公共建筑节能改造面积	万平方米	212	151.6	240.1	243.5	273.1
生活垃圾无害化处理率	%	91.9	92.5	98.1	99.5	100
绿色科技研究成果数	项	2403	2418	2419	2353	2983
公众对生态文明知识知晓度	%	77.9	78.8	80.7	82.6	84.9
规模以上在建工地扬尘治理措施落实率	%	91	94	93	96	97
城市人口密度	人/平方千米	1364	1389	1349	1361	1426
人均城市道路面积	平方米	22.23	23.62	24.7	25.34	25.77
第三产业产值占 GDP 比重	%	36.6	38.3	40	42	43.5
人均公园绿地面积	平方米/人	15.8	16	16.4	16.8	17.1
高新技术产业产值占 GDP 比重	%	11.6	11.4	12.4	14.3	15.2

续表

指标名称	单位	2010	2011	2012	2013	2014
人均拥有公共图书馆藏量	册/人	0.36	0.4	0.44	0.45	0.46
环境信息公开率	%	94.8	95.2	95.9	97.1	98.9
工业废水排放达标率	%	87.9	90.5	92.5	93.9	95.3
工业污染治理投资	亿元	45.7	62.4	67.1	84.3	141.6
自然灾害受灾面积	千公顷	2582.3	2117.2	1822.6	1461.7	886.1
无公害产地认定面积	万公顷	104.2	110.6	121.5	113.7	117
环境管理体系认证有效证书	张	3578	4862	5910	6671	8111
每万人拥有公共交通车辆	标台	10.18	12.41	12.76	13.54	13.17
国家生态文明建设示范乡镇占比	%	10.42	18.24	25.08	34.2	48.57

（2）数据对比。各项指标数据的审计标准值，按照两种思路来处理。在《国家生态文明建设示范县、市指标（试行）》中有明确规定的指标，选择 2010 ~2014 年的 5 年数据平均值与其标准值进行比较。这些指标包括森林覆盖率、工业废水排放达标率、空气质量优良天数达标率、工业固体废物综合利用率、单位 GDP 能耗、单位 GDP 水耗、第三产业产值占 GDP 的比重、生活垃圾无害化处理率、人均公园绿地面积、社会保障支出占 GDP 比重、高新技术产业产值占 GDP 比重；其他指标则选择 2010 ~2014 年这 5 年的指标值且求环比增长率的平均值，与全国同期指标水平进行对比。这些指标包括二氧化硫排放总量、碳排放量、突发环境事件次数、水土流失治理面积、工业污染治理投资、自然灾害受灾面积、地质灾害发生次数、绿色科技投入、环保专利数、绿色科技研究成果数。指标数据处理情况如表 8 -6 所示。

表 8 -6　　山东省生态文明建设业绩成效指标值与审计标准值对比表

属性层	指标名称	指标类别	指标值	审计标准值
经济性	碳排放量	逆指标	99.70%	104.30%
	单位 GDP 能耗	逆指标	0.8	0.7
	单位 GDP 水耗	逆指标	45.2	50
	社会保障支出占 GDP 比重	正指标	4.8	7.2
	环保专利数	正指标	109.80%	113.10%
	教育经费占 GDP 比重	正指标	3.1	5
	环保投资占 GDP 比重	正指标	3	3.5

续表

属性层	指标名称	指标类别	指标值	审计标准值
效率性	水土流失治理面积	正指标	4	4.7
	工业固体废物综合利用率	正指标	94.4	90
	空气质量优良天数达标率	正指标	62.40%	85%
	绿色科技投入	正指标	117.70%	118.90%
	版权合同登记数	正指标	104.10%	105.10%
	节能环保支出增长率	正指标	22.6	11.8
效果性	森林覆盖率	正指标	16.7	16
	二氧化硫排放总量	逆指标	101.30%	97.50%
	突发环境事件次数	逆指标	108.10%	99.80%
	公共建筑节能改造面积	正指标	110.10%	98.90%
	生活垃圾无害化处理率	正指标	96.4	95
	绿色科技研究成果数	正指标	106.20%	106.20%
	公众对生态文明知识知晓度	正指标	81	80
	规模以上在建工地扬尘治理措施落实率	正指标	94.2	100
公平性	城市人口密度	逆指标	101.20%	102.30%
	人均城市道路面积	正指标	103.80%	103.80%
	第三产业产值占 GDP 比重	正指标	40.1	45.6
	人均公园绿地面积	正指标	16.4	13
	高新技术产业产值占 GDP 比重	正指标	13	18.7
	人均拥有公共图书馆藏量	正指标	104.80%	102.80%
	环境信息公开率	正指标	96.4	90
环境性	工业废水排放达标率	正指标	92	90
	工业污染治理投资	正指标	134.50%	127.90%
	自然灾害受灾面积	逆指标	77.20%	92.20%
	无公害产地认定面积	正指标	103.10%	101%
	环境管理体系认证有效证书	正指标	123%	113.80%
	每万人拥有公共交通车辆	正指标	12.4	12
	国家生态文明建设示范乡镇占比	正指标	27.3	20

（3）确定隶属度。根据上述审计评价指标的数据和对比值，采用逻辑推理指派法，经过专家评分，得到各项多层次指标的隶属度。具体如表 8－7 所示。

表 8－7　　山东省生态文明建设业绩成效审计评价指标隶属度表

属性层	指标名称	权重	隶属度				
			优秀	良好	中等	合格	不合格
经济性（0.157）	碳排放量	0.052	0.25	0.35	0.3	0.1	0
	单位 GDP 能耗	0.033	0.3	0.4	0.2	0.1	0
	单位 GDP 水耗	0.033	0.4	0.3	0.2	0.1	0
	社会保障支出占 GDP 比重	0.015	0.1	0.2	0.4	0.2	0.1
	环保专利数	0.008	0.4	0.3	0.2	0.1	0
	教育经费占 GDP 比重	0.008	0.2	0.3	0.3	0.1	0.1
	环保投资占 GDP 比重	0.008	0.2	0.3	0.3	0.1	0.1
效率性（0.250）	水土流失治理面积	0.057	0.2	0.25	0.35	0.1	0.1
	工业固体废物综合利用率	0.033	0.35	0.35	0.2	0.1	0
	空气质量优良天数达标率	0.091	0.1	0.2	0.3	0.2	0.2
	绿色科技投入	0.033	0.3	0.4	0.2	0.1	0
	版权合同登记数	0.018	0.3	0.4	0.2	0.1	0
	节能环保支出增长率	0.018	0.4	0.4	0.1	0.1	0
效果性（0.381）	森林覆盖率	0.100	0.35	0.35	0.2	0.1	0
	二氧化硫排放总量	0.100	0.1	0.3	0.4	0.1	0.1
	突发环境事件次数	0.028	0.15	0.25	0.3	0.2	0.1
	公共建筑节能改造面积	0.017	0.4	0.4	0.2	0	0
	生活垃圾无害化处理率	0.061	0.4	0.3	0.2	0.1	0
	绿色科技研究成果数	0.027	0.35	0.35	0.2	0.1	0
	公众对生态文明知晓度	0.027	0.3	0.3	0.2	0.1	0.1
	扬尘治理措施落实率	0.021	0.1	0.3	0.3	0.2	0.1
公平性（0.106）	城市人口密度	0.030	0.25	0.3	0.3	0.15	0
	人均城市道路面积	0.017	0.3	0.3	0.3	0.1	0
	第三产业产值占 GDP 比重	0.017	0.2	0.3	0.3	0.1	0.1
	人均公园绿地面积	0.017	0.4	0.3	0.2	0.1	0
	高新技术产值占 GDP 比重	0.008	0.2	0.35	0.25	0.1	0.1
	人均拥有公共图书馆藏量	0.008	0.3	0.4	0.2	0.1	0
	环境信息公开率	0.008	0.4	0.4	0.2	0	0

续表

属性层	指标名称	权重	隶属度				
			优秀	良好	中等	合格	不合格
环境性（0.106）	工业废水排放达标率	0.031	0.4	0.4	0.2	0	0
	工业污染治理投资	0.018	0.25	0.35	0.3	0.1	0
	自然灾害受灾面积	0.018	0.4	0.35	0.25	0	0
	无公害产地认定面积	0.006	0.4	0.3	0.2	0.1	0
	环境管理体系认证有效证书	0.006	0.35	0.35	0.3	0	0
	每万人拥有公共交通车辆	0.018	0.35	0.3	0.25	0.1	0
	国家生态文明示范乡镇占比	0.010	0.4	0.3	0.2	0.1	0

（4）模糊综合评价。根据表8－7分别得出经济性、效率性、效果性、公平性和环境性等属性层各指标的模糊关系矩阵。根据表8－4分别得出经济性、效率性、效果性、公平性和环境性等属性层各指标评价因素的权重系数矩阵。利用模糊综合评价计算模型计算经济性、效率性、效果性、公平性和环境性等属性层各指标的模糊综合评价向量。

按照隶属度最大原则，经济性、效率性、效果性、公平性均属于“良好”等级，最终综合得分分别为82.44、78.96、81.40和82.39，环境性属于“优秀”的等级，最终综合得分85.26。

根据经济性、效率性、效果性、公平性和环境性等各属性层的权重和生态文明建设绩效审计评价指标的综合模糊关系矩阵以及隶属度最大原则，得出山东省生态文明建设属于“良好”等级，最终综合得分为81.47。

8.4.3 山东省生态文明建设业绩成效审计评价综合结果分析

山东省生态文明建设业绩成效审计评价综合得分81.47，说明该省生态文明建设工作成效显著，总体良好，但同时还存在一定的不足和进一步提升的空间。

具体来看，由于效果性和效率性权重较高，分别为38.1%和25%，表明山东省生态文明建设工作是否达到预期效果，是否更好地发挥改善环境、经济、社会、科技、文化及制度各方面的作用，以及是否权衡好投入与产出关系，避免重复工作和资源错配或浪费，是生态文明建设绩效审计评价应关注的重点环节。从效果性和效率性综合评价实际得分分别为81.40和78.96来看，都属于“良好”等级，说明山东省生态文明建设抓住了关键，投入资源基本发挥了预期作用，达到了预期效果。

需要说明的是，由于环境性综合评价得分 85.26，达到“优秀”等级，体现出山东省在生态文明建设工作中非常重视生态环境的整体规划、改善投入和治理整治，尤其是在工业污染治理投资与国家生态文明建设示范乡镇建设方面，成绩卓著，走在全国前列。

针对上述分析，对山东省生态文明建设工作提出以下几点改进建议：

第一，提高环境保护力度。从指标数值与审计标准值的对比中我们可以得到，碳排放量、水土流失治理面积、二氧化硫排放总量以及空气质量优良天数达标率等数值偏低，尤其是空气质量优良天数达标率远低于审计标准值，因此应当在工业生产中改进污染排放处理设备，减少二氧化硫及二氧化碳排放量，治理水土流失和提高生态系统承载力等方面增强污染防治能力，提高环境保护力度。

第二，加大公共环保支出。整体来看，山东省在各项公共环保支出方面相对薄弱，社会保障支出、教育经费、环保投资等占 GDP 比重都低于全国平均水平，需要在节能、节水、清洁生产和资源综合利用等方面加大公共环保支出的财政支持力度和覆盖面。

第三，增加生态科技投入。从环保专利数及绿色科技投入等指标来看，数值偏低，应对生态科技的发展多加重视，拨出专项资金来发展绿色科技、资助生态和绿色科技产业，鼓励和大力支持有关节能减排的绿色科技项目的投入，积极推进山东省的生态文明建设进程。

第 9 章

生态文明审计案例介绍与分析

9.1 案例选择依据及其概况

胶州市在推进以领导干部自然资源资产离任审计为主要内容的生态文明审计工作中一直走在全国前列，积累了丰富经验，探索出了一些可借鉴、可示范、可推广的有益模式。

该市位于胶州湾西北岸，历史悠久，唐朝时期在此建立板桥镇，北宋时期设立港口、成立市舶司和胶西榷场，是当时的全国五大商埠之一。它不仅是长江以北最早的对外通商口岸，而且也是反映新石器时代大汶口文化和龙山文化交汇融合的三里河文化遗址所在地。目前，该市是全国文明城市、工业百强县市，入选全国县级市全面小康指数前 100 名，荣获“中国幸福百县榜”称号。

该市自然资源相对丰富，除土地资源外，还有矿产资源、植被资源、水资源、湿地资源和海洋资源等。截至 2018 年：

1. 土地资源

土地资源主要是二、三、四级地，其中，农、林、牧的可使用面积占总土地面积的 76.07%，实际使用面积占总土地面积的 70.03%；耕地面积占总土地面积的 62.25%，粮食作物占耕地面积的 76.2%、经济作物占耕地面积的 14.6%、蔬菜作物占耕地面积的 4.9%、果园占耕地面积的 2.13%；林业用地面积占总土地面积的 5.65%。

2. 矿产资源

目前，已发现矿产资源 11 种，主要包括矿泉水、砖瓦黏土、泥质页岩、重晶石、萤石以及建筑用膨润土、砂和花岗岩等，其中，砖瓦用泥质页岩矿、膨润土可以大量开采，重晶石、萤石被控制开采，沙金被禁止开采。

3. 植被资源

植被资源主要为草本植物，几乎没有天然生长的自然植被，包括分布于沿海盐碱地带的碱篙子、猪毛菜、碱蓬等盐碱植被，生长于平原或山前冲积平原的蒲公英、马塘等广适性植被，分布于东北部涝洼地区的拔地草、香蒲、芦草、姜帮、莎草、荸荠、牛王梭、三棱草以及胶莱南河、墨水河、大沽河、洋河和胶河五大河流冲积平原的水草、荆三陵、白茅、茜草、水草蔓、秫草、节节草等湿生植被和分布于南部丘陵地区梯田阶地、石质山丘和荒岭坡等缺水区的金色狗尾草、酸枣等旱生植被四大类型。

4. 水资源

境内全淡水区分布面积占93%，无浅层淡水分布面积占7%。水资源主要来源于境内天然降水、过境客水、地表水和地下水。其中，（1）天然降水年平均径流量可达31517万立方米，在丰水年可达40235万立方米，平水年为30542万立方米，枯水年仅有24815万立方米，遇到特别干旱的年份则只有17072万立方米；（2）过境客水通过墨水河、胶莱河及支流胶河、洋河水系、大沽河及支流桃源河等流入境内，过境客水年平均值为89569万立方米，在丰水年达到136344.5万立方米，平水年为72878万立方米，枯水年仅有39587.9万立方米，特别干旱年份则只有15089.9万立方米。过境水的实际拦蓄和使用率为23.4%，弃水率为76.6%；（3）利用工程拦蓄的地表水为5551.8万立方米，地表水的实际拦蓄和使用率为18.8%，弃水率81.2%；（4）地下水水质较好，可以达到人畜用水和工农业用水的标准，地下水净储量可达16200万立方米，可使用量为8950万立方米，宜井面积为604平方千米，宜井耕地面积则为62万亩。

5. 湿地资源

湿地资源主要包括河流沼泽、临湾滨海、浅海水域等六种湿地，总面积约为34825.09公顷，其中浅海水域湿地约有15868.65公顷，占临湾滨海湿地的45.57%，属于面积占比最大的湿地。临湾滨海湿地生态系统服务功能总值高达584432.39万元，其中，湿地产品价值为236210.7万元、生态调节价值为312751万元和文化旅游价值为35468万元，占比分别为40.42%、53.48%和6.1%。生态调节价值又可细分为涵养水源、保护土壤效益、调蓄洪水和固碳释氧等价值；文化旅游价值又可细分为休闲游憩价值和文化价值等。

6. 海洋资源

海洋资源非常丰富，海岸线全长25.49千米，潮间带宽阔平整，宽度约为2000~4000米，总面积约为5.6万亩，5米以下浅海水面约为2.7万亩，最大潮差达3米，潮水较为混浊，为海洋生物栖息繁衍提供了优良的场所。其中，近海渔业资源主要是带鱼、墨鱼、鲈鱼、鲻鱼、光鱼、鳗鱼、比目鱼、章鱼、青鳞鱼、梭鱼、黄姑鱼、杂虾、白虾和对虾等。除此之外，潮间带泥质滩涂及盐碱荒滩总面积为72平方千米，适宜虾蟹、贝类等生物生长。

9.2 胶州市开展生态文明审计的基本做法

胶州市在生态文明建设过程中开展的生态文明审计属于政府审计范畴，具体针对的是以自然资源资产为主要内容的领导干部生态文明建设离任审计。通过提出建议、督促整改、完善制度、规范管理，有效地提高了利用管理自然资源资产、全面强化生态文明建设的社会意识和管理水平。

9.2.1 明确领导干部生态文明建设责任区域和责任时期

1. 明确领导干部生态文明建设的责任区域

根据自然资源资产流动性及其分布区域与领导干部行政管辖区域的差异性，对于流动性较低的植被资源、土地资源和矿产资源等，按照行政区域界线划分生态文明建设责任区域，其中对于横跨两个或两个以上行政区域的，则通过协商形式予以确定；对于流动性较大的海洋资源和水资源等，按照流域、海域划分生态文明建设责任区域。

在上述基础上，将全市主要领导干部划分为独立型、结合型和专项型三大类。所谓独立型，也就是功能区的主要领导干部，以独立型生态文明审计，主要是自然资源资产离任审计（下同）为主，即对任期内辖区的自然资源资产的存量、增量和结构及管理、开发、利用等情况进行独立审计；所谓结合型，也就是针对乡镇党政主要领导干部，以结合型生态文明审计为主，即将领导干部经济责任审计和自然资源资产离任审计结合起来，对领导干部生态文明建设责任进行评价，关注任期内经济活动对生态文明建设及该地区可持续发展的影响；所谓专项型，也就是涉及自然资源资产的市直部门主要领导干部，以专项型生态文明审计为主，即对职能部门负责的某类自然资源资产尽责履职情况进行专项审计。

2. 明确领导干部生态文明建设的责任时期

根据我国党政领导干部任职期限的规定，领导干部履行生态文明建设的时间是有限的，但是自然资源资产的保护和管理是无限的，如何解决领导干部勤于政绩而懒于治理，就需要对领导干部生态文明建设责任期限进行精准划分，彻底解决“前任”与“现任”、新官不理旧账等问题。具体来说，对于前任领导在任时对其行政区域内应负责的自然资源政策，若现任领导在任时继续大力推行或在以前政策基础上实行更加完善的政策，则根据自然资源具体变化情况对两届领导人的责任进行精准划分。对于前任领导在任时推行的政策，现任领导没有相应政策支持的，则该政策对应的自然资源状况变化责任归属于前任领导；对于前任领导在任时对自然资源没有实行政策，现任领导在任时实行了新的政策，则该政策对应的自然资源状况变化责任归属于现任领导。

9.2.2　摸清领导干部任期责任区域生态文明建设“家底”

通过对领导干部任期责任区域内自然资源资产实物量（数量、质量、结构）、价值量（存量）及其变化（变量）进行统计调查，摸清领导干部任期责任区域生态文明建设“家底”。具体方式方法如表 9－1 所示。

表 9－1　　自然资源资产“家底”统计项目与方法

<table>
<tr><th>自然资源资产</th><th colspan="2">统计项目</th><th>统计方法</th><th>计量单位</th><th>计量属性</th></tr>
<tr><td rowspan="5">土地资源</td><td colspan="2">土地总面积</td><td>遥感监测法</td><td>价值量</td><td>土地平均市场价格</td></tr>
<tr><td colspan="2">土地分布状况</td><td>卫星资料调查法</td><td>实物量</td><td>—</td></tr>
<tr><td colspan="2">土地利用状况</td><td>航摄资料调查法</td><td>实物量</td><td>—</td></tr>
<tr><td colspan="2">土地质量状况</td><td>实地抽样调查法</td><td>价值量</td><td>不同质量土地市场价格</td></tr>
<tr><td colspan="2">土地权属状况</td><td>文件检查法</td><td>实物量</td><td>—</td></tr>
<tr><td>矿产资源</td><td colspan="2">查明资源储量</td><td>文件检查法</td><td>价值量</td><td>不同矿产资源市场价值</td></tr>
<tr><td rowspan="4">森林资源</td><td colspan="2">森林资源实物量及其变动</td><td>国家森林资源连续清查资料、森林资源规划设计调查资料、作业设计调查资料</td><td>实物量</td><td>—</td></tr>
<tr><td colspan="2">森林资源利用</td><td>采访法、通信法</td><td>实物量</td><td>—</td></tr>
<tr><td rowspan="2">森林资源价值量</td><td>林地价值</td><td>林地期望价法、林地市价法、</td><td>价值量</td><td>林地期望价值、林地市场价值</td></tr>
<tr><td>林木价值</td><td>市场价倒算法、现行市价法</td><td>价值量</td><td>林木市场价值</td></tr>
<tr><td rowspan="3">草资源</td><td colspan="2">草原面积</td><td>清查工作底图、外业调查、遥感解译判读</td><td>价值量</td><td>草原市场价值</td></tr>
<tr><td colspan="2">鲜草产量</td><td>内外清查统计、入户调查统计</td><td>价值量</td><td>鲜草市场价值</td></tr>
<tr><td colspan="2">载畜量</td><td>内外清查统计、入户调查统计</td><td>实物量</td><td>—</td></tr>
<tr><td rowspan="2">水资源</td><td colspan="2">地表水资源</td><td>水文气象资料、自然地理特性资料、水利工程概况资料、水质监测资料</td><td>价值量</td><td>水市场价值</td></tr>
<tr><td colspan="2">地下水资源</td><td>水文地质特性资料</td><td>价值量</td><td>水市场价值</td></tr>
</table>

续表

自然资源资产	统计项目	统计方法	计量单位	计量属性
湿地资源	湿地面积	卫星图像法	实物量、价值量	—
海洋资源	审批海域面积	卫星资料调查法	实物量	—
	海水水质	实地抽样调查法	实物量	—
	海洋生产总值	采访法、通信法	价值量	海洋生产总值

当然，表9－1并未穷尽自然资源资产的所有统计项目，并且针对每种统计项目所采用的统计方法也不是唯一的，在具体实务中也可以开放性地采用其他方式方法。对于可以用货币计量的自然资源资产，货币计量属性和计量方法也不是唯一的，也可以创新性地使用其他计量技术和方法。比如，在评价土地利用状况中的建设用地价值时，也可以采用成本逼近法；在评价地表水资源价值时，也可以采用假定效益法或经济效益法；在评价湿地资源价值时，也可以采用价值汇总法；等等。

9.2.3　实施领导干部生态文明审计的内容和方法

根据前述的我国生态文明审计的生态文明建设管理系统审计、制度体系审计、项目资金审计、行为作业审计和业绩成效审计五大内容，胶州市将领导干部生态文明建设的履责情况分为以下五大类：

第一，生态文明建设管理系统，主要是其中的自然资源资产管理系统建立健全情况，尤其是节约资源、保护生态环境等抑制性指标和目标责任制建立情况；

第二，生态文明建设制度体系，主要是其中的自然资源资产管理制度执行和落实情况，尤其是与生态环境保护有关的法律法规和相关政策措施实施情况；

第三，生态文明建设项目资金，主要是其中的自然资源资产维护或修复和生态环境保护重大项目资金管理和使用情况，尤其是各级财政预算和专项资金管理及使用情况；

第四，生态文明建设行为作业，主要是其中的自然资源资产发展运用作业活动情况，尤其是与生态环境保护有关工程项目的运行和达标情况；

第五，生态文明建设业绩成效，主要是其中的自然资源资产履责和管理绩效情况，尤其是是否存在重大资源环境事件、环境风险潜在灾害和相应预警机制或预案建设情况。

胶州市属于温带季风气候，植被资源主要是森林和荒草，湿地效果并不明显，所以，按照土地资源、矿产资源、森林资源、草资源、水资源和海洋资源等的建设情况开展生态文明审计。

胶州市领导干部生态文明建设，主要是自然资源资产利用与管理履责内容、审计方法、审计依据和定责依据，如表9－2所示。

表9－2　胶州市领导干部自然资源资产履责内容、审计方法、审计依据和定责依据

资产类别	履责内容	审计方法	审计依据	定责依据
土地资源	土地管理及相关生态环境保护的法律法规和政策举措的执行情况和执行效果等	①查阅和汇总工作计划、会议纪要、工作报告等相关资料；②审查和分析政策执行力、执行度及其执行效果	中办、国办印发《开展领导干部自然资源资产离任审计试点方案》和胶州市政府印发《关于开展领导干部自然资源资产离任审计试点工作的实施意见》《关于建立胶州市领导干部自然资源资产离任审计工作联席会议制度的通知》及胶州市审计局印发《领导干部自然资源资产离任审计暂行办法》《领导干部自然资源资产离任审计评价办法》等	《中华人民共和国土地管理法》及其《实施条例》和《土地利用总体规划编制审查办法》等
	土地管理、节约土地资源和生态环境保护约束性指标和目标责任制完成等情况	①收集耕地保护责任书、土地利用变更数据库数据、历年土地利用现状图、遥感影像图等资料；②与国土资源部门沟通合作，通过召开联席会、协调会、座谈会和共同组建审计组等方式畅通信息、了解情况	中办、国办印发《开展领导干部自然资源资产离任审计试点方案》和胶州市政府印发《关于开展领导干部自然资源资产离任审计试点工作的实施意见》《关于建立胶州市领导干部自然资源资产离任审计工作联席会议制度的通知》及胶州市审计局印发《领导干部自然资源资产离任审计暂行办法》《领导干部自然资源资产离任审计评价办法》等	《中华人民共和国土地管理法》《中华人民共和国城乡规划法》《土地利用年度计划管理办法》《省级政府耕地保护责任目标考核办法》和《基本农田保护条例》等
	土地开发利用及相关生态环境保护重大决策等情况	①收集工作报告、会议纪要、收发文记录、批示文件等资料；②审查、对比和分析其真实性、合理性、合法性和可行性	中办、国办印发《开展领导干部自然资源资产离任审计试点方案》和胶州市政府印发《关于开展领导干部自然资源资产离任审计试点工作的实施意见》《关于建立胶州市领导干部自然资源资产离任审计工作联席会议制度的通知》及胶州市审计局印发《领导干部自然资源资产离任审计暂行办法》《领导干部自然资源资产离任审计评价办法》等	《中华人民共和国土地管理法》《中华人民共和国城乡规划法》《土地利用总体规划编制审查办法》《国土资源部关于印发〈土地利用规划实施管理工作若干意见〉的通知》和《违反土地管理规定行为处分办法》等

续表

资产类别	履责内容	审计方法	审计依据	定责依据
土地资源	土地开发利用及相关生态环境保护的资金征收管理使用、项目建设运行和财经法规执行等情况	①收集内部相关规章制度、会议纪要、会计报表、账簿、凭证、合同协议等资料；②核实收入规模与支出用途；③了解资金拨付流程等	中办、国办印发《开展领导干部自然资源资产离任审计试点方案》和胶州市政府印发《关于开展领导干部自然资源资产离任审计试点工作的实施意见》《关于建立胶州市领导干部自然资源资产离任审计工作联席会议制度的通知》及胶州市审计局印发《领导干部自然资源资产离任审计暂行办法》《领导干部自然资源资产离任审计评价办法》等	《中华人民共和国预算法》《国务院关于加强国有土地资产管理的通知》《国务院办公厅关于规范国有土地使用权出让收支管理的通知》《国有土地使用权出让收支管理办法》《财政违法行为处罚处分条例》和《违反土地管理规定行为处分办法》等
矿产资源	矿产资源管理及其相关生态环境保护的法律法规和政策措施的执行情况和执行效果等	①查阅和汇总工作计划、会议纪要、工作报告等相关资料；②审查和分析政策执行力、执行度及其执行效果	中办、国办印发《开展领导干部自然资源资产离任审计试点方案》和胶州市政府印发《关于开展领导干部自然资源资产离任审计试点工作的实施意见》《关于建立胶州市领导干部自然资源资产离任审计工作联席会议制度的通知》及胶州市审计局印发《领导干部自然资源资产离任审计暂行办法》《领导干部自然资源资产离任审计评价办法》等	《国务院办公厅转发国土资源部等部门对矿产资源开发进行整合意见的通知》和国土资源部《关于建立无证勘查开采案件增减率和矿业权人违法违规案件发生率统计制度的通知》等
	矿产资源管理、节约矿产资源及其相关生态环境保护的约束性指标和目标责任制完成等情况	①收集矿产开采总量控制指标文件、特定矿种开采总量、矿产资源总体规划等资料；②实地考察和核实；③抽查分析相关资料与实际情况的一致性	中办、国办印发《开展领导干部自然资源资产离任审计试点方案》和胶州市政府印发《关于开展领导干部自然资源资产离任审计试点工作的实施意见》《关于建立胶州市领导干部自然资源资产离任审计工作联席会议制度的通知》及胶州市审计局印发《领导干部自然资源资产离任审计暂行办法》《领导干部自然资源资产离任审计评价办法》等	《省级矿产资源总体规划编制技术指南》和《国土资源部关于开展重要矿产资源“三率”调查与评价工作的通知》以及地方政府相关规划中对目标年度矿业权设置数量规定等

续表

资产类别	履责内容	审计方法	审计依据	定责依据
矿产资源	矿产资源开发利用及其相关生态环境保护重大决策等情况	①收集会议纪要、收发文台账、单一决策事项、请示文件、领导批示等资料；②收集采矿权和探矿权档案资料、矿业权缴款通知书、采矿权年检情况表等资料	中办、国办印发《开展领导干部自然资源资产离任审计试点方案》和胶州市政府印发《关于开展领导干部自然资源资产离任审计试点工作的实施意见》《关于建立胶州市领导干部自然资源资产离任审计工作联席会议制度的通知》及胶州市审计局印发《领导干部自然资源资产离任审计暂行办法》《领导干部自然资源资产离任审计评价办法》等	《矿产资源开采登记管理办法（2014 年修订）》《国务院关于加强市县政府依法行政的决定》《国务院关于全面整顿和规范矿产资源开发秩序的通知》和国土资源部《关于进一步规范矿业权出让管理的通知》《探矿权采矿权招标拍卖挂牌管理办法（试行）》《矿业权出让转让管理暂行规定》《关于加强国家规划矿区内矿权管理的通知》等
	矿产资源开发利用及其相关生态环境保护的资金征收管理使用、项目建设运行和财经法规执行等情况	①收集矿产资源开发利用管理和地质环境恢复治理方面的项目资金投入明细、财政总决算报表、国库“两权价款户”账簿、国土部门征收价款台账、发放的采矿权证矿山企业的户数名单、采矿权出让合同、会计报表、明细账和相关会计凭证等资料；②审查资金的来源、占用和使用的真实性、合理性、合法性	中办、国办印发《开展领导干部自然资源资产离任审计试点方案》和胶州市政府印发《关于开展领导干部自然资源资产离任审计试点工作的实施意见》《关于建立胶州市领导干部自然资源资产离任审计工作联席会议制度的通知》及胶州市审计局印发《领导干部自然资源资产离任审计暂行办法》《领导干部自然资源资产离任审计评价办法》等	《中华人民共和国矿产资源法》《矿产资源勘查区块登记管理办法》《矿产资源开采登记管理办法》《中华人民共和国预算法实施条例》《探矿权采矿权使用费和价款管理办法》《关于探矿权采矿权价款收入管理有关事项的通知》《关于加强对国家出资勘查探明矿产地及权益管理有关事项的通知》和《财政违法行为处罚处分条例》等

续表

资产类别	履责内容	审计方法	审计依据	定责依据
矿产资源	矿产资源开发利用中环境风险隐患、重大资源环境事件以及有关预警机制建立及实施情况	①集中统计地方制定的地质灾害防治规划与地质灾害年度防治方案；②实地调查地区地质灾害险情巡查制度以及“防灾明白卡”发放和落实情况	中办、国办印发《开展领导干部自然资源资产离任审计试点方案》和胶州市政府印发《关于开展领导干部自然资源资产离任审计试点工作的实施意见》《关于建立胶州市领导干部自然资源资产离任审计工作联席会议制度的通知》及胶州市审计局印发《领导干部自然资源资产离任审计暂行办法》《领导干部自然资源资产离任审计评价办法》等	《国家突发地质灾害应急预案》《地质灾害防治条例》等
森林资源	森林管理及其相关生态环境保护的法律法规、政策措施的执行情况和效果等	①汇总会议纪要、收发文记录、工作报告政策制度等资料；②核对相关资料；③通过召开座谈会了解对相关制度和政策的熟知程度等	中办、国办印发《开展领导干部自然资源资产离任审计试点方案》和胶州市政府印发《关于开展领导干部自然资源资产离任审计试点工作的实施意见》《关于建立胶州市领导干部自然资源资产离任审计工作联席会议制度的通知》及胶州市审计局印发《领导干部自然资源资产离任审计暂行办法》《领导干部自然资源资产离任审计评价办法》等	《中华人民共和国森林法》及其《实施条例》和《中共中央、国务院关于加快林业发展的决定》
	森林管理、节约资源及其相关生态环境保护的约束性指标和目标责任制完成等情况	①收集林业资源数据库数据、ARCGIS数据、土地利用现状图、工作计划、会议纪要、工作总结等资料；②通过个别谈话、座谈会、问卷调查等方式了解相关情况	中办、国办印发《开展领导干部自然资源资产离任审计试点方案》和胶州市政府印发《关于开展领导干部自然资源资产离任审计试点工作的实施意见》《关于建立胶州市领导干部自然资源资产离任审计工作联席会议制度的通知》及胶州市审计局印发《领导干部自然资源资产离任审计暂行办法》《领导干部自然资源资产离任审计评价办法》等	《中华人民共和国森林法》及其《实施条例》《森林防火条例》《森林病虫害防治条例》和《中共中央、国务院关于加快林业发展的决定》《中共中央、国务院关于加快推进生态文明建设的意见》等
	森林开发利用及其相关生态环境保护重大决策等情况	①收集内部管理制度、会议纪要、批办单、收发文件记录、重要批示、重大涉林决策事项的数量和金额、林产业经济发展的统计数据、资源数量质量变化情况等资料；②核实资料的真实性和科学性	中办、国办印发《开展领导干部自然资源资产离任审计试点方案》和胶州市政府印发《关于开展领导干部自然资源资产离任审计试点工作的实施意见》《关于建立胶州市领导干部自然资源资产离任审计工作联席会议制度的通知》及胶州市审计局印发《领导干部自然资源资产离任审计暂行办法》《领导干部自然资源资产离任审计评价办法》等	《中华人民共和国森林法》及其《实施条例》《中华人民共和国自然保护区条例》《中华人民共和国野生植物保护条例》《中华人民共和国野生动物保护法》《国家级公益林管理办法》《占用征用林地审核审批管理办法》《林业行政执法监督办法》等

续表

资产类别	履责内容	审计方法	审计依据	定责依据
森林资源	森林开发利用及其相关生态环境保护的资金征收管理使用、项目建设运行和财经法规执行等情况	①收集林业部门审计年度部门预算、领导干部任职期间本级财力对林业的投入比重、育林基金相关资料、造林和退耕还林等相关资料；②审核资料的真实性；③通过个别谈话、座谈会等方式了解情况	中办、国办印发《开展领导干部自然资源资产离任审计试点方案》和胶州市政府印发《关于开展领导干部自然资源资产离任审计试点工作的实施意见》《关于建立胶州市领导干部自然资源资产离任审计工作联席会议制度的通知》及胶州市审计局印发《领导干部自然资源资产离任审计暂行办法》《领导干部自然资源资产离任审计评价办法》等	《退耕还林条例》和财政部、国家林业局《关于印发〈育林基金征收使用管理办法〉的通知》《森林植被恢复费征收使用管理暂行办法》《中央财政林业补助资金管理办法》等
	森林开发利用中重大资源环境事件、环境风险隐患及相关预警机制建立及执行情况	①收集森林防火规划及火灾应急预案、森林资源年报数据、森林病虫害防治及有害生物事件应急预案等资料；②核查其真实性、分析其可行性	中办、国办印发《开展领导干部自然资源资产离任审计试点方案》和胶州市政府印发《关于开展领导干部自然资源资产离任审计试点工作的实施意见》《关于建立胶州市领导干部自然资源资产离任审计工作联席会议制度的通知》及胶州市审计局印发《领导干部自然资源资产离任审计暂行办法》《领导干部自然资源资产离任审计评价办法》等	《森林防火条例》《森林病虫害防治条例》《突发林业有害生物事件处置办法》等
草原资源（含湿地）	草原管理及其相关生态环境保护的法律法规和政策措施的执行情况和效果等	①收集会议纪要、收发文记录、草原管理制度文件、草原保护与建设发展规划、草原违法案件情况统计表等资料；②分析相关政策的执行力、执行度和执行效果等	中办、国办印发《开展领导干部自然资源资产离任审计试点方案》和胶州市政府印发《关于开展领导干部自然资源资产离任审计试点工作的实施意见》《关于建立胶州市领导干部自然资源资产离任审计工作联席会议制度的通知》及胶州市审计局印发《领导干部自然资源资产离任审计暂行办法》《领导干部自然资源资产离任审计评价办法》等	《中华人民共和国草原法》及其《实施条例》和《实施细则》和地方政府实施的湿地管理条例与办法等

续表

资产类别	履责内容	审计方法	审计依据	定责依据
草原资源（含湿地）	草原管理、节约资源及其生态环境保护的约束性指标和目标责任制完成情况	①收集植被覆盖面积、植被覆盖度和可利用率等资料；②运用GPS等核实数据；③对不同年度数据对比；④查阅气象部门天气状况资料，剔除非人为因素的影响	中办、国办印发《开展领导干部自然资源资产离任审计试点方案》和胶州市政府印发《关于开展领导干部自然资源资产离任审计试点工作的实施意见》《关于建立胶州市领导干部自然资源资产离任审计工作联席会议制度的通知》及胶州市审计局印发《领导干部自然资源资产离任审计暂行办法》《领导干部自然资源资产离任审计评价办法》等	《中华人民共和国草原法》及其《实施条例》《实施细则》和地方政府实施的湿地管理条例与办法等
	草原开发利用及其生态环境保护重大决策情况	①收集草原和湿地开放利用专项财政资金的拨付和使用资料；②实地勘察，入户调查	中办、国办印发《开展领导干部自然资源资产离任审计试点方案》和胶州市政府印发《关于开展领导干部自然资源资产离任审计试点工作的实施意见》《关于建立胶州市领导干部自然资源资产离任审计工作联席会议制度的通知》及胶州市审计局印发《领导干部自然资源资产离任审计暂行办法》《领导干部自然资源资产离任审计评价办法》等	《中华人民共和国草原法》及其《实施条例》《实施细则》和地方政府实施的湿地管理条例与办法等
	草原开发利用及其生态环境保护的资金征收管理使用、项目建设运行和财经法规执行等情况	①审阅相关账簿、凭证、政府采购手续、补贴资金发放明细表；②审查分析资金拨付的真实性、完整性和有效性	中办、国办印发《开展领导干部自然资源资产离任审计试点方案》和胶州市政府印发《关于开展领导干部自然资源资产离任审计试点工作的实施意见》《关于建立胶州市领导干部自然资源资产离任审计工作联席会议制度的通知》及胶州市审计局印发《领导干部自然资源资产离任审计暂行办法》《领导干部自然资源资产离任审计评价办法》等	《中华人民共和国草原法》及其《实施条例》《实施细则》和《财政违法行为处罚处分条例》以及地方政府实施的湿地管理条例与办法等

续表

资产类别	履责内容	审计方法	审计依据	定责依据
草原资源（含湿地）	草原开发利用中重大资源环境事件、环境风险隐患及相关预警机制建立及执行情况	①审阅草原防火责任状及其签订情况、重大草原火灾应急预案制定情况、草原灾害（火灾）统计表、草原虫害鼠害发生及防治情况表；②检查草原防火机构设置、防火队伍建设、防火设备购置情况	中办、国办印发《开展领导干部自然资源资产离任审计试点方案》和胶州市政府印发《关于开展领导干部自然资源资产离任审计试点工作的实施意见》《关于建立胶州市领导干部自然资源资产离任审计工作联席会议制度的通知》及胶州市审计局印发《领导干部自然资源资产离任审计暂行办法》《领导干部自然资源资产离任审计评价办法》等	《中华人民共和国草原法》及其《实施条例》《实施细则》和地方政府实施的湿地管理条例与办法等
水资源	水资源管理、生态环境保护法律法规、环境保护相应政策措施执行情况与成效	①收集地方政府公示的涉及水资源法律法规等材料；②查找出地方未制定或落实国家法律法规政策的事项；③通过召开座谈会了解情况	中办、国办印发《开展领导干部自然资源资产离任审计试点方案》和胶州市政府印发《关于开展领导干部自然资源资产离任审计试点工作的实施意见》《关于建立胶州市领导干部自然资源资产离任审计工作联席会议制度的通知》及胶州市审计局印发《领导干部自然资源资产离任审计暂行办法》《领导干部自然资源资产离任审计评价办法》等	《国务院关于实行最严格水资源管理制度的意见》和《中共中央、国务院关于加快水利改革发展的决定》等
	水资源管理、节约资源及其生态环境保护约束性指标和目标责任制完成情况	①收集地方政府制定的实行最严格水资源管理制度考核办法、目标责任书、年度目标考核内容、水利发展规划等资料；②审核数据真实性，对比查找未落实事项；③召开座谈会了解情况	中办、国办印发《开展领导干部自然资源资产离任审计试点方案》和胶州市政府印发《关于开展领导干部自然资源资产离任审计试点工作的实施意见》《关于建立胶州市领导干部自然资源资产离任审计工作联席会议制度的通知》及胶州市审计局印发《领导干部自然资源资产离任审计暂行办法》《领导干部自然资源资产离任审计评价办法》等	《中华人民共和国水法》和《国务院关于实行最严格水资源管理制度的意见》《水利规划管理办法（试行）》等

续表

资产类别	履责内容	审计方法	审计依据	定责依据
水资源	水资源开发利用及其生态环境保护重大决策情况	①收集水资源信息系统投资建设情况、信息系统运行日志及数据算法、信息系统安全防护措施、信息系统人员责任表、地方政府绩效考核目标责任书、工作规划、水利统计年鉴、水资源管理年报等资料；②审阅并座谈了解真实性	中办、国办印发《开展领导干部自然资源资产离任审计试点方案》和胶州市政府印发《关于开展领导干部自然资源资产离任审计试点工作的实施意见》《关于建立胶州市领导干部自然资源资产离任审计工作联席会议制度的通知》及胶州市审计局印发《领导干部自然资源资产离任审计暂行办法》《领导干部自然资源资产离任审计评价办法》等	《中华人民共和国水法》《国务院关于实行最严格水资源管理制度的意见》《中共中央、国务院关于加快水利改革发展的决定》《全国中小河流治理和病险水库除险加固、山洪地质灾害防御和综合治理总体规划》等
	水资源开发利用及其生态环境保护的资金征收管理使用和项目建设运行情况	①收集取水许可证发放相关资料、水量分配方案、入河排污口登记表、水土保持方案审批及设施竣工验收项目清单等资料；②比较核定取水许可总量是否超出水资源可利用量；③检查排污水质污染物是否超标等	中办、国办印发《开展领导干部自然资源资产离任审计试点方案》和胶州市政府印发《关于开展领导干部自然资源资产离任审计试点工作的实施意见》《关于建立胶州市领导干部自然资源资产离任审计工作联席会议制度的通知》及胶州市审计局印发《领导干部自然资源资产离任审计暂行办法》《领导干部自然资源资产离任审计评价办法》等	《中华人民共和国水法》《中华人民共和国水污染防治法》《中华人民共和国水土保持法》《取水许可和水资源费征收管理条例》《取水许可管理办法》《建设项目水资源论证管理办法》《中华人民共和国河道管理条例》等
	水资源开发利用中重大资源环境事件、环境风险隐患及相关预警机制建立及执行情况	①收集查阅防汛抗旱应急预案、应急水源等工程项目建设资料、饮用水水源地突发性水污染事件应急预案、水污染突发事件处理报告；②分析是否存在谎报瞒报等问题；③实地查看防汛物资储备仓库等	中办、国办印发《开展领导干部自然资源资产离任审计试点方案》和胶州市政府印发《关于开展领导干部自然资源资产离任审计试点工作的实施意见》《关于建立胶州市领导干部自然资源资产离任审计工作联席会议制度的通知》及胶州市审计局印发《领导干部自然资源资产离任审计暂行办法》《领导干部自然资源资产离任审计评价办法》等	《中华人民共和国防汛条例》《中华人民共和国抗旱条例》《中华人民共和国突发事件应对法》《中华人民共和国水污染防治法》《国家防汛抗旱应急预案》《抗旱应急水源工程项目建设管理办法》《突发公共卫生事件应急处理条例》等

续表

资产类别	履责内容	审计方法	审计依据	定责依据
海洋资源	海洋资源管理及其生态环境保护法律法规及政策措施执行情况和效果	①收集政府工作报告、海洋政策和制度、海洋部门年度工作计划、海洋功能区划及规划中设立的约束性、预期性指标的完成情况；②审核有关材料是否与国家法律法规及相关政策相符；③召开座谈会了解相关情况	中办、国办印发《开展领导干部自然资源资产离任审计试点方案》和胶州市政府印发《关于开展领导干部自然资源资产离任审计试点工作的实施意见》《关于建立胶州市领导干部自然资源资产离任审计工作联席会议制度的通知》及胶州市审计局印发《领导干部自然资源资产离任审计暂行办法》《领导干部自然资源资产离任审计评价办法》等	《党政领导干部生态环境损害责任追究办法（试行）》《中华人民共和国海域使用管理法》《海域使用管理违法违纪行为处分规定》等
	海洋资源管理、节约资源及其生态环境保护约束性指标和目标责任制完成情况	①收集整治修复项目统计档案、实地数据开发利用保护、近海海洋综合调查与评价专项、大陆岸线修测数据、海洋水质数据等资料；②审查是否将重要海洋生态功能区、敏感区、脆弱区划入红线范围；③比对审核不同年度相关数据	中办、国办印发《开展领导干部自然资源资产离任审计试点方案》和胶州市政府印发《关于开展领导干部自然资源资产离任审计试点工作的实施意见》《关于建立胶州市领导干部自然资源资产离任审计工作联席会议制度的通知》及胶州市审计局印发《领导干部自然资源资产离任审计暂行办法》《领导干部自然资源资产离任审计评价办法》等	《中华人民共和国海洋环境保护法》《关于进一步加强自然保护区海域使用管理工作的意见》《关于全面实施海洋生态红线制度的意见》《海洋生态红线划定技术指南》《全国海岛保护工作“十三五”规划》《防治海洋工程建设项目污染损害海洋环境管理条例》等
	海洋资源开发利用及其生态环境保护重大决策等情况	①收集相关制度文件、信访和执法档案、会议纪要、批办件、年度围填海审批面积等资料；②核实是否存在公益性利用海洋项目及实际用途	中办、国办印发《开展领导干部自然资源资产离任审计试点方案》和胶州市政府印发《关于开展领导干部自然资源资产离任审计试点工作的实施意见》《关于建立胶州市领导干部自然资源资产离任审计工作联席会议制度的通知》及胶州市审计局印发《领导干部自然资源资产离任审计暂行办法》《领导干部自然资源资产离任审计评价办法》等	《中华人民共和国海域使用管理法》《海域使用金减免管理办法》《国务院办公厅关于沿海省、自治区、直辖市审批项目用海有关问题的通知》《围填海计划管理办法》等

续表

资产类别	履责内容	审计方法	审计依据	定责依据
海洋资源	海洋资源开发利用及其生态环境保护的资金征收管理使用和项目建设运行情况	①收集海域使用方面规章制度、会议纪要、会计报表、账簿、凭证、合同协议等资料；②核实海域使用收入规模；③审核应征未征海域试用金问题	中办、国办印发《开展领导干部自然资源资产离任审计试点方案》和胶州市政府印发《关于开展领导干部自然资源资产离任审计试点工作的实施意见》《关于建立胶州市领导干部自然资源资产离任审计工作联席会议制度的通知》及胶州市审计局印发《领导干部自然资源资产离任审计暂行办法》《领导干部自然资源资产离任审计评价办法》等	《中华人民共和国预算法》《中华人民共和国海洋环境保护法》《中华人民共和国海域使用管理法》《全国海洋经济发展“十三五”规划》《财政部、国家海洋局关于加强海域使用金征收管理的通知》等
	海洋资源开发利用过程中资源环境重大事件、环境风险隐患、环境风险预警防范机制的建立与实施情况	①收集海洋管理部门规章制度、会议纪要、工作计划、政府工作报告以及海洋灾害年度公报等资料；②审查地方政府是否建立完善本级海洋管理的各项机制；③通过网络、媒体等方式了解海上溢油污染事件等情况	中办、国办印发《开展领导干部自然资源资产离任审计试点方案》和胶州市政府印发《关于开展领导干部自然资源资产离任审计试点工作的实施意见》《关于建立胶州市领导干部自然资源资产离任审计工作联席会议制度的通知》及胶州市审计局印发《领导干部自然资源资产离任审计暂行办法》《领导干部自然资源资产离任审计评价办法》等	《中华人民共和国海洋环境保护法》等

9.3 胶州市按照审计项目类型开展的生态文明审计工作

9.3.1 胶州市独立型生态文明审计的开展情况

对胶州市经济技术开发区管理委员会原主任 YB 同志的生态文明审计，主要是针对自然资源资产的离任审计，属于独立型审计项目，需要对其任期内开发区自然资源资产的管理、开发和利用等生态文明建设任务落实和目标完成情况进行审计。

开发区自然资源资产主要是以建设用地为主的土地资源资产、以湾滨海湿地保护区为主的海洋湿地资源资产和以人工湖为主的水资源资产，鉴于此，一方面审计目标是：（1）摸清自然资源资产的分布、现状、数量，并确定其价值；（2）分项审计土地、海洋湿地和水等自然资源资产，发现存在问题，提出切实可行的建议；（3）建立功能区生态文明建设绩效评价指标体系，并进行打分，作出综合评价；（4）引导开发区建立领导干部自然资源资产离任交接制度。另一方面审计内容主要是：（1）落实生态文明建设及其任务目标完成情况；（2）开发区规划设计及其落实情况；（3）自然资源资产开发利用保护资金投入情况；（4）招商引资中生态文明建设落实情况；（5）预算执行及绩效情况；（6）以及三种自然资源资产存量和增量情况等。通过审计：

一是摸清了 YB 同志责任区域自然资源资产“家底”，具体内容如表 9－3所示。

表 9－3　　YB 同志责任区域自然资源资产基本情况

<table>
<tr><th colspan="2" rowspan="2">自然资源资产</th><th colspan="2" rowspan="2">具体统计项目</th><th colspan="2">实物量或价值量</th></tr>
<tr><th>上一年度</th><th>本年度</th></tr>
<tr><td colspan="2" rowspan="4">土地资源</td><td colspan="2">建设用地价值</td><td>2870 公顷 ×108 万元/公顷 =309960 万元</td><td>3290 公顷 × 116 万元/公顷 =381640 万元</td></tr>
<tr><td rowspan="3">建设用地使用情况</td><td>居住用地</td><td>540 公顷</td><td>540 公顷</td></tr>
<tr><td>工业用地</td><td>2050 公顷</td><td>2430 公顷</td></tr>
<tr><td>其他用地</td><td>280 公顷</td><td>320 公顷</td></tr>
<tr><td colspan="2">海洋湿地资源</td><td colspan="2">海洋湿地资源资产价值</td><td>643948. 26 万元</td><td>614759. 38 万元</td></tr>
<tr><td rowspan="4">水资源</td><td rowspan="2">金湖</td><td colspan="2">地表水资源资产价值</td><td>57964. 37 万元</td><td>56112. 98 万元</td></tr>
<tr><td colspan="2">地表水环境质量</td><td>Si =1. 1585</td><td>Si =1. 1721</td></tr>
<tr><td rowspan="2">如意湖</td><td colspan="2">地表水资源资产价值</td><td>104628. 13 万元</td><td>113415. 42 万元</td></tr>
<tr><td colspan="2">地表水环境质量</td><td>Si =1. 1412</td><td>Si =1. 1873</td></tr>
</table>

二是界定了 YB 同志任期内辖区生态文明建设（自然资源资产管理与利用）履职情况和相应责任，具体内容如表 9－4 所示。

表 9－4 YB 同志的履职情况和相应责任界定

自然资源资产	履责情况	审计方法	定责依据	审计意见
土地资源	招商引资进程中落实生态文明建设情况	①收集招商引资相关工作报告、会议纪要、收发文记录、批示文件、合同协议等；②与国家、省市生态文明建设相关政策措施比对，审查其一致性和完成度	《中华人民共和国土地管理法》及其《实施条例》以及《土地利用总体规划编制审查办法》等	履责良好。通过分布式能源和污水源热泵等最新的能源技术，为"少海新城新能源项目"的热源供应、生活热水、供冷空调等设施提供绿色服务，减少煤耗约 10.9 万吨，每年降低 28.6 万吨 CO_2 排放量
	开发区规划设计及其落实情况	①根据《城镇土地估价规程》（GB/T 18508－2014）和《中国地产估价手册》，采用成本逼近法评估 2012 年、2013 年和 2014 年年末的建设用地对比价值；②采用卫星图像法利用 Google Earth 显示历史图像功能，查看 2012～2014 年开发区各地块的图像变化情况，并实地勘察	《中华人民共和国土地管理法》《中华人民共和国城乡规划法》《土地利用年度计划管理办法》《省级政府耕地保护责任目标考核办法》和《基本农田保护条例》等	履责良好。在加快核心地区建设时一直遵循绿色、环保、智能化发展宗旨，制定出包括生态湿地修复示范区在内的"六区五中心"功能定位
海洋湿地资源	落实生态文明建设及任务目标完成情况	①收集开发区 2013～2014 年海洋整治修复项目相关工作报告、会议纪要、收发文记录、批示文件等；②与国家、省市生态文明建设相关政策措施比对，审查其一致性和完成度	《中华人民共和国海洋环境保护法》《中华人民共和国海域使用管理法》《海域使用管理违法违纪行为处分规定》《防治海洋工程建设项目污染损害海洋环境管理条例》《关于进一步加强自然保护区海域使用管理工作的意见》等	履责良好。组织召开开发区生态湿地保护设计方案汇报会，收集生态湿地保护多方意见
	开发区规划设计及其落实情况	①与资源、环保、海洋等部门沟通了解湾滨海湿地保护区植物、水产、动物等资源价值以及大气、水分、干扰等调节价值；②计算 2013 年、2014 年海洋湿地资源资产直接价值和间接价值，并对比分析	《中华人民共和国海域使用管理法》《海域使用金减免管理办法》《国务院办公厅关于沿海省、自治区、直辖市审批项目用海有关问题的通知》《围填海计划管理办法》等	履责一般。湾滨海湿地生态系统服务价值呈逐年下降趋势，主因是湿地面积不断缩减、湿地功能无法正常发挥。建议将生态系统服务价值作为参考，针对目前湾滨海湿地资源现状，进行保护和复原等生态文明建设工作

续表

自然资源资产	履责情况	审计方法	定责依据	审计意见
海洋湿地资源	自然资源资产开发利用保护资金投入和使用情况	①收集开发区水利规划建设费用账簿资料，并核实其用途和准确性；②按照“海洋湿地资源资产劳动价值 = 水利规划建设费用 + 资源保护费用”计算2013年、2014年海洋湿地资源资产劳动价值，并对比分析	《中华人民共和国海洋环境保护法》《中华人民共和国预算法》《中华人民共和国海域使用管理法》和《财政部、国家海洋局关于加强海域使用金征收管理的通知》等	履责良好。开发区水利规划建设费用账面金额及用途与实际情况完全相符，符合预算要求和生态文明建设政策规定
水资源	落实生态文明建设及任务目标完成情况	①收集开发区管理委员会金湖、如意湖开发利用管理相关工作报告、会议纪要、收发文记录、批示文件等资料；②与国家、省市生态文明建设相关政策措施比对，审查是否符合相关政策规定	《中华人民共和国水法》《水利规划管理办法（试行）》《中共中央、国务院关于加快水利改革发展的决定》《国务院关于实行最严格水资源管理制度的意见》等	履责一般。金湖、如意湖地表水环境质量Si指数均大于1，污染物严重超标
	自然资源资产开发利用保护资金投入和使用情况	①收集开发区水资源保护费用明细表、供水效益收入明细表、灌溉效益收入明细表、账簿、凭证等资料，并核实其用途和准确性；②按照“地表水资源资产价值 = 劳动价值 + 经济效益”计算2013年、2014年的金湖、如意湖地表水资源资产价值，并对比分析	《中华人民共和国水法》《中华人民共和国水污染防治法》《中华人民共和国水土保持法》《中华人民共和国河道管理条例》《取水许可和水资源费征收管理条例》《取水许可管理办法》《建设项目水资源论证管理办法》等	履责良好。开发区水资源保护费用账面金额及用途与实际情况完全相符，符合预算要求和生态文明建设政策规定。金湖地表水资源资产价值偏低，应加大金湖水资源保护费用投入力度

三是运用《胶州市领导干部自然资源资产离任审计评价指标体系（功能区）》进行综合评价，YB同志综合得分80.5分，评价为优秀。具体内容如表9-5所示。

表9-5　YB同志生态文明审计（自然资源资产离任审计）评价结果

<table>
<tr><td>审计项目</td><td>YB同志生态文明（自然资源资产）审计</td><td>评价指标综合得分</td><td>80.5</td><td>评价等级</td><td>优秀</td></tr>
<tr><td colspan="6">一、综合评价指标（共10个，20分）</td></tr>
<tr><td colspan="2">综合指标得分合计</td><td colspan="4">16分</td></tr>
<tr><td colspan="6">二、分项评价指标（共32个，80分）</td></tr>
<tr><td colspan="2">分项指标得分合计</td><td colspan="4">64.5分</td></tr>
<tr><td colspan="6">注：评价指标总得分=综合指标得分合计+分项指标得分合计；
80≤评价指标总得分≤100，为优秀；
60≤评价指标总得分<80，为合格；
评价指标总得分<60，为不合格。</td></tr>
</table>

9.3.2 胶州市结合型生态文明审计项目的开展情况

对胶州市LC镇党委原书记JZR同志的生态文明审计（自然资源资产离任审计）属于结合型审计项目，需要对其任期内生态文明建设责任进行评价，关注经济社会活动对辖区生态文明建设的影响，具体可以与领导干部经济责任审计相结合，对领导干部任职情况进行更全面的审查和评价。审计目标是：（1）摸清任期内经济责任履行情况和自然资源资产价值、开发利用保护及质量情况；（2）分别建立经济责任和自然资源资产评价指标体系，对领导干部任职情况进行打分评价；（3）引导建立乡镇领导干部自然资源资产离任交接制度。审计内容是：水资源资产、森林资源资产、土地资源资产和矿产资源资产和生态文明建设政策执行与决策落实情况。同时，针对重大政策措施落实、目标任务完成、履行民主决策、落实中央八项规定和六项禁令、政府投资项目管理等情况同步开展经济责任履行情况审计。审计结果是JZR同志自然资源资产离任审计综合得分为81.6分，评价等级为优秀，经济责任履行情况综合得分为78分，评价等级为合格。

开展结合型生态文明审计，一是将经济责任履行和自然资源资产管理在形式上相结合。二是一方面借鉴经济责任审计，在开展重大政策措施落实和政策执行民主决策审计时，同时着重开展生态文明建设政策执行及决策落实和自然资源资产开发利用方面的政策执行及民主决策等情况的审计；另一方面经济责任审计融合自然资源资产，在开展政府投资项目管理和财政收支管理审计时，将自然资源开发利用工程管理及财务情况融入经济责任部分，尤其是在自然资源资产部分突出工程的环境效益和生态效益，也就是在内容上互补。三是将自然资源资产离任审计与经济责任履行审计的两者结果，包括评分和等级相融合，得出总体审计评价，也就是在结果上相融合。四是实现对乡镇领导干部任期内经济责任和生态文明建设责任等工作情况更为全面的了解和评价。

与独立型生态文明审计相比，结合型生态文明审计，一是借鉴经济责任审计的直接责任、主管责任和领导责任等责任类型，将自然资源资产方面的责任界定为领导责任和主管责任两种，删除了直接责任类型。二是将独立型审计内容中的落实生态文明建设情况及任务目标完成情况、开发区规划设计及其落实情况和招商引资进程中落实生态文明建设情况，在结合型审计内容中合并为生态文明建设政策执行和决策落实情况；将自然资源开发利用保护资金投入情况分解为水、森林、土地和矿产等资源资产，突出自然资源资产的分项审计。三是优化审计报告形式，缩小篇幅，重点在发现问题，为进一步研究提供详细的审计内容、方法和结论。四是新增对农用地、山地、文物保护用地、地下水等资源的审计，并使用新的价值评估方法和质量评价方法，完善评价指标体系，每项指标分值不再采用固定值，深入挖掘自然资源资产自身存在的质量和结构问题，揭示自然资源资产管理和保护方面的不足。

9.3.3　胶州市专项型生态文明审计开展情况

对胶州市海洋资源资产现状进行审计属于专项型生态文明审计，就是要对海洋资源资产主管部门领导干部负责的海洋资源资产职责履行情况进行审计。为了促进胶州市海洋资源资产的有效保护和合理利用，拓展海洋资源资产审计的广度和深度，胶州市审计局选择海洋资源资产作为专项审计对象。审计目标是摸清胶州市海洋资源资产的分布、数量、质量、结构等基本现状，审查海洋资源资产主管部门尽责履职及政策落实情况，发现海洋资源资产开发利用、保护治理等方面存在的问题及形成原因；审计内容是海洋资源资产的基本情况、管理机构及其职能、法律法规贯彻执行及政策落实情况、开发利用和保护、治理及修复情况等；审查结果是基本摸清了胶州市海洋资源资产的现状和开发利用保护情况，提出了八条切实可行的审计建议。

与独立型和结合型生态文明审计相比，专项型生态文明审计在广度上拓展了职能履行、政策落实、治理修复等内容；在深度上，例如海水质量评价中增加了沉积物质量和生物多样性指数等指标。可以这样说，独立型审计项目探索了生态文明审计，结合型审计项目拓展了生态文明审计，专项型审计项目则提升了生态文明审计的针对性。

具体来说，胶州市开展的三种类型的生态文明审计项目主要涉及土地与矿产资源（包括建设用地、农用地、文物保护用地、山地、页岩、石矿等）、水资源资产（包括地表水、地下水等）、森林资源资产（包括生态林、商品林等）和海洋与湿地资源资产（包括海岸资源、海域资源、海洋渔业和海洋湿地等）四大类，与之配套的审计方法多达二十几种。其中，建设用地价值评估采用成本逼近法、使用情况评价采用卫星图像法，农用地质量采用标准评价法；地表水资源价值评估采用假定效益法或经济效益法，地表水环境质量评价采用单因子指数法、对比分析法、重点分析法、趋势分析法和富营养化指数法；森林资源资产价值评估采用经济林现行市价法、生态林生态价值法，森林资源质量评价采用指标评价法，森林资源效益评价采用经济效益法和生态效益法；海洋资源价值评估采用价值汇总法，海洋环境质量评价采用海水质量法、沉积物质量法和生态多样性指数法；等等。

9.4 胶州市生态文明审计的困难、应对和经验

9.4.1 胶州市开展生态文明审计面临的主要困难

作为先行先试地区，胶州市在开展生态文明审计过程中遇到了一些困难，主要表现在以下几点。

1. 审计数据获取难

由于生态文明审计，主要是自然资源资产离任审计涉及范围广、被审计单位对生态文明建设，其中主要是自然资源资产管理重视不够、对生态文明审计工作了解不多等，致使生态文明审计“取证难”。具体表现在以下几个方面：

第一，生态文明建设管理系统尚未建立，自然资源资产尚未纳入被审计单位资产管理系统，其价值不能通过会计或统计渠道形成和取得。即使自然资源资产价值存在个别计量和反映，也因自然资源资产的多样性及其计量属性的多元性，导致其价值计量的模糊性和价值反映的非系统性。

第二，生态文明建设审计评价指标，尤其是涉及自然资源资产这一块的审计评价指标尚未全面实时检测。例如，污水处理量、生态承载力等指标没有常规的检测统计制度，河流水质、地下水资源等指标检测不全面、不连续，自然资源资产基础数据统计间隔时间过长等，致使现有自然资源资产存量数据不能准确反映当前现实情况。

第三，生态文明建设管理，主要是自然资源资产管理条块分割，归属不同部门或单位管理和使用，数据计算口径和统计标准不一致，且缺乏联动机制和信息共享机制，形成信息孤岛，致使审计数据碎片化、差异化。

第四，生态文明建设，主要是自然资源资产管理部门和自然资源资产审计部门在行政上均隶属同级人民政府，农业、林业、水利、环保、国土、财政、统计等自然资源资产管理部门提供的相关数据的真实性和客观性无法相互印证，且与地方人民政府主要领导干部的政绩业绩紧密相关，致使审计数据的真实性和可靠性降低。

2. 审计标准确立难

由于生态文明建设涉及自然资源资产的相关行业要么暂无统一标准、要么标准更新不及时等，致使生态文明审计“评价难”。具体表现在以下几个方面：

第一，现阶段生态文明审计，既没有科学、统一和有效的审计评价指标体系，也没有公认、权威和一致的自然资源资产负债表编制规范，致使其审计工作无据可依、无标可循、过于随意。例如，耕地的质量等级如何评价，是十级还是十五级，抑或其他等级，都缺乏一个统一的划分。

第二，生态文明建设效果的时滞性，决定了自然资源资产管理政策效应和效益的长期性、未来性和不确定性，致使反映政策效果的审计评价标准难以一蹴而就、完美有效。

第三，已有的生态文明审计评价标准，多是出于自然资源资产主管部门行业或内部管理的需要，致使不能很好地满足生态文明审计的监督和评价需要，目的不同，存在错配现象。

3. 干部责任界定难

由于自然资源损害、生态环境污染等行为存在一定的长期性、潜伏性和滞后性，可能涉及多任领导干部，致使生态文明审计“定责难”。具体表现在以下几个方面：

第一，生态文明建设制度优势和效果，其中主要是自然资源资产保护性决策或损害性决策的影响一般需要较长时间才能显现出来，很有可能发生后任领导承担前任领导责任或受益前任领导业绩的现象。

第二，后任领导对前任领导生态文明建设的相关决策继续贯彻执行或改良改进的效果，也就是“汉承秦制”“唐袭隋规”“一张蓝图绘到底”，可能会导致难以划分出有关生态文明建设方面的工作责任和业绩成效。

第三，生态文明建设中的自然资源资产分布状况与干部领导行政辖区往往存在明显差异，尤其是河流、水系，跨区、跨域现象突出，致使生态文明建设权限和责任难以清晰界定。

第四，生态文明建设中的自然资源资产遭到损害的原因，尤其是人为因素还是自然因素，是直接原因还是间接原因，是客观原因还是主观原因，有时难以清楚确定。

4. 审计人员胜任难

由于生态文明审计，不仅仅是财务审计，而且更多的是涉及生态、环境、行为、制度、文化、意识等非财务性内容，致使生态文明审计“胜任难”。具体表现在以下几个方面：

第一，我国目前大多数的审计人员都是财会、审计和其他经济管理类专业出身，资源学、生态学、环境学、生物学、地理学和信息技术等与自然资源相关专业知识背景的审计人才偏少，只能根据与自然资源和生态环境相关的部门提供的数据为依据进行审计，无法直接获取相关审计资料和数据。

第二，现有审计人员缺乏对不同自然资源监测、保护、开发等相关知识储备，难以根据自然资源资产相关数据来综合分析评定领导干部的责任。

第三，面对生态文明审计通常无账本、报表和凭证，审查的是生态平衡、污染防治、环境保护等非财务领域的问题，现有审计人员的审计思维尚显落后，审计经验相对不足，审计方法创新不够。

9.4.2 胶州市开展生态文明审计应对的主要措施

1. 应对“取证难”的相关措施

为应对“取证难”，一是通过联席会议制度，寻求成员单位的协助，根据联席会议成员单位提供的数据资料，通过审计分析与专家核查相结合，由联席会议专家库协助确认生态文明建设其中包括自然资源资产各项数据的可靠性；二是完善制度要求被审单位建立生态文明建设台账，规范登记和核算制度，为以后审计提供系统连续的资料和依据；三是积极与被审单位沟通，普及与自然资源资产管理和生态环境保护相关的审计政策法规，采用联合进点方式，要求相关单位签订审计承诺书，切实配合审计工作；四是创新审计思维，拓展审计方法，征求联席会议专家库的意见建议，将传统审计方法与环境科学、环境监测、环境评价等专业知识和方法有效结合。

2. 应对“评价难”的相关措施

为应对“评价难”，一是采纳联席会议专家的意见建议，由成员单位对各自行业内的标准更新后通知审计组，针对未出台行业标准的指标，采纳目前行业通用或常用的方法，并明确评价指标体系中相关指标的等级划分区间；二是逐步形成监测数据交接制度，完善评价所需的基础数据。在领导干部离任时，审计组根据工作需要，要联席会议成员单位追加监测点位和监测次数，并作为下任领导干部任职初的数据。以此为基础，逐步形成监测数据的交接制度，对领导干部任职前后进行全面对比评价。

3. 应对“定责难”的相关措施

为应对“定责难”，一是遗留问题看整改。如果对历史遗留问题置之不理，未提出有效整改措施，就一并承担领导责任。二是潜在问题看对策。对潜在生态风险，尤其是较大的潜在风险，如果不采取防范应对措施，即使没有形成灾害，也要承担相应的领导责任。三是常规问题看决策。对于常规性的生态文明建设工作，如果不及时决策部署，或者虽然已经部署，但是“作为慢”“作为乱”，也要对该问题承担主管责任。

4. 应对“胜任难”的主要措施

为应对“胜任难”，一是充分利用外部成果和审计力量，尤其是聘请专家作为顾问或参与审计，共同研究探讨自然资源资产离任审计的内容、方式、评价体系，研究制定审计任务和实施方案；二是创新审计方法，充分利用现代信息技术手段，进行大数据审计和智慧审计；三是强化审计队伍建设，招录、吸纳环境、工程、海洋、林业等相关专业的人才；四是加强对现有审计人员知识培训和能力提升，根据本地自然资源的特点，有针对性地举办各类培训班，聘请自然资源资产管理部门、研究机构的专家授课，提升审计人员的专业素养，改善审计队伍的知识结构和能力框架。

9.4.3 胶州市开展生态文明审计形成的基本经验

胶州市根据省厅安排，按照“立足实际、主动作为、循序渐进、逐步深化”的工作思路，积极探索，稳妥推进生态文明审计，主要是自然资源资产离任审计试点工作，形成了一些基本经验，产生了良好的示范效应。

1. 领导重视、提高认识、健全机制是关键

胶州市在经济社会发展取得长足进步、成为全国百强县的同时，充分认识到支撑经济社会发展的因素和条件发生了深刻变化，资源环境约束偏紧，经济下行压力较大，实行最严格的自然资源资产和生态环境保护、推进生态文明建设势在必行，认识到生态文明建设，审计部门应该充分发挥职能作用，使生态文明审计成为促进各级领导干部切实履行推动生态文明建设职责的一剂良方。

在提高认识、达成共识的基础上，一是建立了联席会议制度，形成了市长挂帅、政府主导、审计牵头、多部门联合实施、被审计单位和相关领导积极配合、社会各界大力支持的自然资源资产离任审计工作机制；二是制定印发了《胶州市领导干部自然资源资产离任审计工作暂行办法》，从审计实施、审计内容、审计程序、审计结果运用、组织领导和工作职责等方面对领导干部生态文明审计工作进行了规范；三是整合环保、林业、国土、水利、海洋、农业等相关部门的专业人员驻会进点，组建审计组，既考虑行业侧重内容和工作时间，又兼顾审计人员的专业特长。

结合前期试点审计情况，胶州市审计局已经建立健全了信息收集机制、

联合协作机制、问责问效机制，逐步探索形成了一套在组织和形式上相对独立、切实可行、完整系统的领导干部生态文明审计工作制度规范体系。

2. 找准问题、循序渐进、分类实施是基础

开展领导干部生态文明审计，尤其是开展领导干部自然资源资产离任审计起步时间不长，具有试点性和探索性，在一定程度上是为了下一步的全面推行积累经验。因此，选择哪类领导干部、哪类生态文明建设内容作为生态文明审计对象和内容，就成为领导干部生态文明审计试点工作能否成功、能否取得成效的前提条件。胶州市秉承“找准问题、循序渐进、分类实施”的工作原则，一是选择自然资源资产种类较少、产权清晰、基础数据较为齐全、成立时间较短、工作相对规范的、资料较为齐备的开发区作为独立型生态文明审计项目，率先试点审计，以便尽快学习和熟悉情况、尽快确定自然资源资产的价值和编制自然资源资产负债表、尽快开展试点审计工作和积极经验；二是选择自然资源种类丰富、数量较多的 LC 镇作为结合型生态文明审计项目，进行深入试点，以便拓展生态文明审计工作的内容、探索经济责任与生态文明审计相结合的新形式和新途径；三是选择海洋资源资产这一胶州市最为典型的自然资源资产作为专项型生态文明审计项目，进行专项调查，以便摸清海洋资源资产总量、开发利用活动的总体影响和海洋保护措施的实施效用。

通过选择上述三类生态文明审计对象，基本涵盖了胶州市履行生态文明建设责任主要领导干部的全部类型，即包括功能区主要领导干部、乡镇主要领导干部和职能部门主要领导干部，涵盖了胶州市自然资源资产的全部种类，即土地资源、矿产资源、水资源、森林资源、草资源、湿地资源和海洋资源等。通过依次开展独立型、结合型、专项型生态文明审计，逐步规范了审计内容、审计程序、审计方法、指标体系、责任认定和审计报告等问题，实现了全面覆盖和重点突出的有机结合，突出了制度体系建设情况、政策法规执行情况、生态环境保护情况和资源节约利用情况。

针对前期试点审计中发现和存在的问题，胶州市审计局逐步把重点放在如何选择纳入审计对象的生态文明建设内容或项目上，在坚持可量化、易核实、能追溯、重特色、有关联等原则基础上，进一步明确了领导干部生态文明审计的范围，使审计工作推进更具针对性和成效性。

3. 数据共享、方法创新、动态审计是保障

面对领导干部生态文明审计这一全新的审计工作，胶州市委、市政府高度重视，通过联席会议制度，明确了各职能部门的权责和义务，充分发挥各自的职业和专业优势，整合各种资源，实现数据共享，为深入开展生态文明审计创造了良好工作环境。胶州市开展的三个类型的生态文明审计项目涉及 4 大类 14 小类自然资源资产，为了科学准确地对这些资产进行定量、定价，

胶州市审计人员在采用传统审计方法的同时，大胆探索，积极创新，借鉴和使用其他领域尤其是信息技术领域的新方法达20余种，较好地解决了生态文明审计工作中出现的新情况和新问题，提高了工作效率，保证了审计质量。同时，胶州市根据国家和省市有关政策和资源、生态文明建设和环保目标责任考核办法，结合试点审计情况，初步建立了本市领导干部生态文明审计主要是所涉及的自然资源资产离任审计评价指标体系，实现了对领导干部履行生态文明建设、自然资源资产管理和生态环境保护责任的全面综合评价。

通过联席会议成员单位的“在线系统”，胶州市逐步实现了对自然资源资产数据的动态审计监测，完善了自然资源资产管理数据分析平台，形成了“领导干部生态文明审计+”工作模式，强化了与经济责任、政府投资、政策跟踪、专项绩效等审计项目的融合，提供了领导干部生态文明审计的胶州模式。

第 10 章

主要结论和未来展望

10.1 主要结论

进入新时代，党的十八大提出了经济建设、政治建设、文化建设、社会建设和生态文明建设“五位一体”的总体布局，党的十八届五中全会提出了“创新、协调、绿色、开放、共享”的五大发展理念，党的十九大提出了坚持人与自然和谐共生的基本方略。据此，我们可以清晰地勾勒出这样一幅中国未来发展图景，即通过“五大发展理念”，尤其是通过绿色发展，逐步实现我国经济建设、政治建设、文化建设和社会建设的生态化，到 21 世纪中叶，把中国建设成为富强、民主、文明、和谐、美丽的社会主义现代化强国。其中生态文明建设是关键、是纽带、是根本，这也是我们提出生态文明审计的理论基础和现实依据。

开展生态文明审计理论的系统研究，无疑是生态文明建设这一关乎中华民族永续发展的根本大计落地实施的重大理论创新和实践指引。我们在全面回顾生态文明审计相关理论、系统分析服务生态文明建设的作用机理和明确界定生态文明审计相关概念基础上，围绕生态文明建设的管理系统、制度体系、项目资金、行为作业和业绩成效等过程内容，全面深入系统地回答了“为何审”“谁来审”“谁被审”“审什么”“据何审”“怎么审”和“为谁审”等生态文明审计的基本理论与方法问题，初步构建了新时代中国特色生态文明审计理论与方法体系。

（1）研究了生态文明审计服务生态文明建设的基础理论。主要借助不同学科领域的研究视角，对生态文明及生态文明建设相关概念进行了系统阐释，明确其内涵、特征与边界，并在此基础上总结提出了生态文明审计的概念与内涵。同时，详细阐述了包括习近平生态文明思想和可持续发展理论等在内的系统研究生态文明审计的理论基础。

（2）分析了生态文明审计的作用机理。从环境审计的发展演变入手，基于历史、理论、法律和现实四个方面，系统研究了生态文明审计在生态文明建设中发挥作用的基本依据；从生态文明建设本质以及对审计诉求和审计功能等多个角度，分析了生态文明审计的原理机理；从宏观维度和微观维度，因循法律、制度保障体系完善和环境审计模式创新等两条路径，对生态文明审计发挥作用的路径选择等问题进行了系统研究。

（3）重构了生态文明审计理论与方法体系。从生态文明建设的管理系统、制度体系、项目资金、行为作业和业绩成效五个方面，构建了生态文明审计框架内容体系，并分别对这五个方面“为什么需要审计”“具体要审计什么”“应该怎样审计”以及“应达到何种审计要求”等问题进行了全面系统的回答。同时，基于逻辑框架法和层次分析法重点研究了生态文明建设项目资金绩效审计评价问题，构建了生态文明建设业绩成效审计评价指标体系。

（4）进行了生态文明审计应用与案例分析。以胶州市为例，剖析了生态文明审计的基本做法和试点经验，检验了所提出的生态文明审计理论、方法和方案的科学性、可行性和有效性，优化了“生态文明审计”这一全新的审计理论与实务体系。

10.2　未来展望

生态文明建设是推动美丽中国建设的关键一招，是建立人山水林田湖草生命共同体的重要工程，为之服务的生态文明审计这一全新的重大审计理论与实践问题，在未来研究中，应着重生态文明审计相关制度建设、试点经验总结和方式方法创新，着力完善生态文明审计的法律体系与审计标准评价体系，积极拓展生态文明审计的内容与范围，提高生态文明审计人员素质，优化生态文明审计队伍，推动新技术在生态文明审计实践中的应用，尽快完善生态文明审计这一全新审计理论与方法体系。

参考文献

[1] 王从彦、潘法强、唐明觉等：《儒道传统思想生态观对生态文明建设的启示》，载《中国人口·资源与环境》2015年第S2期。

[2] 许斗斗：《论马克思的社会建设思想及其当代意义——一种生态文明建设的分析视角》，载《哲学研究》2011年第8期。

[3] 王灿发：《论生态文明建设法律保障体系的构建》，载《中国法学》2014年第3期。

[4] 曾繁仁：《当代生态文明视野中的生态美学观》，载《文学评论》2005年第4期。

[5] 徐碧辉：《从实践美学看"生态美学"》，载《哲学研究》2005年第9期。

[6] 程相占：《生态美学的八种立场及其生态实在论整合》，载《社会科学辑刊》2019年第1期。

[7] 王雨辰：《论以社会建设为核心的生态文明建设》，载《哲学研究》2013年第10期。

[8] 王树义：《论生态文明建设与环境司法改革》，载《中国法学》2014年第3期。

[9] 陈洪波、潘家华：《我国生态文明建设理论与实践进展》，载《中国地质大学学报（社会科学版）》2012年第5期。

[10] 钱易、何建坤、卢风：《生态文明理论与实践》，清华大学出版社2018年版。

[11] 黄志斌、邱国侠：《超循环：生态文明建设的本然依据、应然规范和实然途径》，载《哲学动态》2014年第1期。

[12] 彭向刚、向俊杰：《中国三种生态文明建设模式的反思与超越》，载《中国人口·资源与环境》2015年第3期。

[13] 闫坤、陈秋红：《新时代生态文明建设：学理探讨、理论创新与实现路径》，载《财贸经济》2018年第11期。

[14] 钟茂初：《"可持续发展"的意涵、误区与生态文明之关系》，载《学术月刊》2008年第7期。

[15] 任丙强：《生态文明建设视角下的环境治理：问题、挑战与对

策》，载《政治学研究》2013 年第 5 期。

［16］孙新章、王兰英、姜艺等：《以全球视野推进生态文明建设》，载《中国人口·资源与环境》2013 年第 7 期。

［17］王永刚、张俊娥、王旭等：《企业生态文明建设框架研究》，载《中国人口·资源与环境》2015 年第 S2 期。

［18］岳世忠、杨肃昌：《国外环境审计与环境报告的发展》，载《兰州大学学报（社会科学版）》2008 年第 6 期。

［19］李雪、杨智慧、王健姝：《环境审计研究：回顾与评价》，载《审计研究》2002 年第 4 期。

［20］Black R. A New Leaf in Environmental Auditing［J］. *Internal Auditor*, 1998, 55（3）: 24 –28.

［21］Spedding L S, Jones D M, Dering C J. *Eco-management and Eco-auditing: Environmental Issues in Business*［M］. London: Chancery Law Publishing, 1993.

［22］IFAC. 1995. The Audit Profession and the Environment. Caulfield, Australia: Australian Accounting Research Foundation.

［23］王芸、黄艳嘉：《中外生态审计制度与实践的比较研究》，载《南昌大学学报（人文社会科学版）》2014 年第 1 期。

［24］Callenbach E, Capra F, Goldman L, et al. *Ecomanagement: The Elmwood Guide to Ecological Auditing and Sustainable Business*［M］. San Francisco: Berrett Koehler, 1993.

［25］吴勋、赵选民：《节能减排审计实施背景、技术支撑与治理机制研究》，载《河北经贸大学学报》2014 年第 4 期。

［26］卢相君、刘蒙、王兴旭：《论风险导向模式在节能减排绩效审计中的应用》，载《审计研究》2011 年第 6 期。

［27］黄溶冰、陈耿：《节能减排项目的绩效审计——以垃圾焚烧发电厂为例》，载《会计研究》2013 年第 2 期。

［28］Green W, Zhou S. An International Examination of Assurance Practices on Carbon Emissions Disclosures［J］. *Australian Accounting Review*, 2013, 23（1）: 54 –66.

［29］王爱国：《国外的碳审计及其对我国的启示》，载《审计研究》2012 年第 5 期。

［30］赵放：《关于我国碳审计问题的对策性思考》，载《审计研究》2014 年第 4 期。

［31］杨博文：《环境责任下我国碳审计与鉴证制度框架的构建》，载《南京审计大学学报》2017 年第 6 期。

［32］蔡春、毕铭悦：《关于自然资源资产离任审计的理论思考》，载《审计研究》2014 年第 5 期。

［33］刘明辉、孙冀萍：《领导干部自然资源资产离任审计要素研究》，载《审计与经济研究》2016 年第 4 期。

［34］耿建新、王晓琪：《自然资源资产负债表下土地账户编制探索——基于领导干部离任审计的角度》，载《审计研究》2014 年第 5 期。

［35］陈献东：《开展领导干部自然资源资产离任审计的若干思考》，载《审计研究》2014 年第 5 期。

［36］钱水祥：《领导干部自然资源资产离任审计研究》，载《浙江社会科学》2016 年第 3 期。

［37］林丽端、方金城：《地方领导干部自然资源资产离任审计的框架构建及保障措施》，载《南京工业大学学报（社会科学版）》2017 年第 4 期。

［38］王爱国：《我国生态文明审计的内涵、边界与进路》，载《济南大学学报（社会科学版）》2015 年第 6 期。

［39］王爱国：《环境审计服务生态文明建设的理论探讨与体系重构——兼论生态文明审计的本质内涵》，载《理论学刊》2019 年第 3 期。

［40］王爱国：《关于生态文明审计的几个基本理论问题》，载《东岳论丛》2017 年第 10 期。

［41］徐薇、陈鑫：《生态文明建设战略背景下的政府环境审计发展路径研究》，载《审计研究》2018 年第 6 期。

［42］邢祥娟、陈希晖：《资源环境审计在生态文明建设中发挥作用的机理和路径》，载《生态经济》2014 年第 9 期。

［43］周守华、谢知非、徐华新：《生态文明建设背景下的会计问题研究》，载《会计研究》2018 年第 10 期。

［44］Daily G C，Matson P A. Ecosystem Services：From Theory to Implementation［J］. *Proceedings of the national academy of sciences*，2008，105（28）：9455 -9456.

［45］Lü Y，Fu B，Feng X，et al. A Policy-driven Large Scale Ecological Restoration：Quantifying Ecosystem Services Changes in the Loess Plateau of China［J］. *Plos one*，2012，7（2）：e31782.

［46］Barton H，Bruder N. *A Guide to Local Environmental Auditing*［M］. Routledge，2014.

［47］李绍东：《论生态意识和生态文明》，载《西南民族大学学报（人文社会科学版）》1990 年第 2 期。

［48］唐代兴：《生态文明的性质定位及理论基础》，载《哈尔滨工业大学学报（社会科学版）》2019 年第 1 期。

［49］高冉、王国坛：《中国特色社会主义生态文明观的自觉演进》，载《理论探索》2019 年第 1 期。

［50］张贡生：《生态文明：一个颇具争议的命题》，载《哈尔滨商业大学学报（社会科学版）》2013 年第 2 期。

［51］钱正英、沈国舫、刘昌明：《关于“生态环境建设”提法的讨论：建议逐步改正“生态环境建设”一词的提法》，载《中国科技术语》2005 年第 2 期。

［52］Cheryll Glotfelty. *The Ecocriticism Reader*: *Landmarks in Literary Ecology*［M］. University of Georgia Press，1996.

［53］任建兰、王亚平、程钰：《从生态环境保护到生态文明建设：四十年的回顾与展望》，载《山东大学学报（哲学社会科学版）》2018 年第 6 期。

［54］【芬】约·瑟帕玛，武小西、张宜译：《环境之美》，湖南科技出版社 2006 年版。

［55］【法】基佐，程洪逵、沅芷译：《欧洲文明史》，商务印书馆 1998 年版。

［56］【日】福泽谕吉，北京编译社译：《文明论概略》，商务出版社 1995 年版。

［57］【英】汤因比，曹未风等译：《历史研究（上）》，上海人民出版社 1997 年版。

［58］郭建：《中国特色社会主义生态文明的科学内涵及其构建》，载《河南师范大学学报（哲学社会科学版）》2008 年第 3 期。

［59］徐春：《对生态文明概念的理论阐释》，载《北京大学学报（哲学社会科学版》2010 年第 1 期。

［60］杨桂芳：《生态文明内涵分析》，载《生态经济》2010 年第 12 期。

［61］陈炎：《“文明”与“文化”》，载《学术月刊》2002 年第 2 期。

［62］涂可国：《文化的价值分析》，载《文史哲》1992 年第 3 期。

［63］B. 马林诺斯基，黄建波等译：《科学的文化理论》，中央民族大学出版社 1999 年版。

［64］李宗桂：《中国文化概论》，中山大学出版社 1989 年版。

［65］【英】爱德华·泰勒，连树声译：《原始文化》，上海文艺出版社 1992 年版。

［66］【英】R·威廉姆斯，汤林森、冯建三译：《文化帝国主义》，上海人民出版社 1999 年版。

［67］【德】黑格尔，贺麟译：《小逻辑》，商务印书馆 1980 年版。

［68］Fetscher I. Conditions for the Survival of Humanity: on the Dialectics of Progress［J］. *Universitas*，1978，20（3）：161－172.

[69] Morrison R. *Ecological Democracy* [M]. Boston: South End Press, 1995.

[70] Morrison R. Building an Ecological Civilization [J]. *Social Anarchism: A Journal of Theory & Practice*, 2007 (38): 1 - 18.

[71] Magdoff F. Harmony and Ecological Civilization [J]. *Monthly Review*, 2012, 64 (2): 1 - 9.

[72] Gare A. Toward an Ecological Civilization: The Science, Ethics, and Politics of Eco-poiesis [J]. *Process Studies*, 2010, 39 (1): 5 - 38.

[73] 成亚威:《真正的文明时代才刚刚起步——叶谦吉教授呼吁开展"生态文明建设"》,载《中国环境报》1987年6月23日。

[74] 刘思华:《理论生态经济学若干问题研究》,广西人民出版社1989年版。

[75] 刘俊伟:《马克思主义生态文明理论初探》,载《中国特色社会主义研究》1998年第6期。

[76] 俞可平:《科学发展观与生态文明》,载《马克思主义与现实》2005年第4期。

[77] 余谋昌:《生态文明是人类的第四文明》,载《绿叶》2006年第11期。

[78] 陈瑞清:《建设社会主义生态文明,实现可持续发展》,载《北方经济》2007年第7期。

[79] 樊浩:《"生态文明"的道德哲学形态》,载《天津社会科学》2008年第5期。

[80] 邓翠华:《论生态文明建设的层次性、艰巨性与实现路径》,载《福建论坛(人文社会科学版)》2009年第5期。

[81] 张志芳:《基于马克思生态环境理论对建设生态文明的思考——以山西为例》,载《经济问题》2009年第5期。

[82] 张秀、张国平:《生态文明建设的哲学思考》,载《兰州学刊》2009年第2期。

[83]【德】恩格斯,于光远等译:《自然辩证法》,人民出版社1984年版。

[84] 张捷:《转变发展方式——由工业文明迈向生态文明》,载《中国人口·资源与环境》2012年第S2期。

[85] 曾繁仁:《关于"生态"与"环境"之辩——对于生态美学建设的一种回顾》,载《求是学刊》2015年第1期。

[86]【德】马克思、恩格斯:《马克思恩格斯全集第2卷》,人民出版社1956年版。

[87] 黄蓉生:《“和谐共生”视野的生态文明建设论纲》,载《改革》2013 年第 10 期。

[88]【德】马克思、恩格斯:《德意志意识形态》,引自《马克思恩格斯选集》(第 1 卷),人民出版社 1995 年版。

[89]【德】马克思:《1844 年经济学哲学手稿》,人民出版社 1979 年版。

[90]【美】欧文·拉兹格,钱兆华等译:《系统哲学引论:一种当代思想的范式》,商务印书馆 1998 年版。

[91]【德】马克思、恩格斯:《马克思恩格斯选集》(第 3 卷),人民出版社 1995 年版。

[92]【德】马克思、恩格斯:《马克思恩格斯选集》(第 4 卷),人民出版社 1995 年版。

[93]【德】马克思、恩格斯:《马克思恩格斯全集》(第 4 卷),人民出版社 1972 年版。

[94]【德】马克思、恩格斯:《马克思恩格斯全集》(第 42 卷),人民出版社 1979 年版。

[95]【德】马克思、恩格斯:《马克思恩格斯全集》(第 3 卷),人民出版社 2002 年版。

[96]【加】威廉·莱斯,岳长岭等译:《自然的控制》,重庆出版社 1993 年版。

[97]【德】马克思、恩格斯:《马克思恩格斯全集》(第 44 卷),人民出版社 2001 年版。

[98]【德】马克思:《资本论,马克思恩格斯全集》(第 23 卷),人民出版社 1995 年版。

[99] 李德顺:《从“人类中心”到“环境价值”——兼谈一种价值思维的角度和方法》,载《哲学研究》1998 年第 2 期。

[100] 王雨辰:《略论我国生态文明理论研究范式的转换》,载《哲学研究》2009 年第 12 期。

[101]【美】欧文·拉兹洛,黄觉等译:《人类的内在限度:对当今价值、文化和政治的异端的反思》,社会科学文献出版社 2004 年版。

[102]【美】艾伯特·奥·赫希曼,李新华、朱进东译:《欲望与利益:资本主义走向胜利前的政治争论》,上海文艺出版社 2003 年版。

[103] Pelletier N. Of Laws and Limits: An Ecological Economic Perspective on Redressing the Failure of Contemporary Global Environmental Governance [J]. *Global Environmental Change*, 2010, 20 (2): 220 - 228.

[104] 袁祖社:《“生态文明”时代与现代人的审美性生存及价值体验》,载《华中科技大学学报(社会科学版)》2007 年第 2 期。

[105] 万俊人:《生态伦理学三题》,载《求索》2003 年第 5 期。

[106]【日】岩佐茂,冯雷、李欣荣、尤维芬译:《环境的思想与伦理》,中央编译出版社 2011 年版。

[107]【德】马克思、恩格斯:《马克思恩格斯选集》(第 1 卷),人民出版社 1995 年版。

[108] 段智德:《主体生成论:对“主体死亡论”之超越》,人民出版社 2009 年版。

[109] 陈筠泉:《关于生态文明的几点思考》,载《马克思主义与现实》2014 年第 1 期。

[110]【德】马克思、恩格斯:《马克思恩格斯全集》(第 25 卷下),人民出版社 1979 年版。

[111] 许俊达、何峻:《马克思恩格斯的生态文明思想及其启迪》,载《安徽大学学报(哲学社会科学版)》2012 年第 3 期。

[112]【德】恩格斯:《国民经济学批判大纲》,引自《马克思恩格斯文集》(第 1 卷),人民出版社 2009 年版。

[113] 程相占:《生态文明理念与生态美学的发展方向》,载《百家评论》2014 年第 2 期。

[114] Mower J, Minor M. Consumer Behavior: a Framework [Z]. Upper Saddle River, Nj: Prentice Hall, 2001.

[115]【美】利普舒茨,郭志俊等译:《全球环境政治:权力、观点和实践》,山东大学出版社 2012 年版。

[116] 于冰:《生态文明建设呼唤生态意识》,载《浙江学刊》2012 年第 4 期。

[117] 于冰、王洪新:《生态意识的当代审视》,载《马克思主义研究》2016 年第 3 期。

[118] Norton B G. Why I am Not a Nonanthropocentrist: Callicott and the Failure of Monistic Inherentism [J]. *Environmental Ethics*, 1995, 17 (4): 341-358.

[119]【美】霍尔姆斯·罗尔斯顿,张晓进译:《环境伦理学》,中国社会科学出版社 2000 年版。

[120]【英】柯林武德,李小兵译:《自然的观念》,华夏出版社 1999 年版。

[121] 雷毅:《生态伦理学》,陕西人民出版社 2000 年版。

[122]【德】马克思、恩格斯:《马克思恩格斯全集》(第 46 卷·上),人民出版社 1979 年版。

[123] 肖显静:《后现代生态科技观》,科学出版社 2003 年版。

［124］阿诺德·伯林特、程相占：《审美生态学与城市环境》，载《学术月刊》2008 年第 3 期。

［125］【美】唐·伊德，韩连庆译：《技术与生活世界》，北京大学出版社 2012 年版。

［126］【德】恩格斯：《自然辩证法，马克思恩格斯选集》（第 4 卷），人民出版社 1995 年版。

［127］【德】马克思、恩格斯：《马克思恩格斯文集》（第 9 卷），人民出版社 2009 年版。

［128］【英】詹姆斯·拉伍洛克·盖娅，肖显静等译：《地球生命的新视野》，世纪出版集团、上海人民出版社 2007 年版。

［129］【日】佐佐木毅、【韩】金泰昌，韩立新等译：《地球环境与公共性》，人民出版社 2009 年版。

［130］【美】奥尔多·利奥波德，侯文惠译：《沙乡年鉴》，吉林人民出版社 1997 年版。

［131］【美】纳什，杨通进译：《大自然的权利》，青岛出版社 1999 年版。

［132］余谋昌：《生态人类中心主义是当代环保运动的唯一旗帜吗?》，载《自然辩证法研究》1997 年第 9 期。

［133］殷培红：《尊重自然、顺应自然：人与自然关系认识的理念提升》，载《环境经济》2012 年第 12 期。

［134］Tansley AG. The Use and Abuse of Vegetational Concepts and Terms［J］. *Ecology*，1935，16（3）：284 – 307.

［135］叶峻：《人天观：人体科学和社会生态学的哲学》，载《烟台大学学报（哲学社会科学版）》1997 年第 4 期。

［136］马道明、李海强：《社会生态系统与自然生态系统的相似性与差异性探析》，载《东岳论丛》2011 年第 11 期。

［137］【日】岩佐茂，韩立新等译：《环境的思想：环境保护与马克思主义的结合处》，中央编译出版社 2006 年版。

［138］【日】岩佐茂：《研究环境伦理学的基本视角》，载《哲学动态》2002 年第 4 期。

［139］Rockström J，Steffen W，Noone K，et al. A Safe Operating Space for Humanity［J］. *Nature*，2009，461（7263）：472 – 475.

［140］【英】安东尼·吉登斯，李惠斌、杨雪冬译：《超越左与右——激进政治的未来》，社会科学文献出版社 2009 年版。

［141］李良美：《生态文明的科学内涵及其理论意义》，载《毛泽东邓小平理论研究》2005 年第 2 期。

[142]【美】爱德华·威尔逊，陈家宽等译：《生命的未来》，上海人民出版社 2005 年版。

[143] 程宏燕：《生态科技文化：生态文明视域下科技文化的必然走向》，载《武汉理工大学学报（社会科学版）》2014 年第 6 期。

[144] 余谋昌：《生态哲学》，陕西人民出版社 2000 年版。

[145] 张鹏、张苗：《重构技术观——论技术观的演变与和谐型技术观的建构》，载《中北大学学报（社会科学版）》2006 年第 5 期。

[146]【美】贾雷德·戴蒙德，江滢等译：《崩溃——社会如何选择成败兴亡》，上海译文出版社 2008 年版。

[147]【美】大卫·雷·格里芬，王成兵译：《后现代精神》，中央编译出版社 1998 年版。

[148] 余谋昌：《生态文化是一种新文化》，载《长白学刊》2005 年第 1 期。

[149]【德】爱因斯坦，许良英等译：《爱因斯坦文集》（第 1 卷），商务印书馆 1976 年版。

[150]【美】迈克尔·贝尔，昌敦虎译：《环境社会学的邀请》，北京大学出版社 2010 年版。

[151] 宋祖良：《拯救地球——海德格尔后期思想》，中国社会科学出版社 1993 年版。

[152] 冯留建：《科技革命与中国特色社会主义生态文明建设》，载《当代世界与社会主义》2014 年第 2 期。

[153] 杨东平：《中国环境发展报告（2011）》，社会科学文献出版社 2011 年版。

[154]【英】刘易斯，周师铭、沈丙杰、沈伯根译：《经济增长理论》，商务印书馆 2009 年版。

[155] Frosch R A, Gallopoulos N E. Strategies for Manufacturing [J]. *Scientific American*, 1989, 261 (3): 144 – 152.

[156]【德】马克思、恩格斯：《马克思恩格斯选集》（第 2 卷），人民出版社 1995 年版。

[157]【意】奥利略·贝切伊：《世界的未来——关于未来问题一百页》，中国对外翻译出版公司 1985 年版。

[158] 李周：《建设美丽中国　实现永续发展》，载《经济研究》2013 年第 2 期。

[159] Abramson P R, Inglehart R. Generational Replacement and the Future of Post-materialist Values [J]. *The Journal of Politics*, 1987, 49 (1): 231 – 241.

[160]【美】道格拉斯·C·斯诺，杭行译：《制度、制度变迁与经济

绩效》，上海三联书店 1994 年版。

［161］刘湘溶：《生态文明建设：文化自觉与协同推进》，载《哲学研究》2015 年第 3 期。

［162］刘庆志：《生态文明建设中政府审计“监督人”作用及其实现研究》，载《中国内部审计》2015 年第 12 期。

［163］夏光：《再论生态文明建设的制度创新》，载《环境保护》2012 年第 23 期。

［164］沈满洪：《生态文明制度的构建和优化选择》，载《环境经济》2012 年第 12 期。

［165］刘登娟、黄勤、邓玲：《中国生态文明制度体系的构建与创新——从“制度陷阱”到“制度红利”》，载《贵州社会科学》2014 年第 2 期。

［166］IIA. 1982. The Role of Internal Auditors in Environmental Problems.

［167］EPA. 1986. Environmental Auditing Policy Statement.

［168］孙菊生、刘文国：《环境审计与会计职业界的作用——加拿大和美国环境审计比较研究》，载《审计研究》1998 年第 2 期。

［169］ICC. 1995. An ICC Guide to Effective Environmental Auditing.

［170］The World Bank. 1995. EA Sourcebook Update.

［171］INTOSAI Working Group on Environmental Auditing. 2001. Guidance on Conducting Audits of Activities with an En-vironmental Perspective.

［172］ICAEW. 2000. Environmental Issues in the Audit of Financial Statements.

［173］Tomlinson P, Atkinson S F. Environmental Audits: Proposed Terminology ［J］. *Environmental monitoring and assessment*, 1987, 8 (3): 187－198.

［174］高方露、吴俊峰：《关于环境审计本质内容的研究》，载《贵州财经学院学报》2000 年第 2 期。

［175］Hillary R. Environmental Auditing: Concepts, Methods and Developments ［J］. *International Journal of Auditing*, 1998, 2 (1): 71－85.

［176］Todea N, Stanciu I C, Joldoş A M. Environmental Audit, a Possible Source of Information for Financial Auditors ［J］. *Annales Universitatis Apulensis－Series Oeconomica*, 2011 (1): 66－74.

［177］Thompson D, Wilson M J. Environmental Auditing: Theory and Applications ［J］. *Environmental Management*, 1994, 18 (4): 605－615.

［178］刘力云：《浅论环境审计》，载《审计研究资料》1997 年第 2 期。

［179］Lightbody M. Environmental Auditing: the Audit Theory Gap ［C］. *Accounting Forum*, 2000, 24.

[180] CICA. 1992. Environmental Auditing and the Role of the Accounting Profession.

[181] 李明辉、张艳、张娟：《国外环境审计研究述评》，载《审计与经济研究》2011 年第 4 期。

[182] ISO, ISO Tackles the Environment: A Round of Sub-committee Meetings Launch TC207, Environmental Management, On Course, ISO Bulletin February, 1995.

[183] Garrod B, Chadwick P. Environmental Management and Business Strategy: Towards a New Strategic Paradigm [J]. *Futures*, 1996, 28 (1): 37-50.

[184] Weihrich D. Performance Auditing in Germany Concerning Environmental Issues [J]. *Sustainability Accounting, Management and Policy Journal*, 2018, 9 (1): 29-42.

[185]《马克思恩格斯文集》第 1 卷，人民出版社 2009 年版。

[186]《马克思恩格斯文集》第 5 卷，人民出版社 2009 年版。

[187] 杨青山、梅林：《人地关系、人地关系系统与人地关系地域系统》，载《经济地理》2001 年第 5 期。

[188] 蔡永海：《循环经济及其生态伦理底蕴》，载《自然辩证法研究》2006 年第 5 期。

[189] 范云霞：《中国环境生态伦理现状研究综述》，载《环境科学与技术》2007 年第 9 期。

[190] 余谋昌：《从生态伦理到生态文明》，载《马克思主义与现实》2009 年第 2 期。

[191] 叶平：《生态伦理的价值定位及其方法论研究》，载《哲学研究》2012 年第 12 期。

[192] 廖小平：《可持续发展的两个伦理论证维度——兼论生态伦理与代际伦理的关系》，载《中南林业科技大学学报（社会科学版）》2007 年第 1 期。

[193] Vogt W, Baruch B M, Freeman S I. Road to Survival [R]. New York: W. Sloane Associates, 1948.

[194] Pearce D W, Turner R K. *Economics of Natural Resources and the Environment* [M]. JHU Press, 1990.

[195] Lovins A B, Lovins L H, Hawken P. A Road Map for Natural Capitalism. 1999.

[196] Ekins P. Identifying Critical Natural Capital: Conclusions about Critical Natural Capital [J]. *Ecological economics*, 2003, 44 (2-3): 277-292.

[197] Faucheux S, O'Connor M. *Valuation for Sustainable Development* [M]. Edward Elgar Publishing, 1998.

[198] Daly H E. *Beyond Growth: the Economics of Sustainable Development* [M]. Beacon Press, 1996.

[199] Farber S C, Costanza R, Wilson M A. Economic and Ecological Concepts for Valuing Ecosystem Services [J]. *Ecological economics*, 2002, 41 (3): 375-392.

[200] 杨珣:《生态资本运营研究进展与展望》,载《当代经济》2015年第4期。

[201] 章亮明:《派遣劳动者职务侵权时的雇主责任》,载《法学论坛》2009年第4期。

[202] 曹艳春:《雇主替代责任研究》,法律出版社2008年版。

[203] 杨署东:《转承责任基本理论问题新探》,载《重庆大学学报(社会科学版)》2010年第4期。

[204] MacCoun R. Is There a Deep-Pocket Bias in the Tort System? 1993.

[205] Patton J M. Accountability and Governmental Financial Reporting [J]. *Financial Accountability & Management*, 1992, 8 (3): 165-180.

[206] Gray A, Jenkins W I. Accountable Management in British Central Government: Some Reflections on the Financial Management Initiative [J]. *Financial Accountability & Management*, 1986, 2 (3): 171-186.

[207] Sinclair A. The Chameleon of Accountability: Forms and Discourses [J]. *Accounting, Organizations and Society*, 1995, 20 (2): 219-237.

[208] 李明辉、刘笑霞:《"受托责任"涵义考辨》,载《学海》2010年第2期。

[209] Stewart J D. The Role of Information in Public Accountability [J]. *Issues in Public Sector Accounting*, 1984.

[210] 刘笑霞:《政府公共受托责任与国家审计》,载《审计与经济研究》2010年第2期。

[211] 李凯:《从公共受托责任演进看国家审计本质变迁——兼论审计"免疫系统"论》,载《审计与经济研究》2009年第1期。

[212] 钱学森、许国志、王寿云:《组织管理的技术——系统工程》,载《上海理工大学学报》2011年第6期。

[213] 赵金燕、宋传联:《发达国家环境审计制度的变迁历史及对我国的启示》,载《生态经济》2016年第11期。

[214] 梅雪芹:《工业革命以来西方主要国家环境污染与治理的历史考察》,载《世界历史》2000年第6期。

［215］ Wendling Z A, Emerson J W, Esty D C, et al. The 2018 Environmental Performance Index Report ［R］. New Haven, CT: Yale Center for Environmental Law and Policy. 2018.

［216］ Leeuwen S V. Developments in Environmental Auditing By Supreme Audit Institutions ［J］. *Environmental Management*, 2004, 33 (2): 163-172.

［217］ 杨肃昌、李敬道：《从政治学视角论国家审计是国家治理中的“免疫系统”》，载《审计研究》2011 年第 6 期。

［218］ Flint D. *Philosophy and Principles of Auditing*: *An Introduction* ［M］. Macmillan Education, 1988.

［219］ 深如琛选编：《杨时展论文集》，企业管理出版社 1997 年版。

［220］ Lasswell H, KaplanA. Power and Society, New Haven: Yale University Press, 1970.

［221］【美】托马斯·戴伊，彭勃等译：《理解公共政策》，华夏出版社 2005 年版。

［222］ 王平波：《我国公共资金绩效审计研究》，载《财政研究》2014 年第 8 期。

［223］ 王婷：《宏观与微观双重视阈中的生态文明建设初探》，载《马克思主义研究》2018 年第 4 期。

［224］ 刘家义：《论国家治理与国家审计》，载《中国社会科学》2012 年第 6 期。

［225］ 蔡春：《论现代审计特征与受托经济责任关系》，载《审计研究》1998 年第 5 期。

［226］ 陈汉文、黄宗兰：《审计独立性：一项理论研究》，载《审计研究》2001 年第 4 期。

［227］ 王会金：《反腐败视角下政府审计与纪检监察协同治理研究》，载《审计与经济研究》2015 年第 6 期。

［228］ Luü Y, Liu S, Fu B. Ecosystem Service: from Virtual Reality to Ground Truth ［J］. *Environmental Science & Technology*, 2012, 46 (5): 2492-2493.

［229］ 沃克：《提高政府绩效，增强政府问责和前瞻能力》，载《审计与经济研究》2007 年第 5 期。

［230］ Bertalanffy L V. *General System Theory*: *Foundations*, *Development*, *Applications* ［M］. New York: George Braziller, Inc. 1973.

［231］ 罗伯特·安东尼，维杰依·戈文达拉扬，刘霄仑、朱晓辉译：《管理控制系统》，人民邮电出版社 2010 年版。

［232］ 李维安：《“治理一般”与“治理思维”》，载《南开管理评论》

2011 年第 6 期。

[233] North D C. *Institutions, Institutional Change and Economic Performance* [M]. New York: Cambridge University Press, 1990.

[234] 朱德米、周林意:《当代中国环境治理制度框架之转型: 危机与应对》, 载《复旦大学学报 (社会科学版)》2017 年第 3 期。

[235] 科斯、阿尔钦、诺思等, 刘守英等译:《财产权利与制度变迁: 产权学派与新制度学派译文集》, 上海人民出版社 1994 年版。

[236] 朱士光:《遵循"人地关系"理念, 深入开展生态环境史研究》, 载《历史研究》2010 年第 1 期。

[237] 吴学周、王德铭、刘培桐、刘天齐、周福祥:《中国大百科全书. 环境科学》, 中国大百科全书出版社 1983 年版。

[238] 吴玉章:《论法律体系》, 载《中外法学》2017 年第 5 期。

[239] 陈海嵩:《中国生态文明制度体系建设的路线图》, 载《内蒙古社会科学 (汉文版)》2014 年第 4 期。

[240] 胡守勇:《关于加强生态文明制度建设的 14 条建议》, 载《重庆社会科学》2012 年第 12 期。

[241] 黄蓉生:《我国生态文明制度体系论析》, 载《改革》2015 年第 1 期。

[242] 杜艳艳、董贵成:《生态文明制度体系初探》, 载《理论月刊》2015 年第 2 期。

[243] 刘佳丽、谢地:《西方公共产品理论回顾、反思与前瞻——兼论我国公共产品民营化与政府监管改革》, 载《河北经贸大学学报》2015 年第 5 期。

[244]【日】植草益, 朱绍文、胡欣欣等译:《微观规制经济学》, 中国发展出版社 1992 年版。

[245] Keohane R O, Nye J S. *Introduction. Governance in a Globalizing World* [M]. Cambridge: Cambridge University Press., 2000: 1-44.

[246] 石佑启、杨治坤:《中国政府治理的法治路径》, 载《中国社会科学》2018 年第 1 期。

[247]【美】詹姆斯·罗西瑙, 张胜军等译:《没有政府的治理》, 江西人民出版社 2001 年版。

[248] Rosenau J N. Governance in the Twenty-first Century [J]. *Global Governance*, 1995, 1 (1): 13-43.

[249] 孟德斯鸠, 张雁深译:《论法的精神: 上册》, 商务印书馆 1961 年版。

[250] 周义程:《权力运行制约和监督体系的概念界说》, 载《行政论

坛》2014 年第 3 期。

[251] 张国庆:《行政管理学概论》, 北京大学出版社 2000 年版。

[252] 刘祖云:《用责任取代权利——公共行政的逻辑——支援张康之教授“公共行政拒绝权利”的设想》, 载《南京农业大学学报(社会科学版)》2003 年第 1 期。

[253] 吴建华、罗卜:《公共权力的异化和制约》, 载《哲学研究》2003 年第 9 期。

[254] Aquinas T. *Treatise on Law* [M]. Hackett Publishing, 2000.

[255] 刘祖云:《论控制公共权力的四条路径》, 载《理论探讨》2005 年第 2 期。

[256] 亚里士多德, 吴寿彭译:《政治学》, 商务印书馆 1965 年版。

[257] 【日】大岳秀夫, 傅禄永译:《政策过程》, 经济日报出版社 1992 年版。

[258] 伍启元:《公共政策》, 香港商务印书馆 1989 年版。

[259] 戴维·伊斯顿, 王浦劬译:《政治生活的系统分析》, 华夏出版社 1999 年版。

[260] 师容、李兆友:《公共政策制定中参与者的互动性分析》, 载《理论月刊》2013 年第 9 期。

[261] 魏顺萍:《我国公共政策制定中的公民参与问题研究——以存款保险条例(草案)为例》, 载《财经问题研究》2015 年第 S1 期。

[262] 张宇:《公共利益: 谁来界定? 如何整合? ——基于公共政策制定视角的分析》, 载《甘肃社会科学》2012 年第 4 期。

[263] 张宇:《公共政策制定的民意向度》, 载《江海学刊》2008 年第 6 期。

[264] 塞缪尔·亨廷顿, 周瑞译:《失衡的承诺》, 东方出版社 2005 年版。

[265] 王永生:《论利益集团对中国公共政策的影响》, 载《贵州社会科学》2007 年第 7 期。

[266] Mazmanian D A, Sabatier P A. *Implementation and Public Policy* [M]. Scott Foresman, 1983.

[267] 格林斯坦:《政治学手册》(下), 商务印书馆 1996 年版。

[268] 塞缪尔·亨廷顿, 汪晓寿等译:《难以抉择——发展中国家的政治参与》, 华夏出版社 1989 年版。

[269] 王建容、王建军、刘金程:《公共政策制定过程视角下的公民参与形式及其选择》, 载《天府新论》2010 年第 4 期。

[270] 邱安民、廖晓明:《论我国公共资源交易及其权力运行规范体系

建构》，载《求索》2013 年第 5 期。

[271] 卓越、陈招娣：《加强公共资源管理的四维视角》，载《中国行政管理》2017 年第 1 期。

[272] 曼昆，梁小民、梁砾译：《经济学原理》，北京大学出版社 2012 年版。

[273] North D C，Thomas R P. *The Rise of the Western World*：*A New Economic History* [M]. Cambridge University Press，1973.

[274] 王爱国：《碳交易市场、碳会计核算及碳社会责任问题的会计研究》，广西师范大学出版社 2017 年版。

[275] 王万华：《知情权与政府信息公开制度研究》，中国政法大学出版社 2013 年版。

[276] 蒋红珍：《知情权与信息获取权——以英美为比较法基础的概念界分》，载《行政法学研究》2010 年第 3 期。

[277]【日】芦部信喜：《宪法学Ⅲ人权各论（1)》，有斐阁 1998 年版。

[278] 郭道晖：《知情权与信息公开制度》，载《江海学刊》2003 年第 1 期。

[279] 朱芒：《开放型政府的法律理念和实践（上）——日本信息公开制度》，载《环球法律评论》2002 年第 3 期。

[280] 张明杰：《开放的政府——政府信息公开法律制度研究》，中国政法大学出版社 2003 年版。

[281] 申进忠：《我国环境信息公开制度论析》，载《南开学报（哲学社会科学版)》2010 年第 2 期。

[282] 章剑生：《知情权及其保障——以政府信息公开条例为例》，载《中国法学》2008 年第 4 期。

[283] 法制斌：《迎接行政资讯公开时代的来临》，引自杨解君：《行政契约与政府信息公开》，东南大学出版社 2002 年版。

[284] 赵正群、董妍：《公众对政府信息公开实施状况的评价与监督——美国“奈特开放政府系列调查报告”论析》，载《南京大学学报（哲学．人文科学．社会科学版)》2009 年第 6 期。

[285] 王锡锌：《滥用知情权的逻辑及展开》，载《法学研究》2017 年第 6 期。

[286] 王曦：《国际环境法资料选编》，民主与建设出版社 1999 年版。

[287] 竺效：《论公众参与基本原则入环境基本法》，载《法学》2012 年第 12 期。

[288] 中共中央宣传部：《习近平总书记系列重要讲话读本（2016)》，学习出版社 2016 年版。

[289] 陈海嵩：《环境保护权利话语的反思——兼论中国环境法的转型》，载《法商研究》2015 年第 2 期。

[290] 徐以祥：《公众参与权利的二元性区分——以环境行政公众参与法律规范为分析对象》，载《中南大学学报（社会科学版）》2018 年第 2 期。

[291] 马明华：《公民参与权的司法救济制度构建》，载《江西社会科学》2018 年第 3 期。

[292] 亨廷顿，王冠华等译：《变化社会中的政治秩序》，三联书店 1989 年版。

[293] 蔡定剑：《公众参与：风险社会的制度建设》，法律出版社 2009 年版。

[294] 蔡守秋：《论公众共用物的法律保护》，载《河北法学》2012 年第 4 期。

[295] 刘茜、赵琪：《生态福利权及其救济制度的构建》，载《广西社会科学》2017 年第 11 期。

[296]【美】约翰·克莱顿·托马斯，孙柏瑛译：《公共决策中的公民参与》，中国人民大学出版社 2010 年版。

[297] 邓翠华：《关于生态文明公众参与制度的思考》，载《毛泽东邓小平理论研究》2013 年第 10 期。

[298] 黄云：《我国环境领域公众参与之法律探析》，载《政治与法律》2011 年第 10 期。

[299] 李艳芳、李斌：《论我国环境民事公益诉讼制度的构建与创新》，载《法学家》2006 年第 5 期。

[300] 胡云红：《比较法视野下的域外公益诉讼制度研究》，载《中国政法大学学报》2017 年第 4 期。

[301] 黄锡生、谢玲：《环境公益诉讼制度的类型界分与功能定位——以对环境公益诉讼“二分法”否定观点的反思为进路》，载《现代法学》2015 年第 6 期。

[302] 吕忠梅、吴勇：《环境公益实现之诉讼制度构想》，法律出版社 2007 年版。

[303] 张牧遥：《论国有自然资源权利配置之公众参与权的诉权保障》，载《苏州大学学报（哲学社会科学版）》2018 年第 1 期。

[304] 吕忠梅：《环境法新视野》，中国政法大学出版社 2000 年版。

[305] 宁清同：《论私权语境下的生态权》，载《求索》2017 年第 5 期。

[306] 邹雄：《环境侵权救济研究》，中国环境科学出版社 2004 年版。

[307] 黄锡生、段小兵：《生态侵权的理论探析与制度构建》，载《山东社会科学》2011 年第 10 期。

[308] 吕忠梅：《环境侵权的遗传与变异——论环境侵害的制度演进》，载《吉林大学社会科学学报》2010年第1期。

[309] 薛丹：《基于环境责任保险的动态环境侵权救济体系研究》，载《中国人口·资源与环境》2012年第7期。

[310] 丁学军：《国家赔偿法：概念·原则·作用》，载《西北大学学报（哲学社会科学版）》1999年第1期。

[311] 杨寅：《我国行政赔偿制度的演变与新近发展》，载《法学评论》2013年第1期。

[312] 阳露昭、张金智：《论环境污染损害的公共补偿制度》，载《郑州大学学报（哲学社会科学版）》2008年第3期。

[313] 周珂、杨子蛟：《论环境侵权损害填补综合协调机制》，载《法学评论》2003年第6期。

[314] 杨肃昌、芦海燕、周一虹：《区域性环境审计研究：文献综述与建议》，载《审计研究》2013年第2期。

[315] 谢志华、陶玉侠、杜海霞：《关于审计机关环境审计定位的思考》，载《审计研究》2016年第1期。

[316] 李雪、邵金鹏：《发挥注册会计师在环境审计中的作用》，载《中国人口·资源与环境》2004年第4期。

[317] 李琬珩、唐滔智、赵光景：《环保资金审计研究》，载《商业会计》2016年第15期。

[318] 曹磊：《生态文明与企业责任》，载《中国有色金属》2013年第20期。

[319] 董翰文、符越佳：《基于循环经济视角的环境绩效审计路径研究：以甘肃省循环经济为例》，载《河北地质大学学报》2017年第5期。

[320] 武莉沙、王力：《结果导向下兰州市南河道治理环境绩效审计模式研究》，载《淮海工学院学报（人文社会科学版）》2017年第9期。

[321] 张红、赵薇：《国家治理理论对我国政府环境绩效审计的启示》，载《商业时代》2013年第15期。

[322] 魏乾梅：《基于5E内容的事业单位经济责任审计评价指标体系构建》，载《财会月刊》2015年第2期。

[323] 陈志强：《从审计模式及其思想的演进辨析风险导向审计应有的内涵》，载《审计研究》2006年第3期。

[324] 谢志华、崔学刚：《风险导向审计：机理与运用》，载《会计研究》2006年第7期。

[325] 胡春元：《审计风险研究》，东北财经大学出版社1997年版。

[326] 谢荣、吴建友：《现代风险导向审计基本内涵分析》，载《审计

研究》2004 年第 5 期。

［327］刘峰、许菲：《风险导向型审计·法律风险·审计质量——兼论“五大”在我国审计市场的行为》，载《会计研究》2002 年第 2 期。

［328］晁毓欣：《美国联邦政府项目评级工具（PART）：结构、运行与特征》，载《中国行政管理》2010 年第 5 期。

［329］Deegan C. Introduction：The Legitimising Effect of Social and Environmental Disclosures-a Theoretical Foundation ［J］. *Accounting，Auditing & Accountability Journal*，2002，15（3）：282－311.

［330］Dixon R，Mousa G A，Woodhead A D. The Necessary Characteristics of Environmental Auditors：a Review of the Contribution of the Financial Auditing Profession ［C］. Accounting Forum，2004：119－138.

［331］李湘燕、谢福泉：《平衡计分卡：企业战略规划与业绩评价的统一》，载《现代财经—天津财经学院学报》2003 年第 8 期。

［332］辛金国、杜巨玲：《试论费用效益分析法在环境审计中的运用》，载《审计研究》2000 年第 5 期。

［333］杨玉楠、康洪强、孙晖等：《美国环境类公共支出项目绩效评估体系研究》，载《环境污染与防治》2011 年第 1 期。

［334］黄溶冰：《基于 PSR 模型的自然资源资产离任审计研究》，载《会计研究》2016 年第 7 期。

［335］郑方辉、廖逸儿、卢扬帆：《财政绩效评价：理念、体系与实践》，载《中国社会科学》2017 年第 4 期。

［336］闫天池、张庆龙：《基于“免疫系统论”的科学审计理念论纲》，载《中央财经大学学报》2010 年第 1 期。

［337］陶元琳：《中国政府审计》，大时代书局 1942 年版。

［338］Lourenco J S，Ciriolo E，Almeida S R，et al. Behavioural Insights Applied to Policy：European Report 2016（EUR 27726 EN）. Brussels，Belgium：European Commission Joint Research Centre，2016.

［339］OECD. Behavioural Insights and Public Policy：Lessons from Around the World，2017.

［340］刘小年、岳阳：《行为审计研究：回顾与启示》，载《审计研究》2005 年第 2 期。

［341］Ashton R H. An Experimental Study of Internal Control Judgements ［J］. *Journal of Accounting research*，1974：143－157.

［342］Libby R. Accounting Ratios and the Prediction of Failure：Some Behavioral Evidence ［J］. *Journal of Accounting Research*，1975：150－161.

［343］房巧玲、刘长翠、肖振东：《行为导向审计模式研究：基于国家

审计的视角》，载《当代财经》2013年第4期。

[344] 郑石桥：《行为审计本质论：基于辩证唯物主义认识论》，载《会计之友》2016年第8期。

[345] 郑石桥、宋夏云：《行为审计和信息审计的比较——兼论审计学的发展》，载《当代财经》2014年第12期。

[346] 郑石桥、潘亮：《行为审计内容论：作为审计主题的行为及其分类》，载《会计之友》2016年第11期。

[347] 李凤鸣、刘世林：《第二讲政府审计的主体和客体》，载《审计与经济研究》1996年第2期。

[348] 周慎、李学诗、沈延安：《审计主体概论》，中国审计出版社1995年版。

[349] 谢志华：《审计变迁的趋势：目标、主体和方法》，载《审计研究》2008年第5期。

[350]【日】鸟羽至英：《行为审计理论序说》，载《会计》1995年第6期。

[351] 莫茨、夏拉夫，文硕、肖泽忠等译：《审计理论结构》，中国商业出版社1990年版。

[352] 郑石桥：《基于审计主题的审计实施框架研究》，载《新疆财经大学学报》2018年第3期。

[353] 陈艳、孔晨、于洪鉴：《行为人的舞弊心理及舞弊倾向的实证研究》，载《财经问题研究》2014年第9期。

[354] 施青军：《中国特色的绩效审计探索》，中国财政经济出版社2007年版。

[355] 吴涛、马军、沈宏：《信息技术基础架构库（ITIL）理念在搭建学科群系统中的运用》，载《科技通报》2013年第6期。

[356] 顾穗珊、刘姗姗：《信息安全管理体系构建与对策研究》，载《情报科学》2019年第8期。

[357] 陈昂宇、陈培久：《实现企业信息化控制的COBIT模型初探》，载《计算机与现代化》2005年第1期。

[358] 麻二磊、刘念祖：《IT治理标准比较及CALDER_MOIR框架阐述》，载《情报杂志》2011年第S2期。

[359] 王洪伟、丁佼佼、刘纓等：《CISR框架下中国企业IT治理状况的调查研究》，载《情报杂志》2009年第10期。

[360] 张乾友：《个人知识、专业知识与社会知识——知识生产的历史叙事》，载《自然辩证法通讯》2017年第1期。

[361] 蒋尧明：《审计法律责任：审计能力与社会需求的有机统一》，

载《会计研究》2010 年第 7 期。

[362] 彭雯、张立民、钟凯:《审计师行业专业能力能够提高社会责任信息可靠性吗?——基于债务融资成本视角的分析》, 载《经济管理》2017 年第 2 期。

[363] 刘先花:《浅谈数据挖掘技术及其研究现状》, 载《现代情报》2010 年第 3 期。

[364] Saaty T L. Axiomatic Foundation of the Analytic Hierarchy Process [J]. *Management science*, 1986, 32 (7): 841 - 855.

[365] Saaty T L, Vargas L G. Experiments on Rank Preservation and Reversal in Relative Measurement [J]. *Mathematical and Computer Modelling*, 1993, 17 (4 - 5): 13 - 18.

[366] 李春好、李巍、何娟等:《目标导向层次分析方法》, 载《中国管理科学》2018 年第 9 期。

[367] 杜宇、刘俊昌:《生态文明建设评价指标体系研究》, 载《科学管理研究》2009 年第 3 期。

[368] 高珊、黄贤金:《基于绩效评价的区域生态文明指标体系构建——以江苏省为例》, 载《经济地理》2010 年第 5 期。

[369] 张欢、成金华、冯银等:《特大型城市生态文明建设评价指标体系及应用——以武汉市为例》, 载《生态学报》2015 年第 2 期。

[370] 杨红娟、夏莹、官波:《少数民族地区生态文明建设评价指标体系构建——以云南省为例》, 载《生态经济》2015 年第 4 期。

[371] 李慧明、刘倩、左晓利:《困境与期待: 基于生态文明的消费模式转型研究述评与思考》, 载《中国人口 · 资源与环境》2008 年第 4 期。

[372] 王会、王奇、詹贤达:《基于文明生态化的生态文明评价指标体系研究》, 载《中国地质大学学报 (社会科学版)》2012 年第 3 期。

[373] 谷缙、任建兰、于庆等:《山东省生态文明建设评价及影响因素——基于投影寻踪和障碍度模型》, 载《华东经济管理》2018 年第 8 期。

[374] 刘某承、苏宁、伦飞等: 《区域生态文明建设水平综合评估指标》, 载《生态学报》2014 年第 1 期。

[375] 刁尚东、刘云忠、成金华: 《广州市生态文明建设评价研究》, 载《统计与决策》2013 年第 17 期。

[376] 朱乐尧:《区域经济发展效果的宏观评价》, 载《数量经济技术经济研究》1989 年第 9 期。

[377] 国务院发展研究中心管理世界杂志社、中国社会科学研究院社会学研究所、未来学研究所:《1991 年 188 个地级以上城市经济社会发展水平评价》, 载《管理世界》1992 年第 6 期。

[378] 陈友华:《全面小康社会建设评价指标体系研究》,载《社会学研究》2004 年第 1 期。

[379] 张德存:《和谐社会评价指标体系的构建》,载《统计与决策》2005 年第 21 期。

[380] 邵腾伟、丁忠民:《科学发展观的评价指标体系构建》,载《西南农业大学学报(社会科学版)》2006 年第 2 期。

[381] 杨新洪:《"五大发展理念"统计评价指标体系构建——以深圳市为例》,载《调研世界》2017 年第 7 期。

[382] 周永道、孟宪超、喻志强:《区域综合发展的"五位一体"评价指标体系研究》,载《统计与信息论坛》2018 年第 5 期。

[383] 李金昌、史龙梅、徐蔼婷:《高质量发展评价指标体系探讨》,载《统计研究》2019 年第 1 期。

[384] Atkinson R D, Correa D K. The 2007 State New Economy Index: Benchmarking Economic Transformation in the States [EB/OL]. www. kauffman. org, 2007.

[385] Diefenbacher H, Zieschank R, Rodenhäuser D. Measuring Welfare in Germany. *A Suggestion for a New Welfare Index* [M]. FederalEnvironment Agency, 2010.

[386] Held B, Rodenhäuser D, Diefenbacher H, et al. The National and Regional Welfare Index (NWI/RWI): Redefining Progress in Germany [J]. *Ecological economics*, 2018, 145: 391 -400.

[387] Statistics Netherlands. Green Growth in the Netherlands 2015 [R]. Statistics Netherlands, 2015.

[388] 审计署外事司:《国外效益审计简介》,中国时代经济出版社 2003 年版。

[389] 周国文:《从生态文化的视域回顾环境哲学的历史脉络》,载《自然辩证法通讯》2018 年第 9 期。

[390] 卢风:《生态文明与绿色消费》,载《深圳大学学报(人文社会科学版)》2008 年第 5 期。

[391] 孙芬、曹杰:《论中国生态制度建设的现实必要性和基本思路》,载《学习与探索》2011 年第 6 期。

后　　记

本书是在“我国生态文明建设中的环境审计问题研究”（批准号：15AGL015）结题报告基础上修改完善而成的。这个项目是我在济南大学工作期间申请立项的第一个、也是济南大学第一个国家社会科学基金重点项目，是为了贯彻落实党的十八大提出的“五位一体”总体布局，尤其是全力推进生态文明建设，结合现代审计基本理论与方法所作出的深刻思考。同时，我们以此为依托，从2016年开始每年举办一次“生态文明审计理论创新发展论坛”，截至目前，已有山东财经大学、济南大学、生态环境部环境规划院、西京学院、三亚学院和中国台湾地区的淡江大学、东吴大学、中正大学、东华大学等高校和机构加盟，已有大批国内外著名审计学家借助本论坛传经布道，来共同推动生态文明审计理论的创新与发展。

书稿即将付梓，在感谢课题组成员济南大学教授徐向真、梁伟，副教授刘西国、冯群和山东农业大学副教授张志以及美国纽约州立大学奥尔巴尼分校博士王一川的同时，还要特别感谢济南大学我的硕士生司超、左英胜楠、黄彤彤以及徐向真的硕士生陈文慧、宋舜玲和山东财经大学我的博士生刘洋，硕士生郝逸群、陈家贤等几位学生的辛勤付出。

最后，特别感谢中国财经出版传媒集团经济科学出版社给予的大力支持和无私帮助。

王爱国

2020年10月2日燕子山